JN186885

機械基礎数理

日本工業大学
機械基礎数理担当者 編

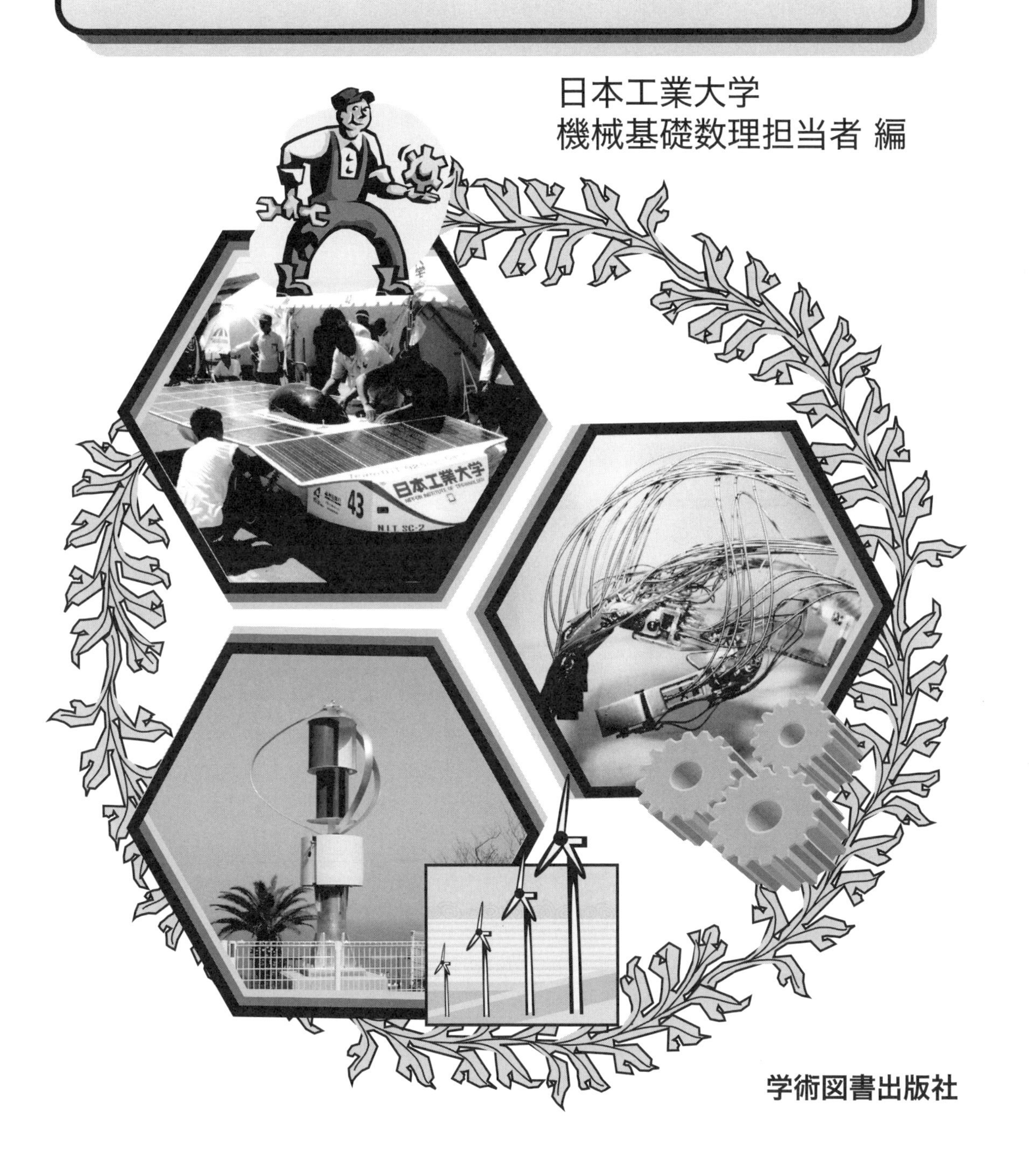

学術図書出版社

はじめに

機械基礎数理は, 大学に入学した諸君が, これから受講する専門的な科目での授業を理解するために必要な数理の基礎 (数学の基礎知識とそれを工学に応用する力) を身につけるための教科書です. 「数学」は数学の教員が教え, 「専門科目」は専門学科の教員が教えるという従来の教え方では, 「数学」と「専門科目」との橋渡しが十分に出来ていませんでした. そこで, 日本工業大学では, 「数学・工学融合科目」を導入しました. この融合科目では, 数学と物理と専門学科の教員が一緒になって数学基礎力の充実と専門科目への橋渡しを行っています. 教科書は, 従来は物理の先生が中心になって編集した「工学を目指す基礎数理」を使用していましたが, 2003 年度からは数学の先生も加わって計算練習の増強を図り, 「機械基礎数理」になりました. さらに, 2007 年度からは, 担当者の声を集め「式を立てて解くこと」に重点を置いた改訂版になりました. 具体的な「モノ」と数学的な手法とをより近くに関連づけられるよう配慮しています.

この教科書では, 最初に, 専門科目のどのようなところにどのような数理が使われるのか, その例を紹介しています. ここで諸君の学習目標を定めてください. つぎに, 第 I 部として, 準備的内容を記しています. ここは, 高校数学の範囲ですから, もし何か忘れていることがあったら, その都度立ち戻って確認してください. 第 II 部は, 「例」を参考にしながら, 「問」の問題を解くことで, 各項目で習うべき力を身につけてください. 「練習問題」では, 力の定着を図るとともに, もう少し難しい問題への応用力, 工学の問題への応用力をつけてください. これまでに, 諸君が数学を学習しているときに, どのような場面で使われるのだろうかという疑問をもち, 立ち止まった人も多いのではないでしょうか. この教科書では, いくつかの章に工学的な話題や例題を挿入し, そこで学習することがどのような場面で使われるかどのように役立つのかわかるようにしています.

本書を手にする諸君が高等学校までに身につけた数学の力には大きなばらつきがあるようです. ベクトル, 三角関数, 指数関数, 微分, 積分などの分野は, 専門科目の学習に必要な分野なのですが, これらのうちのいくつかをこれまでに習っていない, 習ったような気はするが, よく覚えていないという声を耳にします. 本当に習っていないのであれば, 別途, 高校で習う範囲からしっかり学習を行ってください. 三角関数を少し忘れたという程度であれば, 第 I 部をよく勉強してください. また, 得意な分野については, この教科書で応用力をしっかり学習してください.

なお, 問題の番号の右肩に付加してある○印および*印の意味は, ○印が, 簡単な基本問題で, 章の内容を理解している場合は飛ばして良い問題であり, *印は, 章の基本問題で, 理解していないと先に進めない問題に付いています.

工学に興味を持った諸君が, その面白さに引かれてものづくりに取り組んでいく中で, 数理の必要性を認識したときに, 臆することなく踏み出していけるよう, 本教科書を用いて, しっかりと基礎の習熟に取り組んでください.

2015 年 3 月

日本工業大学　機械基礎数理担当一同

目　次

このテキストは LaTeX を用いて作成した. 図は Acrobat 6.0 Professional, WinTpic を用いて作成した.

未来の自分をイメージ!
～ 機械基礎数理のねらい ～

プロローグ

夢の持てない時代であると言われて久しいが, これから工学を始めようとする若い君達には無縁のことだ. 君達が始めようとしている工学の分野のあちこちを注意深く見て回れば, 至る所に夢の種・希望の種がある.

第 0 章は, 「基礎数理」のねらいが何処にあるのかを, 学習に先立って大雑把に分かってもらう為のものである. はじめ, 数式は分からなくとも気にせず, 問題はとばしてよい. 要はこの「基礎数理」の学習が終わる頃には, この程度のことは楽に分かるようになる, というイメージを持ってもらえばよいのである.

1 つ 1 つ積み上げて行こう! それをする過程の中から, きっと君達の工学への展望が明るく開けてくるにちがいない. まずは君達を大空へ招待しよう.

1. スカイダイビングの原理

例題 1 スカイダイビングというスポーツを見れば, 粘性による摩擦力の効果がよくわかる. スカイダイバーが飛行機から離れるやいなや重力により加速される. ダイバーの速度が増すにつれ, 空気抵抗による減衰力が増大し, 最終的には重力と空気抵抗による減衰力がほぼ釣り合う. この結果, ダイバーの速度はある一定速度 (終速度 v_f, およそ $v_f = 195\mathrm{km/h}$) に達する. このような話を聞けば, たいがいの人がそんなものかと了解してくれるかも知れない. しかし, 自然と折り合いをつけ, 技術的な利用を考えようとする技術者の理解の背景には直感的ともいえる量的な考察があるに違いない.

そこで, スカイダイビングの力学的解析をおこなう. それには, 本質を損ねることのないように, また解析に都合よく, 様々な条件を設定しなければならない. 運動は鉛直下方におこなわれると仮定し, 地面が原点 $x = 0$ になるように鉛直上向きに x 軸をとる. ダイバーに作用する外力は, 重力のほかに空気の抵抗力があるが, 空気の抵抗力は速度の二乗 v^2 に比例し, 比例定数を c とする. したがって, ダイバーに作用する外力 F は,

$$F = -mg + cv^2 \tag{1}$$

ここで, m はダイバーの質量, g は重力加速度である. 空気の抵抗力は上向きの力で重力とつり合ったとき, ダイバーはまったく力を受けないことになる. その結果, ダイバーはある速度で等速直線運動をおこなうことになる. このことから, 終速度 v_f は, 式 (1) で $F = 0$ とおいて,

$$v_f = \sqrt{\frac{mg}{c}}. \tag{2}$$

ニュートンの第2法則により, ダイバーの運動方程式をつくると,

$$m\frac{dv}{dt} = -mg + cv^2. \tag{3}$$

(加速度は $\dfrac{dv}{dt}$ とかくことができる.)

ここで, 式 (2) を使って, c を v_f を用いてあらわす. すなわち,

$$c = \frac{mg}{v_f^2}.$$

運動方程式 (3) は,

$$\frac{dv}{dt} = -\frac{g}{v_f^2}(v_f^2 - v^2). \tag{4}$$

これを積分する:

$$\int_0^v \frac{dv}{v_f^2 - v^2} = -\frac{g}{v_f^2}\int_0^t dt \tag{5}$$

$$\ln\left(\frac{v_f + v}{v_f - v}\right) = -\frac{2g}{v_f}t. \tag{6}$$

さらに変形して, v を t の関数としてあらわせば,

$$v = -v_f\left(\frac{1 - \exp(-2gt/v_f)}{1 + \exp(-2gt/v_f)}\right) \tag{7}$$

となる. * 長い時間が経過すると, 指数関数は急速に 0 に近づくから, ダイバーの速さの絶対値 $|v|$ は終速度 v_f に近づく. 厳密には, $t \to \infty$ とならなければ, 終速度に達しないが, $t \gg \dfrac{v_f}{2g}$ であれば, ほぼ終速度に達していると見なしてよい.*

ちなみに, 終速度 v_f の標準的な値は, 質量 70kg のダイバーで, 四肢を広げた姿勢のとき, 54m/s (195km/h) であるといわれている.

最後に, 式 (7) に $v_f = 54\text{m/s}$, $g = 9.8\text{m/s}^2$ を代入して, v を縦軸に, t を横軸にとって, ダイバーの速度 v の時間 t に対する変化のようすを図 1 に示した.

問題 1.　文脈に沿って, 式 (2) を求めよ.

問題 2.　式 (3) から式 (4) への式の変形を実行せよ.

問題 3.　式 (5) を積分し, 式 (6) になることを示せ.

問題 4.　式 (6) から式 (7) を導け.

問題 5.　上の文章中の * 印で挟まれた文章の内容を確認せよ.

問題 6.　スカイダイバーの速度と時間の関係がグラフのようになっていることを実感をもって感じられるか, 考えて見よ. もし, 実感をもてなければ, 何が, どんな知識が不足しているかを考えよ.

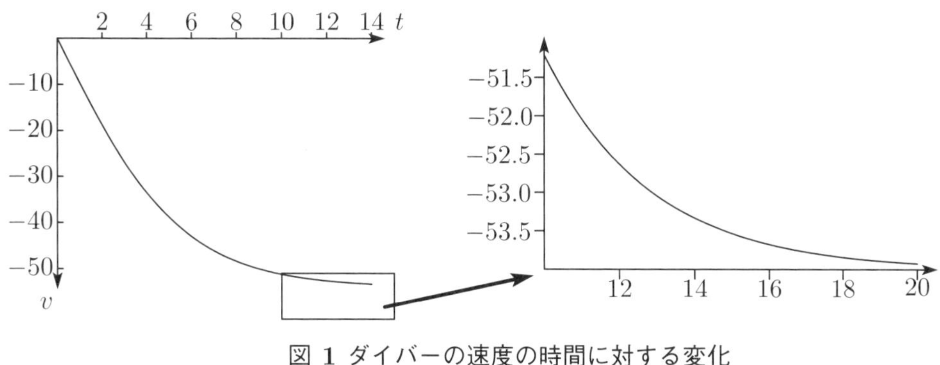

図 1 ダイバーの速度の時間に対する変化

2. ある先輩の話

例題 2 S 君は昨年 N 工大を出て D 電機に就職した. 研修を終えてこの春に組み立て工場の生産ラインの開発部門に配属された S 君は, さっそく次々と課題を与えられることになった. 彼の仕事ぶりを見てみよう (S 君の使っている用語や問題がわからなくても話の筋には関係ないので気にしない). さて..

1. 新しいベルトコンベアの設計チームに入った S 君は, その基本設計の一部をまかされた. ベルトは在庫の部品で間に合わせ, その長さをいっぱいに使って無駄がないようにしろという. ベルトコンベアを横から見た概略は図 2 のようになっている. 長さいっぱいに使うにはローラーの間隔はどれだけにすればよいかを求めなければならない. 実は使えるローラーの直径も在庫のベルトの長さも何種類かある. そこで S 君は在庫のベルトの長さを L [m], ローラーの直径を D [cm] とおいて, いろいろな組み合わせで間隔を x として計算できるようにしようと考えた. すると, 図 2 でベルトが一周している長さが在庫品の長さにならなくてはいけないのだから,

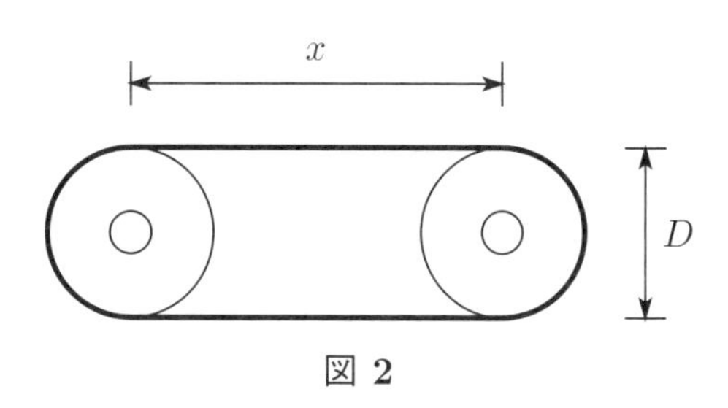

図 2

$$\boxed{\qquad\qquad} = L$$ (方程式を作ってみよう)

でなければならない. すると間隔は,

$$x = \boxed{\qquad\qquad}$$

とすればよいことがわかった. この式を使うと, たとえば直径 40 cm のローラーで長さ 8 m の在庫ベルトを使ったときの間隔は

$$\boxed{\qquad\qquad}$$ (単位に気をつけて計算してみよう)

と計算できる.

2. S 君の立てた式を使って最適な組み合わせを選んで試作品が作られた. 実際は図 2 のものをいくつか並べたものが設置されることになる. ところが 2 台ならべてみるとおかしなことがおこった. 奇妙なガタつきがおきるのだ. これではまずいのでなんとかせよと命じられた. そこで調べてみるとこれは繰り返しの間隔が一定のものだということがわかった. 周期的な振動といえば回転運動に関係があると気付いて 2 台のコンベアのモーターの回転数を測ってみた.

すると 1 台目は $60a$ [rpm], 2 台目は $60b$ [rpm] だった. 本来同じはずだが, 少しずれていたのだ. この 2 つの回転による振動が重なっているのなら, t を時間として, $\sin(2\pi at)$ と $\sin(2\pi bt)$ の和の定理から新しい 2 つの振動数が生じて, それは,

□ と □ (公式を探して答えてみよう)

になるはずである. 実際このうち振動数の小さいほうの振動の周期がガタつきの周期と一致し, モータの回転数を合わせることで問題は解決した. 実際には 2 台ではすまないので自動で調整する機構を先輩達が開発することになった. (ところで大きいほうの振動数が問題にならなかったのはなぜだろう?).

3. さて, コンベアから出た部品は台の上をすべっていって次の工程の始まる所定の位置で止まるようにしなければならない. 摩擦があるので止まるのだが, うまく止まるようにコンベアの速さ v_0 を決めなければならない (図 3). これも S 君の仕事になった. 彼がまずやったのは自分で実験してみることだった. いろいろな速さで部品をすべらせて止まるまでの距離を測ってみたのだ. その結果を整理するために, 横軸にすべらせる速さ v_0 を, 縦軸に止まった距離 s をとってグラフに書いてみると図 4 のようになった.

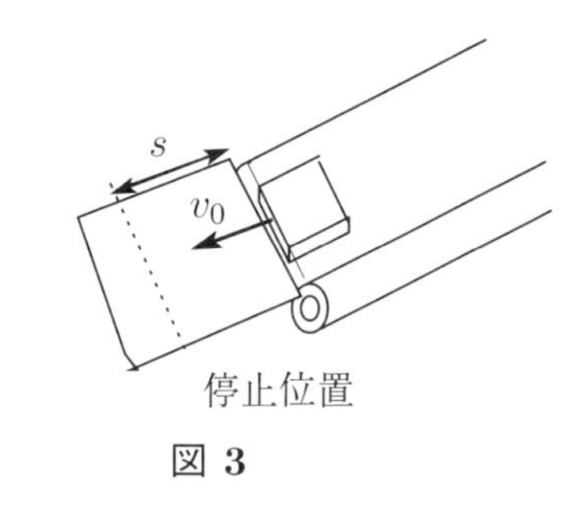

図 3

黒丸が実験で測った点だが, この形はどうも見覚えがある. このグラフの形はきっと

□ (グラフの形の名前を探してみよう)

だ. ということは 2 次方程式であらわせるはずだ. そこで卒研のデータ整理で使った最小二乗法という方法でいろいろな方程式をあてはめてみると, 実線で書いたように

$$s = 0.48v_0^2$$

という 2 次方程式が最もよく合った. 実験のデータのように実際のコンベアにはばらつきがあるだろうからもっと調べる必要があるが, まずこの近似式で速度を決めればよいだろう. 止まるべき距離は 2 m だから, この式からコンベアの速さは

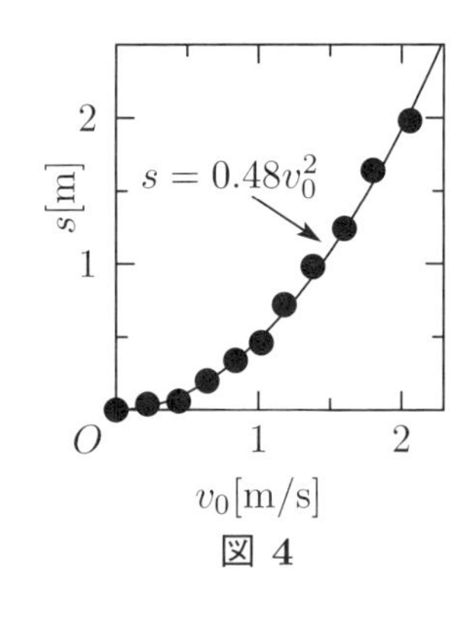

図 4

$v_0 =$ □ (単位もつけて計算してみよう)

にすればよい. 彼のこの報告を元に調整が進められることになった.

4. この報告をした後もう一度よく考えてみた. 2 次方程式というきれいな形であらわわせたことが気になったからだ. 止まるまでの様子を詳しく調べたかったが 1, 2 秒しかかからないので細かく調べるのは大変だ. そこでとりあえず止まるまでの時間 t_s をすべらせる速さを変えてストップウォッチで計ってみた. またグラフに書いてみると, 今度はどうも直線に見える. つまり今度は 1 次式だ. また最もあう式を求めてみると,

$$t_s = 0.95v_0$$

となった. だが, これでなにかわかるのだろうか. 二つの式をながめているうちに, 0.95 は 0.48 の約 2 倍だということにも気がついた. 偶然だろうか? そういえば摩擦があるから止まる, とあたりまえに思っていた. だったらどういうふうに止まるかは運動方程式を解けばわかるはずだ. だが卒研でもあまり関係なかったのでやり方を思い出せない. 家に帰って前に使った教科書を開いてみると, だんだん記憶がよみがえってきた. 都合よくそっくりな例題があったのでそれをまねしてみる. 動摩擦係数 μ が働いているとすると, 抗力を N として働く力は $F = -\mu N$ だから, 運動方程式は

$$m\frac{dv}{dt} = -\mu N$$

で, これを積分していけば速度や位置が分かるわけだ. げっ, 積分. しかし例題なので答が書いてある. 速度 v は

$$v = v_0 - \frac{\mu N}{m}t$$

だ. m は質量だ. $\mu N/m$ は定数だから, 一定の割合で遅くなって止まることになる. まてよ, この式から止まるまでの時間がわかるな. t について解くと

$$t = \boxed{}$$

(解いてみよう!)

だ. 止まるまでの時間 t_s はこれに $v = 0$ を代入すればいい. それにコンベアの台は水平だから $N = mg$ でいいはずだ. g は重力加速度で定数. とすると..

$$t_s = \frac{1}{\mu g}v_0$$

か. なるほど, こりゃ自分で実験したのと同じ関係だ! 例題には位置の式まで計算してあったので, それを使うとやはり実験データと同じ形の式,

$$s = \frac{1}{2\mu g}v_0^2$$

が導けた. 比べてみると係数がちょうど 2 倍違う!!

これで S 君は, 部品の動きが動摩擦係数でだいたい決まることがわかった. さらに動摩擦係数が一定になるようにすればよりスムーズに部品を流すことができることに気付き, 実験のばらつきは部品の形などにもよるのだろうと考えた. 翌日, S 君は一定の形のトレイに部品を乗せることをチームに提案し, それは改善提案として採用された. 次の仕事はその設計になるだろう. 仕事は増えたがなんだか面白くなってきたぞ, と S 君は思いはじめていた.

..どうやらプロの技術者として S 君は順調なスタートを切ったようだ.

問題 1. 上の文章中の空白を埋めよ.

3. 工学へのアプローチ

例 1 (**物体を引っ張ったときの体積?**) 物体に張力を与えて引き伸ばすとき, その物体はこれと垂直な方向に縮む. ゴムを引っ張ってみれば想像がつくことであるが, 伸びと縮みが, 体積にどう影響するのかということに一歩踏み込むと, 簡単に答えられそうにない. しかし, 一様で等方物質でつくられた幾何学的に簡単な角柱をモデルとし, 縦の伸びの割合 γ, 横の縮みの割合 β とすれば, 体積変化の割合 $\dfrac{\Delta V}{V_0}$ は,

$$\frac{\Delta V}{V_0} = (1+\gamma)(1-\beta)^2 - 1$$

とすっきりした表現がえられる．これをすっきりした式と感じ，そんな式になるだろうと思えればよい．しかし，式が出てきたことで，不安を覚える人もいる．その不安を解消するには，多少の勇気ともしかするとという直感が必要である．
さあ，勇気と直感をもって上式を証明せよ．

（証明） そこで，勇気と直感によって，角柱の長さを b_0，断面の正方形の一辺の長さを a_0 と考えてみよう．そうすれば，角柱の体積 V_0 は，

$$V_0 = a_0^2 b_0.$$

さらに，張力による長さ b_0 の伸び Δb を，一辺の長さを a_0 の縮みを Δa とすると，張力を与えたて引き伸ばしたときの体積 V は，

$$V = (a_0 - \Delta a)^2 (b_0 + \Delta b)$$

とあらわされる．したがって，体積変化は，

$$\Delta V = V - V_0$$

なので，体積変化の割合 $\dfrac{\Delta V}{V_0}$ は，

$$\begin{aligned}\frac{\Delta V}{V_0} &= \frac{V - V_0}{V_0} = \frac{V}{V_0} - 1\\ &= \frac{(a_0 - \Delta a)^2 (b_0 + \Delta b)}{a_0^2 b_0} - 1\\ &= \left(\frac{a_0 - \Delta a}{a_0}\right)^2 \left(\frac{b_0 + \Delta b}{b_0}\right) - 1\\ &= (1-\beta)^2(1+\gamma) - 1\end{aligned}$$

例 2 （**材料の性質**） 材料の力学的性質は young 率 E, Poisson 比 σ, 体積弾性率 K などによってあらわされる．加える力の方向によらず young 率が一定であるような等方性物質に対して，歪みの 2 次以上のオーダーを無視すれば，E, σ, K の間に次の関係が成り立つことを示せ．

$$K = \frac{E}{3(1-2\sigma)}$$

ただし，各定数は以下のように与えられる．

Young （ヤング） 率 E**:** 半径 r_0, 長さ ℓ_0 の丸棒の両端を力 F で引っ張ったとき，長さが $\Delta\ell$ だけ伸び，半径が Δr だけ変化したとする．単位面積当たりの力 $f = \dfrac{F}{S}$ を応力といい，単位長さ当たりの伸び，すなわち $e_\ell = \dfrac{\Delta\ell}{\ell_0}$ を歪みという，ただし S は断面積．young 率は，

$$E = \frac{f}{e_\ell}$$

で与えられる．

Poisson（ポアッソン）比 σ**:** 弾性体の 1 つの方向に正の伸び歪みが生ずれば，その方向と垂直な方向に負の伸び歪みが生ずる．半径方向の歪みは $e_r = \dfrac{\Delta r}{r_0}$ である．2 つの歪み e_ℓ, e_r の比は物質によってほぼ一定で，

$$\sigma = \frac{e_r}{e_\ell}$$

で定義される定数を Poisson 比という．

体積弾性率 K**:** 弾性体が面に垂直で一様な圧力 p をうけて, その体積が V_0 から $V_0 + \Delta V$ に変化したとする. このとき, $\dfrac{\Delta V}{V_0}$ を体積歪みといい,

$$K = -\frac{p}{\Delta V / V_0}$$

を体積弾性率という. 負号は圧力を加えて体積が縮む $(\Delta V < 0)$ とき, K が正になるようにするためである.

(証明) 一辺が長さ a_0 の立方体の各面に圧力 p が働いているものとする. 座標軸を決め, y 軸に平行な圧力 p に注目すれば, 立方体は, y 方向に Δy 縮み, x 方向, z 方向にそれぞれ Δx, Δz だけ伸びる. young 率 E と Poisson 比 σ の定義より,

$$\Delta y = \frac{pa_0}{E}, \quad \Delta z = \frac{pa_0}{E}\sigma, \quad \Delta x = \frac{pa_0}{E}\sigma$$

である. z 軸方向の圧力についても同様に考えれば,

$$\Delta z = \frac{pa_0}{E}, \quad \Delta x = \frac{pa_0}{E}\sigma, \quad \Delta y = \frac{pa_0}{E}\sigma$$

また x 軸方向の圧力についても同様に,

$$\Delta x = \frac{pa_0}{E}, \quad \Delta y = \frac{pa_0}{E}\sigma, \quad \Delta z = \frac{pa_0}{E}\sigma$$

である. 結局, 各辺の長さの伸び Δa は,

$$\Delta a = 2\frac{pa_0}{E}\sigma - \frac{pa_0}{E} = \frac{pa_0}{E}(2\sigma - 1)$$

となる. したがって, 体積歪み $\dfrac{\Delta V}{V_0}$ は,

$$\frac{\Delta V}{V_0} = \frac{(a_0 + \Delta a)^3 - a_0^3}{a_0^3} \cong \frac{3\Delta a a_0^2}{a_0^3} = \frac{3p(2\sigma - 1)}{E}.$$

これと体積弾性率の定義式とを比べて,

$$K = \frac{E}{3(1 - 2\sigma)}$$

となる.

例 3 (**サスペンションの原理**) i を虚数単位とする, すなわち, i は 2 乗すると -1 になる "数" である, $i^2 = -1$. x, y 座標を考え, y 軸を虚軸にとる. この虚軸と x 軸で, 図のように複素平面 (ガウス平面) を構成する. 2 つの実数 a, b に対して, z を

$$z = a + ib$$

と定義し, 図 5 のように矢印であらわす. 矢印の長さを $|z| = r$, 偏角を θ とすると,

$$r = \sqrt{a^2 + b^2},$$

$$\cos\theta = \frac{a}{r},$$

$$\sin\theta = \frac{b}{r}.$$

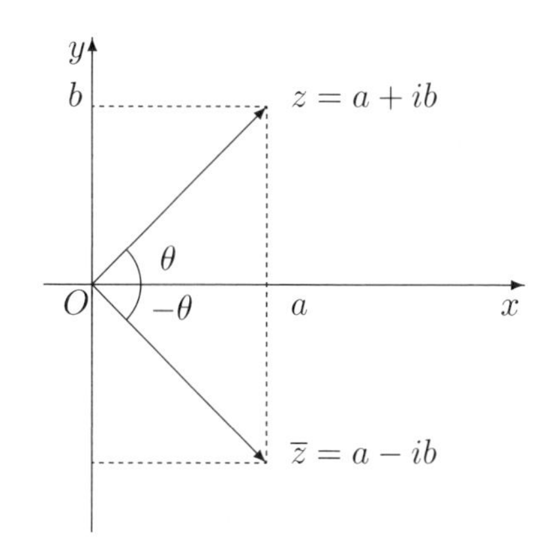

図 5

$\cos\theta, \sin\theta$ を用いて, $|z|=1$ の複素数:

$$\cos\theta + i\,\sin\theta$$

をつくることはできる. この複素数を, 自然対数の底 $e = \lim_{n\to\infty}\left(1+\frac{1}{n}\right)^n \cong 2.7183\cdots$ を用いて, ちょっと見慣れない記号: $e^{i\theta}$

$$e^{i\theta} \equiv \cos\theta + i\,\sin\theta \tag{8}$$

であらわす. そこで, これを θ で微分してみる.

$$\begin{aligned}\frac{d}{d\theta}e^{i\theta} &= \frac{d}{d\theta}(\cos\theta + i\sin\theta)\\ &= -\sin\theta + i\cos\theta\\ &= i(\cos\theta + i\sin\theta)\\ &= ie^{i\theta}.\end{aligned}$$

この関数は, 工学分野における微分, 積分には欠かせない便利なものである. また, z の x 軸に関して対称な $\bar{z}$ に対して, 同様に,

$$e^{-i\theta} \equiv \cos\theta - i\,\sin\theta \tag{9}$$

と書き,

$$\frac{d}{d\theta}e^{-i\theta} = -ie^{-i\theta}$$

が成り立つ.

例題 3 (サスペンション) 自動車には乗り心地をよくするために, サスペンションが備えられている. サスペンションが単なるばねであれば, 衝撃は抑えられても, 図 6 のように何時までも振動が収まらないことになる. これでは乗り心地がよいとはいえないであろう. ばねのほかにサスペンションは, シリンダーとピストンに適切なオイルが封入された構造をもち, 不要な振動を押さえている. このことはよく知られている.

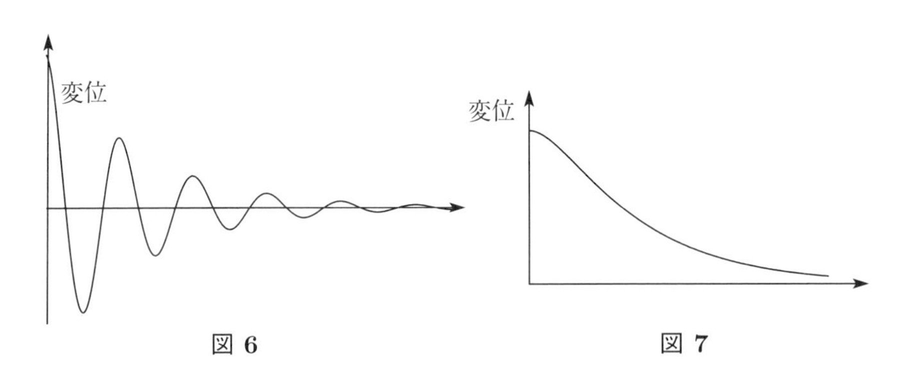

図 6　　**図 7**

振動を扱う理論的基礎は, 上述の機械的振動, 電気の振動回路などに共通な微分方程式:

$$m\frac{d^2x}{dt^2} = -kx - c\frac{dx}{dt} \tag{10}$$

である. これは, 質量 m のおもりにばねによる復元力 $-kx$, およびオイルによる速度に比例する抵抗力 $-c\dfrac{dx}{dt}$ が働くときのおもりの運動方程式である. おもりが静止している位置を x 軸の原点とし, 変位 x_0 を与え, おもりを放すものとし, 放す瞬間を $t=0$, 時刻 t のおもりの位置を x とした.

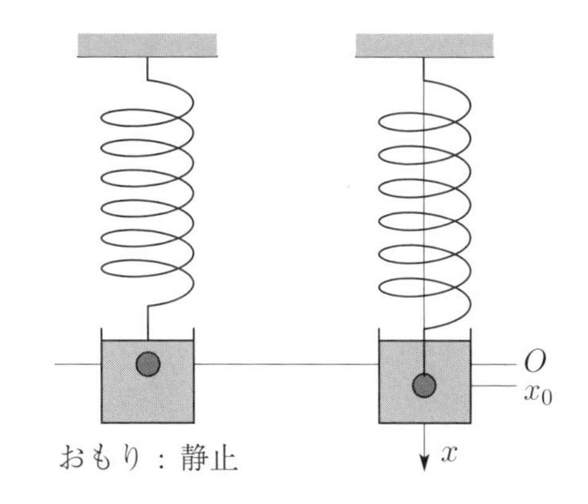

図 8

さて, 微分方程式 (10) を解きたい. そこで, α を任意の数とし,

$$x = e^{\alpha t} \tag{11}$$

とおいて, 式 (10) に代入してみる.

$$(m\alpha^2 + c\alpha + k)e^{\alpha t} = 0.$$

これが任意の時刻 t で成り立つためには,

$$m\alpha^2 + c\alpha + k = 0 \tag{12}$$

でなければならない. このように, 微分方程式 (10) が, α に関する 2 次方程式 (12) になった. したがって, 2 次方程式 (12) の解となる α を見出し, この α を式 (11) に代入すれば, 微分方程式 (10) の解がえられるわけである. 解 α のとりうる場合を分け, 振動の様子を分類せよ.

(解)　m, k, c の値によって, 2 次方程式 (12) の解は, 2 つの実数解, 重解, 虚数解をとる場合があり, その場合に応じて振動の様子は大幅に変化する. 実際, 2 次方程式 (12) の解は,

$$\alpha = \frac{-c \pm \sqrt{c^2 - 4mk}}{2m} \tag{13}$$

で, 判別式 $D = c^2 - 4mk$ とすれば, $D > 0$ のとき 2 つの実数解, $D = 0$ のとき, 重解, $D < 0$ のとき, 虚数解となる. $D < 0$, $D > 0$, $D = 0$ の順序で微分方程式 (10) の解, および振動の様子を調べる.

(i)　$D < 0$, すなわち $c^2 - 4mk < 0$ の場合

$$\alpha_1 = -\frac{c}{2m} - i\omega, \qquad \alpha_2 = -\frac{c}{2m} + i\omega,$$

$$\text{ただし,} \qquad \omega = \frac{\sqrt{4mk - c^2}}{2m}.$$

式 (11) により, 任意定数 A, B として, 一般解 x は

$$x = e^{-\frac{c}{2m}t}(Ae^{-i\omega t} + Be^{i\omega t}) \tag{14}$$

$t = 0$ のとき, x は $A + B$ となり, $A + B$ は実数である. したがって, 任意定数 A, B を次のように α, δ に変更できる.

$$A = \frac{a}{2}e^{-i\delta}, \quad B = \frac{a}{2}e^{i\delta}. \tag{15}$$

式 (15) を式 (14) に代入し, 式 (8), (9) を用いて, 微分方程式 (10) の解は

$$x = ae^{-\frac{c}{2m}t}\cos(\omega t + \delta). \tag{16}$$

a, δ は定数で, 初期条件から定まる. 一般解 (16) は, 振幅が時間とともに減衰する振動をあらわしている. この振動は完全な周期運動ではないが,

$$T = \frac{2\pi}{\omega} = \frac{4\pi m}{\sqrt{4mk - c^2}}, \tag{17}$$

をこの場合の周期という. (図 6 のような振動)

(ii) $D > 0$, すなわち $c^2 - 4mk > 0$ の場合

式 (13) より, 2 つの解 α_1, α_2 は, ともに負の実数で,

$$\alpha_1 = \frac{-c - \sqrt{c^2 - 4mk}}{2m}, \quad \alpha_2 = \frac{-c + \sqrt{c^2 - 4mk}}{2m},$$

$\alpha_1 < \alpha_2 < 0$ である. 式 (11) により, 任意定数 A, B として, 一般解は

$$x = Ae^{\alpha_1 t} + Be^{\alpha_2 t}. \tag{18}$$

これは, 2 つの減衰関数の和であるから, 振動することはないが, A, B, m, k, c の値によっては, $x = 0$ を越えてからおもりが元の位置へ減衰していくものなどさまざまな場合がある. このような運動を非周期減衰運動という. (図 7 のような運動)

(iii) $D = 0$, すなわち $c^2 - 4mk = 0$ の場合

式 (13) より, 2 つの解 α_1, α_2 は,

$$\alpha_1 = \alpha_2 = -\frac{c}{2m}$$

となる. 式 (11) より, 任意定数 A として, 一般解は

$$x = Ae^{-\frac{c}{2m}t}$$

となる. しかし, 2 階の微分方程式の一般解は, 2 個の積分定数を含まなければならないから, この場合, 一般解は構成できない. そこで, A を改めて, 時間の関数 t と考えて, x を

$$x = f(t)e^{-\frac{c}{2m}t}$$

とおいて, 式 (10) に代入してみる.

$$m\frac{d^2f(t)}{dt^2} + \frac{4mk - c^2}{4m}f(t) = 0$$

を得るが, $c^2 - 4mk = 0$ だから,

$$\frac{d^2f(t)}{dt^2} = 0 \tag{19}$$

となり, この方程式の一般解は,

$$f(t) = A + Bt.$$

よって, この場合の一般解は,

$$x = (A + Bt)e^{-\frac{c}{2m}t} \tag{20}$$

となる. 実際にサスペンションを設計する段階を著者は知らないが, そのレベルからみれば, 以上の事柄は, ほとんど原理的なものということになる. しかし, このような原理的な事柄を理解, あるいは実感しないまま, 実際にサスペンションを設計・開発することはできないであろうと思われる.

問題 1.　式 (14) は式 (10) を満足することを示せ.

問題 2.　式 (18) は式 (10) を満足することを示せ.

問題 3.　式 (20) は式 (10) を満足することを示せ.

問題 4. 式 (19) を積分して解け.

問題 5. 抵抗力を変えていくと, 減衰振動の周期は変化する. 抵抗力を 0 に近づけるとき, 減衰振動の周期はどうなるか.

問題 6. 式 (14) から式 (15) を用いて, 式 (16) を導け.

例題 4 (**交流電圧の実効値**) 我々が毎日使っている電気は, 100V, 50Hz の交流として使用場所に送られてきている. 交流電圧波形は三角関数によって

$$V = V_0 \sin 2\pi f t \tag{21}$$

のようにあらわすことができる. ただし t は時間, f は振動数 (周波数) である. 交流 100 V というのは振幅 V_0 が 100 V という意味であろうか?

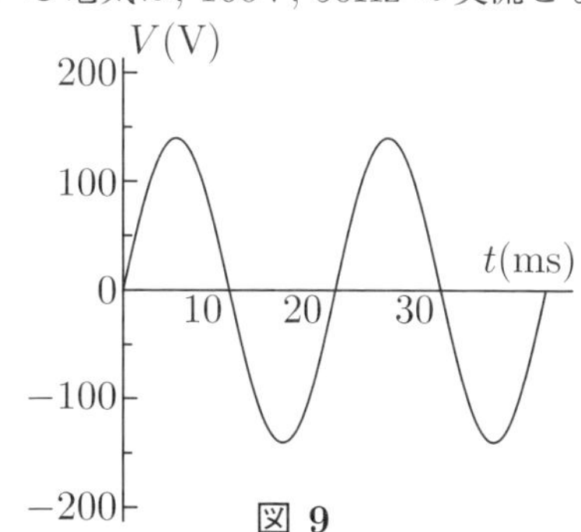

図 9

ところがこの波形をオシロスコープでみると, 図 9 のように $f = 50$Hz は正しいが, 振幅は 100V ではなく約 140V であることがわかる. 実は 100V というのは**実効値**のことで, 電圧の実効値 V_e は

$$V_e^2 = \frac{\displaystyle\int_0^T V^2 dt}{T} \tag{22}$$

で定義される. ここに $T = 1/f$ は周期である. つまり, 電圧の実効値とは, 電圧の絶対値を平均化したものといえる. (22) に (21) を代入して実際に計算すると,

$$V_e = \frac{V_0}{\sqrt{2}} \tag{23}$$

となる.

したがって $V_e = 100$V ならば V_0 は約 140V となる.

問題 1. (22) の積分を実行して, (23) を導出してみよ.

問題 2. V そのものを 1 周期にわたって平均をとったら 0 になることを示せ.

例題 5 (**最小自乗法によるばね定数の決定**) ばねの上端を固定して, 下端におもりをつける. 今, おもりの質量 m とばねの長さ l を測定する. m と l の間には

$$mg = k(l - l_0)$$

という関係があることが知られている. ここに k および l_0 はそれぞれ, ばね定数, および自然長である.

表 0.1

i	m_i[g]	l_i[cm]
1	0	24.97
2	0.5	26.08
3	1.0	27.39
4	1.5	28.50
5	2.0	29.51
6	2.5	30.90

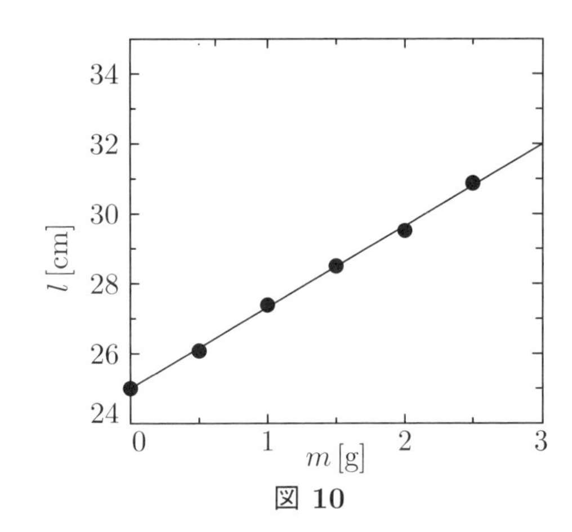

図 10

すなわち

$$l = am + l_0 \quad (a = g/k) \tag{24}$$

l と m の測定結果を表 0.1 と図 10 に示した. (24) より l は m の 1 次関数であるはずだが, グラフでみるように実際の測定データにはばらつきがある. このデータから最も適当な a と l_0 を決定する方法として最小自乗法がある. この方法は, 得られたデータに対して (24) 式の両辺ができるだけ近づくように, すなわち $P = \sum_{i=1}^{n}(l_i - am_i - l_0)^2$ を最小にするように a と l_0 を決めるやり方である. ($\sum$ は和をあらわす.) ここでは詳細は省くが, **微分**および**連立方程式の解法**を使う. 結果は

$$a = \frac{-\sum_{i=1}^{n} m_i \sum_{i=1}^{n} l_i + n\sum_{i=1}^{n} m_i l_i}{n\sum_{i=1}^{n} m_i^2 - \left(\sum_{i=1}^{n} m_i\right)^2}, l_0 = \frac{-\sum_{i=1}^{n} m_i \sum_{i=1}^{n} m_i l_i + \sum_{i=1}^{n} m_i^2 \sum_{i=1}^{n} l_i}{n\sum_{i=1}^{n} m_i^2 - \left(\sum_{i=1}^{n} m_i\right)^2} \tag{25}$$

である. これにデータの数値を代入すると $a = 2.35\text{cm/g}$, $l_0 = 24.96\text{cm}$ となる (よって $k = 4.17\text{g/s}^2$). これを使って (24) をあらわしたのが図の直線である.

最小自乗法はデータの整理に頻繁に使われる.

問題 1.　$\dfrac{dP}{da} = 0$, $\dfrac{dP}{dl_0} = 0$ の式を作り, それを a, l_0 について解いて (25) を導出せよ.

問題 2.　得られた a, l_0 を使って実際に直線のグラフを描いてみよ.

例題 6 (**'ゆっくり圧縮' と '急いで圧縮' (等温変化と断熱変化)**) 気体についてボイルとシャルルが別々に見いだした法則を組み合わせた "気体の体積と圧力は一定の温度のもとでは反比例する" という法則がある. この法則を工学で応用することを念頭に少し詳しく考えてみよう.

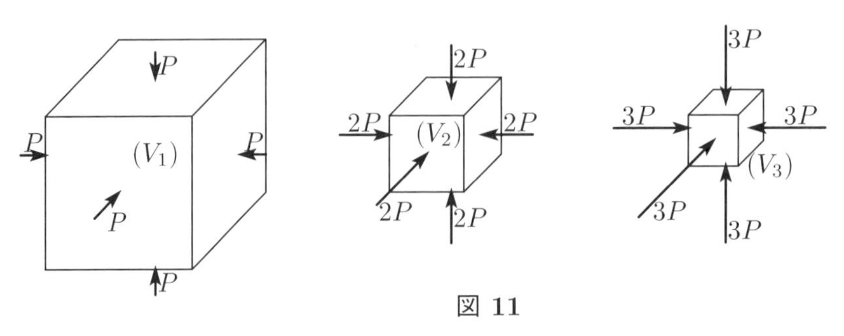

図 11

問題 1.　一片が 10 cm の立方体がある. この物体の体積 V はいくらか?

この立方体の中には空気が入っている．空気は見えないから実感がつかめないという人は，とりあえずなんでもよいから君が思いつく物 (食パン, 金属, 木材, コンクリート, ゴミなど) だと思えばよい．この物体を圧縮して押しつぶすことを考える．押しつぶす方法には **“ゆっくりと圧縮”** する方法と, **“急いで・瞬間的に圧縮”** する方法の 2 通りがあるとする．圧縮するときに立方体の各面に及ぼす力のことを “圧力 (Pressure)” という．簡単のために最初の体積を $V_1 = 1.0\,\ell$ とし, その時の圧力を $P_1 = 1$ 気圧 (1 atm= 1013 hP (ヘクトパスカル)) とする．

まずは **“ゆっくり”** 圧縮することにする．圧力 $P_1 = 1$ 気圧から $P_2 = 2$ 気圧にゆっくり圧縮したら体積 V_2 が $1/2\,\ell$ (半分) に, $P_3 = 3$ 気圧まで圧縮したら体積 V_3 が $1/3\,\ell$ になった．

問題 2. 圧力 P_1, P_2, P_3 と体積 V_1, V_2, V_3 の間に成り立つ関係を式で書け．

問題 3. 圧縮機の圧力をちょうど 2 気圧, 3 気圧と調整できるとは限らない．任意の圧力を P, そのときの体積を V としたら一般にの関係はどう書けるだろうか．

今度は **“急いで・瞬間的に圧縮”** することを考える．$P_2 = 2$ 気圧まで急激に圧縮したら体積 V_2 が $(1/2)^{1/2} = \sqrt{1/2} \cong 0.707$, $P_3 = 3$ 気圧の圧力で圧縮しても体積 V_3 が $(1/3)^{1/2} = \sqrt{1/3} \cong 0.577$ にしかならなかった．　$\cdots$ 不思議ですね $\cdots$

問題 4. 急いで圧縮した場合に, 圧力 P_1, P_2, P_3 と体積 V_1, V_2, V_3 の間に成り立つ関係を式で書いてみよう．

問題 5. 急いで圧縮した場合に, 任意の圧力 P をそのときの体積を V としたら, 一般に P と V の関係はどう書けるだろうか．

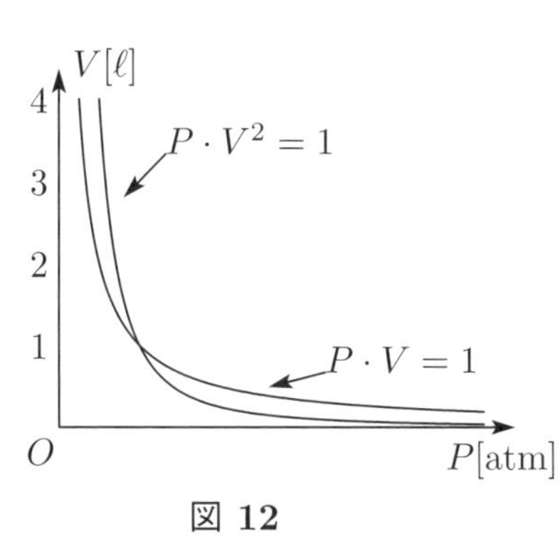

図 12

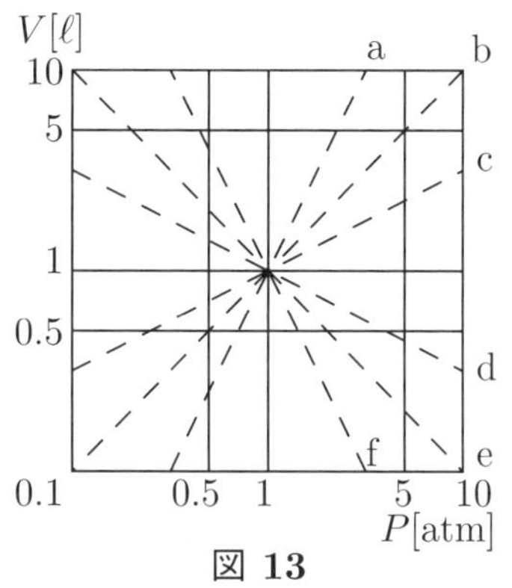

図 13

図 12 に $P \cdot V = 1$ $\cdots$(1) 式, $P \cdot V^2 = 1$ $\cdots$(2) 式のグラフを描いた．これらのグラフは直線でないので特徴がつかみにくい．両対数グラフでプロットしたものを図 13 に示す．

(1) 式 $P \cdot V = const.$(一定) を**等温変化**といい, ‘ゆっくりと変化’ させたときの関係式 (ボイル・シャルルの法則) である．(2) 式 $P \cdot V^\gamma = const.$ (γ は 1 より大きな定数; 比熱比) は**断熱変化**をあらわし, 立方体の外壁 (皮) を通じての外部への熱の移動がないくらい素早い **“瞬間的変化”** の場合の圧力と体積の関係 (ポアッソンの法則) である．

問題 6. 図 13 の点線の中から (1), (2) 式をあらわすグラフを選び出せ．

ヒント: $\log V = -\log P$ $\cdots(1')$　$\log V = -(1/2)\log P$ $\cdots(2')$ (第 13 章参照)

例題 7 (**表面積を大きくすること**) 工業製品には, その表面積を大きくしたいものがよくある．表面に凹凸を付けて表面積を大きくする場合として, 次のような 2 次曲線を用いてみよう．表面積はどの程度大きくなるだろうか．

xy 平面を考え, x, y 方向の長さをそれぞれ a[cm], b[cm] とする. 簡単のために, y 方向に変化はなく, x に依存して z 方向の凹凸が $z = cx^2$ と $z = -cx^2$ で, $x = 2d$[cm] 間隔ごとに繰り返される波板があるとき, 表面積は平面の時に比べて何倍になるだろうか. ここで c は正の定数で, 長さの逆数の単位を持つ. 例えば $1/2\,\mathrm{cm}^{-1}$ である. 図 14 で軸は適当にずれている.

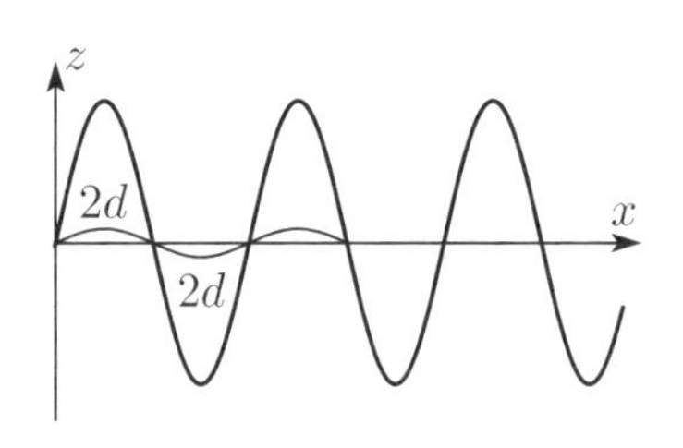

図 14

(解) 1 個の 2 次曲線の長さについては, 式 (A18-9) の線積分を使って

$$l = \int_{-d}^{d} \sqrt{1 + \left(\frac{dz}{dx}\right)^2} dx$$
$$= 2\int_0^d \sqrt{1 + 4c^2x^2} dx$$

この積分はやや面倒だが計算できて

$$l = \frac{1}{2c}\left\{D\sqrt{1+D^2} + \ln(D + \sqrt{1+D^2})\right)$$

である. ここで $D = 2cd$ とおいた. これが x 方向に $\dfrac{a}{2d}$ 個並んでいるのであるから, x 方向の波板の実長は $l \cdot \dfrac{a}{2d}$ となり, 実効表面積は $\dfrac{alb}{2d}$ となる. よって, 表面積は平らな面の $\dfrac{l}{2d}$ 倍になることが分かる.

問題 1.　$c = 1/2\,\mathrm{cm}^{-1}$, $d = 1\mathrm{cm}$ のとき, 表面積は平らな面の何倍になるか.

例題 8 (**オリフィスを用いた流量計**) 工業的に広く使われている流量計として差圧式流量計がある. これは孔あき板を管路の中に設置し, その上流圧力と下流圧力の差から流量を求めるものである. 構造が簡単で比較的流れを妨げない. 原理的には流体力学のベルヌーイの方程式, すなわち, 流体の速度による運動エネルギー, 圧力エネルギー, 位置エネルギーの関係は一定であることに基づいている. また差圧は, 圧力伝送器で電気信号に変換されコンピュータに送られ, 所定の流量調節を行う操作部である調節弁を駆動する信号となり, 目的の流量が得られる.

次に流量を求める式と例題を示す.

オリフィス (孔あき同心薄板円板) を用いた流量計での質量流量 Q の計算式は次式で与えられる.

$$Q = \alpha E \frac{\pi}{4} d^2 \sqrt{2\rho\Delta p}$$

ここで, α: 流量係数, E: 近寄り速度係数, d: オリフィス径, ρ: 水の密度, Δp: 差圧である. 差圧はオリフィス板上流側圧力と下流側圧力の差である. この流量計では差圧のみ測定すればよい. また近寄り速度計数 E は管内径を D として, 次のように定義されている.

$$E = \frac{1}{\sqrt{1-\beta^4}}, \qquad \beta = \frac{d}{D}$$

問題 1.　この流量計の各数値を $\alpha = 0.6035$, $d = 0.0268\mathrm{m}$, $D = 0.0410\mathrm{m}$, $\rho = 1000\mathrm{kg/m^3}$ とする. いま測定差圧が $40\mathrm{mmH_2O}$ であるとき Q[kg/s] を求めよ. ただし, $1\mathrm{mmH_2O} = 1\mathrm{kgf/m^2} = 9.8\mathrm{N/m^2} = 9.8\mathrm{Pa}$, $1\mathrm{N} = 1\mathrm{kg} \times 1\mathrm{m/s^2}$ である.

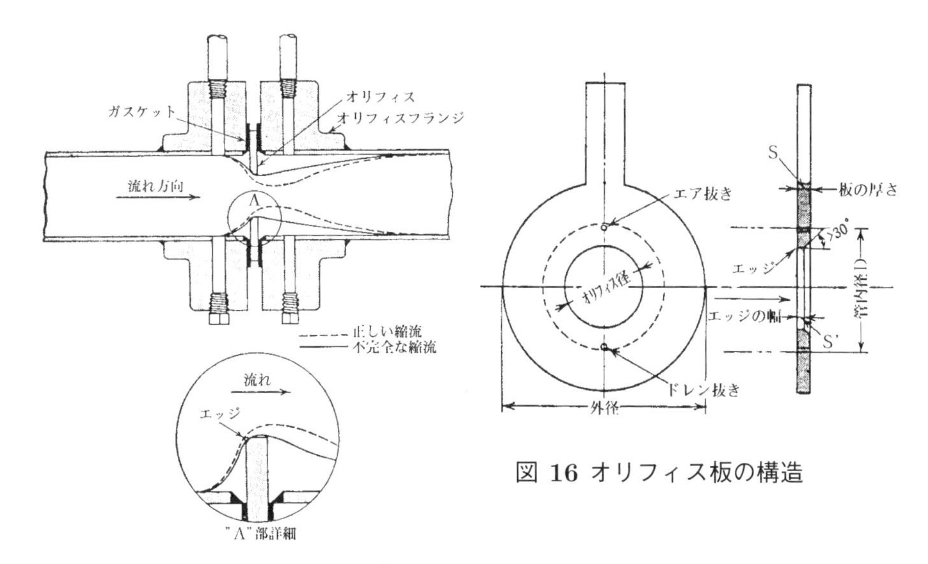

図 16 オリフィス板の構造

図 15 オリフィスによる流量測定装置と縮流

例題 9 (**材料の硬さ試験**) 材料の機械的性質を推定するのに硬さ試験がよく利用される. ブリネル硬さ試験やビッカース硬さ試験は, 圧子を試験片に押し込み, 押し込んだ時の力 (F) をできたくぼみの表面積 (S) で除した値を「硬さ」として定義するものである. このくぼみの表面積は, 顕微鏡を用いて下の図に示した d を測定して算出する. 荷重は kgf 単位を用いており, SI 単位の場合には 0.102 を乗ずる.

問題 1. ブリネル硬さ試験に使用する球圧子の直径を D とし, 出来たくぼみの直径を d とするとき, ブリネル硬さ (HB) の算出式

$$HB = \frac{0.102F}{S} = \frac{0.102 \times 2F}{\pi D(d - \sqrt{D^2 - d^2})}$$

を導出せよ.

問題 2. ビッカース硬さ試験に使用する四角すい圧子の対面角を θ とし, できたくぼみの対角線長さを d とするとき, ビッカース硬さ (HV) の算出式

$$HV = \frac{0.102F}{S} = \frac{0.102 \times 2F\sin(\theta/2)}{d^2}$$

を導出せよ.

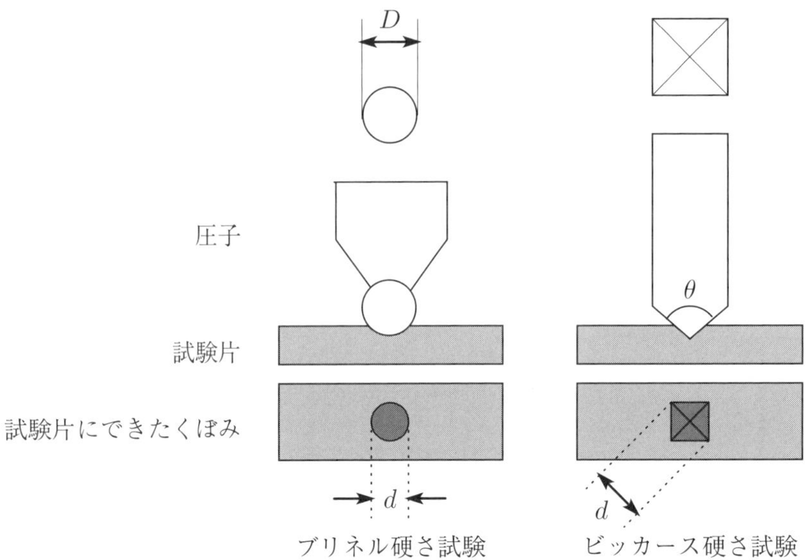

図 17 硬さ試験の圧子の形状とくぼみの測定箇所

例 4 (**破壊応力と応力拡大係数**) 図 18 (a) に示すような幅: l, 板厚: t の材料を荷重 P_1 で引張ったところ破壊した. この時の破壊応力 (引張り強さ) σ_{B1} は以下の (26) 式から求めることができる.

$$\sigma_{B1} = \frac{P_1}{l \cdot t} \quad [\mathrm{kN/mm^2 \ or \ MPa}] \tag{26}$$

もし, 図 18 (b) に示すように, この材料に断面積の減少には影響しないような微少なクラックが存在すると, 破壊応力 σ_{B1} はどのような値となるだろうか.

我々はこの場合, 応力集中により σ_{B1} が大きく低下する, すなわち簡単に破壊することを経験的に知っている. 実際には欠陥の無い材料を得ることは不可能である. 通常の強度計算では欠陥による応力集中の効果は経験的に適当な安全係数を掛けることで処理している. しかし, 絶対に破壊してはならない構造物, たとえば原子炉容器の設計では材料中のクラック等の欠陥の存在を前提に強度計算を行う必要かある. このようなクラックを考慮した強度パラメータに応力拡大係数 K_Q がある.

K_Q の求め方は, 図 19 に示す形状の CT 試験片にクラックを導入したものを用いて荷重 P_Q から以下に示す (27) 式より算出する.

$$K_Q = \frac{P_Q}{B \cdot W^{1/2}} \cdot f(a/W) \quad [\mathrm{kN/mm^{3/2} \ or \ MPa{\cdot}m^{1/2}}] \tag{27}$$

ここで

$$f(x) = \frac{(2+x)(0.886 + 4.64x - 13.32x^2 + 14.72x^3 - 5.6x^4)}{(1-x)^{3/2}}$$

(ただし上式で $x \equiv a/W$ とおいた)

P_Q: 荷重 [kN], W: 板幅 [mm]

B: 板厚 [mm], a: クラック長さ [mm]

また, 試験片か破壊するときの応力拡大係数を K_{1C} (破壊じん性値：ケーワンシーと読む)

と呼び, 最近の強度設計には引張り強さ σ_B に替わって K_{1C} が用いられることが多い.

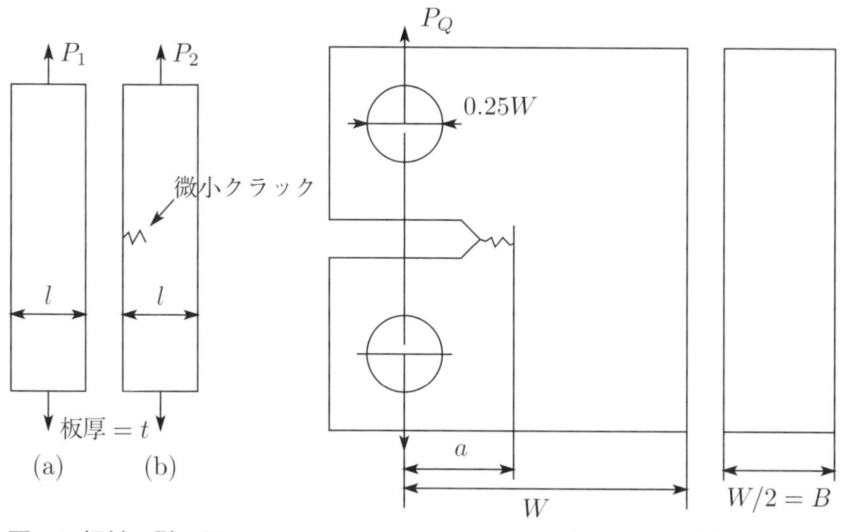

図 18 板材の引っ張り

図 19 CT 試験片

例 5 アルミ合金の破壊じん性値を CT 試験片 ($W = 50$mm, $B = 25$mm) を用いて求めることにした. $a = 27$mm のクラックを挿入した後, 引張り試験を行い破壊荷重 $P_Q = 12.5$kN を得た. この試験材の破壊じん性値 K_{1C} を求めよ.

(解)

$$\frac{a}{W} = \frac{27}{50} = 0.54, \qquad f(a/W) = 10.98,$$

$$K_{1C} = \frac{P_Q}{B \cdot W^{1/2}} \cdot f(a/W) = \frac{(12.5 \times 10^3) \times 10.98}{0.025 \times 0.050^{1/2}} = 24.5\text{MPa}\cdot\text{m}^{1/2}$$

エピローグ

例題 2 で, S 君が扱っているのはただの数字ではない. 長さや重さには異なる単位があり, 微分方程式は運動の方程式という我々をとりまく自然の中に隠された法則を注意深く抜き出したものだ. またもし S 君が成功していると思うならば, それは単に数学が出来るという事ではなく, 式を変数を使って一般的なモデルとして立てる力, グラフや数式の係数からパターンを見出す洞察力 (直感), そしてなんといってもまず自分でやってやろうという意気込みと, 自然の法則〜ものの理 (ことわり) を面白がり, 知りたいという気持ちだろう.

基礎数理とは, このようにいつも自然の現象 (理) を扱うことを考えながら, 技術者として必要な基礎体力としての数学を身につけようという科目なのである.

第 I 部

準備

第 1 章

式と計算

1.1 文字式の計算

1.1.1 同類項の整理

いくつかの数と文字を掛け合わせて得られる式を**単項式**という. また, 単項式において, ある文字を指定し, その文字が掛けられている個数を (その文字についての) **次数**といい, またその文字以外の部分を (その文字についての) **係数**という.

例 1 単項式 $6x^2y^3$ は x についての次数は 2, 係数は $6y^3$, y についての次数は 3, 係数は $6x^2$ である. また, x, y についての次数は 5, 係数は 6 である.

単項式の和であらわされる式を**多項式**といい, 単項式と多項式をあわせて**整式**という.

多項式において, 各単項式を**項**という. 項は, 左から順番に第 1 項, 第 2 項, 第 3 項, $\cdots$ とよばれる. 整式において, 項の次数の中で次数の最高のものをその整式の**次数**といい, 次数が n の整式を n **次式**という. また, 指定した文字を含まない項を**定数項**という.

例 2 $x^2 - x + 1$ は 2 次式, $xy^3 - 2x^2y$ は x について 2 次式, y について 3 次式である.

整式において, すべての文字について次数が等しい項を**同類項**という. また, 同類項があれば, それらをまとめて整式を簡単にできる.

例 3 整式 $xy^3 - 2xy^3 + 5xy^3$ の同類項を整理すると $4xy^3$ となる.

整式において, 次数の大きい順に項を並べ換えることを**降べきの順に整理する**という.

例 4 $x - 3x^3 - 1 + 2x^2$ を降べきの順に整理すると

$$-3x^3 + 2x^2 + x - 1$$

となる.

問 1 次の式の同類項を整理せよ.

(1)° $(x + 2y) - (2x - y)$ (2)° $2(5a - 2b) + 3(-4a + 3b)$

(3) $3(x^3 - 3x^2y) + (3x^2y - xy^2)$

問 2° 次の式を ( ) 内の文字について降べきの順に整理せよ.

(1) $xy^3 + x^4y - 2y^5 + 3x^2$ (x)

(2) $3xy^2 - z^2 + 4y - xy^3z$ (y)

1.1.2　単項式の乗法

例 5　$x^2y^5 \times (2xy)^2 \times y = x^2y^5 \times 4x^2y^2 \times y = 4x^4y^8$

問 3°　次の計算をせよ.

(1)　$(x^2y) \times (xy)^3$

(2)　$(-ab)^3 \times (2a)^2 \times (-3b)$

(3)　$\left(\frac{2}{3}xy^2\right) \times \left(-\frac{3}{4}x^2\right)$

(4)　$(abc)^3 \times (ab)^2 \times a$

例 6　$5(2x - 3y) = 10x - 15y$

問 4°　次の計算をせよ.

(1)　$-3(x + 2y)$

(2)　$2(x - 2y)$

(3)　$a(a - b + c)$

(4)　$a(a - b) + b(2a + b)$

問 5*　次の整式を整理せよ.

(1)　$5(2x - 3y) - 3(3x - 2y)$

(2)　$2ab^2(a - b) + b(3ab^2 + a^2b)$

(3)　$3(x + 2) - 4(2x + 1)$

(4)　$3(2a - 3b + 1) + 2(-3a + 2b + 7)$

問 6*　$P = x^2 - x + 3$, $Q = 2x^2 + 4x - 1$ のとき, $P + Q$, $3P - 2Q$ を求めよ.

1.1.3　展開

公式 I

$$(a + b)^2 = a^2 + 2ab + b^2$$

$$(a - b)^2 = a^2 - 2ab + b^2$$

$$(a + b)(a - b) = a^2 - b^2$$

例 7　$(x + 1)^2 = x^2 + 2x + 1$

問 7°　次の式を展開せよ.

(1)　$(x + 2)^2$

(2)　$(y - 3)^2$

(3)　$(5 + a)^2$

(4)　$(x + 4)(x - 4)$

公式 II

$$(x + a)(x + b) = x^2 + (a + b)x + ab$$

$$(ax + b)(cx + d) = acx^2 + (ad + bc)x + bd$$

例 8　$(x + 1)(x - 2) = x^2 - x - 2$

問 8°　次の式を展開せよ.

(1)　$(x - 2)(x + 3)$

(2)　$(x - 4)(x + 6)$

(3)　$(t - 5)(t + 3)$

(4)　$(t - 2)(t - 16)$

(5)　$(2x - 1)(x - 2)$

(6)　$(3x + 2)(2x - 3)$

公式 III

$$(a+b)^3 = a^3 + 3a^2b + 3ab^2 + b^3$$
$$(a-b)^3 = a^3 - 3a^2b + 3ab^2 - b^3$$
$$(a+b)(a^2 - ab + b^2) = a^3 + b^3$$
$$(a-b)(a^2 + ab + b^2) = a^3 - b^3$$
$$(a+b+c)^2 = a^2 + b^2 + c^2 + 2ab + 2bc + 2ca$$

問 9 次の式を展開せよ.

(1) $(x+1)^3$　　(2) $(x-3)^3$

(3) $(x+2)(x^2-2x+4)$　　(4) $(x+y+2)^2$

問 10 次の整式を展開し降べきの順に整理せよ.

(1)° $(x-6)(x+8)$　　(2)° $(x-1)(2x+1)$

(3)° $(t-7)(t+3)$　　(4)° $(t-4)(t-6)$

(5) $(1-x)^3$　　(6) $(x^2+x+1)^2$

(7) $(x-1)^2(x+1)$　　(8) $(x-2)(x+1)^2$

(9) $(2x+1)(x^2-x+1)$　　(10) $(x^2-x+1)(x^2+x+1)$

1.1.4 因数分解

公式 I

$$x^2 + 2ax + a^2 = (x+a)^2$$
$$x^2 - 2ax + a^2 = (x-a)^2$$
$$x^2 - a^2 = (x+a)(x-a)$$

公式 II

$$x^2 + (a+b)x + ab = (x+a)(x+b)$$
$$acx^2 + (ad+bc)x + bd = (ax+b)(cx+d)$$

例 9

$$x^2 - 2x + 1 = x^2 - 2x \cdot 1 + 1 = (x-1)^2$$
$$a^2 - a - 2 = a^2 + (1-2)a + 1 \cdot (-2) = (a+1)(a-2)$$
$$2t^2 + 7t + 3 = 2 \cdot 1t^2 + (2 \cdot 3 + 1 \cdot 1)t + 1 \cdot 3 = (2t+1)(t+3)$$

問 11° 次の整式を因数分解せよ.

(1) x^2+4x+4　　(2) a^2-6a+9

(3) y^2-25　　(4) b^2-81

(5) x^2+4x+3　　(6) $m^2-6m-27$

(7)　$x^2 - 2x - 8$　　(8)　$p^2 + 7p + 12$

(9)　$2x^2 - x - 1$　　(10)　$6t^2 - t - 2$

例 10

$$x^2 - 7xy + 10y^2 = (x - 2y)(x - 5y)$$
$$9x^2 - 16y^2 = (3x + 4y)(3x - 4y)$$

問 12°　次の整式を因数分解せよ.

(1)　$x^2 + 2xy + y^2$　　(2)　$a^2 - ab - 12b^2$

(3)　$x^2 - 9xy + 18y^2$　　(4)　$p^2 + 5pq - 14q^2$

(5)　$9m^2 - 25n^2$　　(6)　$4x^2 + 4xy - 15y^2$

公式 III

$$a^3 + b^3 = (a + b)(a^2 - ab + b^2)$$
$$a^3 - b^3 = (a - b)(a^2 + ab + b^2)$$

例 11

$$x^3 + 1 = (x + 1)(x^2 - x \cdot 1 + 1^2) = (x + 1)(x^2 - x + 1)$$
$$x^3 - 8y^2 = (x - 2y)(x^2 + x \cdot 2y + (2y)^2) = (x - 2)(x^2 + 2xy + 4y^2)$$

問 13　次の整式を因数分解せよ.

(1)　$x^3 - 1$　　(2)　$t^3 + 27$

(3)　$x^3 + 64y^3$　　(4)　$8x^3 - 27y^3$

問 14　次の整式を因数分解せよ.

(1)°　$x^2 + 8x + 16$　　(2)°　$9x^2 - 12xy + 4y^2$

(3)°　$t^2 - 3t - 10$　　(4)°　$a^2 + 10ab - 24b^2$

(5)°　$w^2 - w - 6$　　(6)°　$u^2 + 12uv + 20v^2$

(7)°　$5x^2 + x - 6$　　(8)°　$6x^2 - 5xy - 6y^2$

(9)　$m^3 - 125$　　(10)　$27a^3 + 64b^3$

問 15　次の整式を因数分解せよ.

(1)　$x^4 - 1$　　(2)　$x^4 - 5x^2 + 4$

(3)　$x^3 - 3x^2 + 3x - 1$　　(4)　$x^4 + x^2 + 1$

(5)　$a^2 + b^2 + c^2 + 2ab + 2bc + 2ca$　　(6)　$a^2(b - c) + b^2(c - a) + c^2(a - b)$

1.1.5　平方完成

2 次式 $ax^2+bx+c\ (a\neq 0)$ を $a(x+p)^2+q$ の形に変形することを**平方完成する**という.
一般に,

$$\begin{aligned} ax^2+bx+c &= a\left(x^2+\frac{b}{a}x\right)+c \\ &= a\left(x^2+2\cdot\frac{b}{2a}x+\left(\frac{b}{2a}\right)^2-\left(\frac{b}{2a}\right)^2\right)+c \\ &= a\left(x+\frac{b}{2a}\right)^2+c-\frac{b^2}{4a} \end{aligned}$$

より, $p=\dfrac{b}{2a}$, $q=c-\dfrac{b^2}{4a}$ である.

例 12　$3x^2+6x+2$ を平方完成せよ.

(解)

$$\begin{aligned} 3x^2+6x+2 &= 3(x^2+2\cdot 1x)+2 \\ &= 3(x+1)^2+2-3\cdot 1^2 \\ &= 3(x+1)^2-1 \end{aligned}$$

問 16*　次の整式を平方完成せよ.

(1)　$x^2+6x+12$　　(2)　t^2-3t+1

(3)　$4x^2-16x+5$　　(4)　$3m^2+5m+2$

問 17*　次の整式を平方完成せよ.

(1)　$3x^2+12x-5$　　(2)　$5t^2-5t+2$

(3)　$4t^2+5t$　　(4)　$2x^2+5x+2$

1.1.6　整式の除法

$F(x)$ を m 次式, $G(x)$ を恒等的に 0 でない n 次式とする.

$$F(x)=G(x)Q(x)+R(x)\qquad R(x)\text{ の次数は } n \text{ 未満}$$

とあらわされるとき, $Q(x)$ を $F(x)$ を $G(x)$ で割った**商**, $R(x)$ を**余り**という.

整式の割り算は次の例のように行うと簡単である.

例 13　$(x^3+4x^2-5x+2)\div(x-2)$

$$
\begin{array}{rrrrr}
 & x^2 & +6x & +7 & \\
\cline{2-5}
x-2 \,) & x^3 & +4x^2 & -5x & +2 \\
 & x^3 & -2x^2 & & \\
\cline{2-5}
 & & 6x^2 & -5x & \\
 & & 6x^2 & -12x & \\
\cline{3-5}
 & & & 7x & +2 \\
 & & & 7x & -14 \\
\cline{4-5}
 & & & & 16
\end{array}
$$

問 18　次の除法をおこなえ.

(1)°　$(2x^3-x^2+3x+2)\div(x+1)$

(2)°　$(2x^3-5x+1)\div(x-3)$

(3)°　$(8x^3-4x^2+6x+3)\div(2x+1)$

(4)　$(x^4+x^3-2x^2+x+3)\div(x^2-x+1)$

問 19　次の除法をおこなえ.

(1)°　$(x^4-x^2+3x+2)\div(x+3)$

(2)°　$(8x^4-4x^3+1)\div(2x-3)$

(3)　$(x^4+3x^3-4x^2+5x+2)\div(x^2-3x+2)$

(4)　$(4x^4+6x^3-5x^2+x)\div(2x^2-x+1)$

1.1.7　分数式の加減乗除

例 14　$\dfrac{12x^3y^2z}{18xyz^2}$ を簡単にせよ.

(解)

$$\frac{12x^3y^2z}{18xyz^2}=\frac{2x^2y}{3z}$$

問 20°　次の式を簡単にせよ.

(1)　$\dfrac{a^2bc^3}{ab^4c}$　　(2)　$\dfrac{(2abc)^3}{4a^4b^2c}$

(3)　$\dfrac{(xy^2)^2}{(x^2y)^3}$　　(4)　$\dfrac{x(-3x^2y)^2}{(9xy^3z)^3}$

例 15　$\dfrac{x^2+x-2}{x^2-2x+1}$ を簡単にせよ.

(解)

$$\frac{x^2+x-2}{x^2-2x+1}=\frac{(x+2)(x-1)}{(x-1)^2}=\frac{x+2}{x-1}$$

問 21°　次の式を簡単にせよ.

(1) $\dfrac{x^2-x-6}{x^2+3x+2}$　　(2) $\dfrac{x^2-x}{x^2-5x+4}$

(3) $\dfrac{x^2-3x-4}{x^3+1}$　　(4) $\dfrac{2x^2+7x+6}{x^2-4}$

例 16　次の式を簡単にせよ.

(1) $\dfrac{x^2-2x}{x^2+2x-3}\times\dfrac{x^2-1}{x^2-4x+4}$　　(2) $\dfrac{1}{x-1}-\dfrac{1}{x^2-1}$

(解)

(1)
$$\frac{x^2-2x}{x^2+2x-3}\times\frac{x^2-1}{x^2-4x+4}=\frac{x(x-2)}{(x+3)(x-1)}\times\frac{(x+1)(x-1)}{(x-2)^2}$$
$$=\frac{x(x+1)}{(x+3)(x-2)}$$

(2)
$$\frac{1}{x-1}-\frac{1}{x^2-1}=\frac{x+1}{(x+1)(x-1)}-\frac{1}{(x+1)(x-1)}$$
$$=\frac{x}{(x+1)(x-1)}$$

問 22*　次の式を簡単にせよ.

(1) $\dfrac{x^2-x-6}{x^2+5x+6}\div\dfrac{x^2-2x-3}{x^2+4x+3}$　　(2) $\dfrac{1}{x^3-1}\times\dfrac{x^2-3x+2}{x+2}$

(3) $\dfrac{1}{x-2}-\dfrac{1}{x-3}$　　(4) $\dfrac{x+2}{x^2-2x}+\dfrac{x}{x^2-4}$

問 23°　次の式を簡単にせよ.

(1) $\left(\dfrac{ab}{c}\right)^3\div\dfrac{1}{bc^2}$　　(2) $\left(\dfrac{a}{3}\right)^2\times\left(\dfrac{a^2}{2}\right)^5\div\dfrac{a^5}{6}$

(3) $(-2ab^2c)^3\div\left(\dfrac{ab}{2c}\right)^2\times\left(-\dfrac{b}{ac}\right)^2$　　(4) $(-a^2b^3c)\times\left(-\dfrac{ab}{c}\right)^3\div\dfrac{c^3}{(ab^2)^3}$

問 24　次の式を簡単にせよ.

(1)* $\dfrac{x^2-10x+25}{x^2-2x+4}\times\dfrac{x^3+8}{x^2-3x-10}$　　(2)* $\dfrac{(x-1)^3}{x^2+7x-8}\div\dfrac{x^2-7x+6}{x+8}$

(3)* $\dfrac{1}{x^2-2x-3}-\dfrac{1}{x^2-3x-4}$　　(4) $\dfrac{x}{x^2+x+1}-\dfrac{1}{x-1}$

1.2　実数の計算

1.2.1　平方根

$a>0$ とする. このとき 2 乗すると a に等しい正の実数が必ず存在する. これを a の (正の) **平方根**といい, $\sqrt{a}$ とあらわす.

定義より, $\sqrt{a}>0$ である. また, $-\sqrt{a}$ も 2 乗すると a に等しい.

一般に次が成り立つ.

$$\sqrt{a^2}=a,\qquad \sqrt{a}\,\sqrt{b}=\sqrt{ab},\qquad \frac{\sqrt{a}}{\sqrt{b}}=\sqrt{\frac{a}{b}}\qquad (a,b>0)$$

例 17　次の式を簡単にせよ.

(1)　$\sqrt{12}$　　(2)　$\sqrt{(-3)^2}$

(解) (1)　$\sqrt{12} = \sqrt{2^2 \cdot 3} = 2\sqrt{3}$

(2)　$\sqrt{(-3)^2} = \sqrt{3^2} = 3$

問 25°　次の式を簡単にせよ.

(1)　$\sqrt{6}\,\sqrt{27}$　　(2)　$\sqrt{10}\,\sqrt{15}$

(3)　$\dfrac{\sqrt{6}}{\sqrt{2^3}}$　　(4)　$\dfrac{\sqrt{54}}{\sqrt{24}}$

例 18　$\sqrt{27} - \sqrt{12} = 3\sqrt{3} - 2\sqrt{3} = \sqrt{3}$

問 26°　次の式を簡単にせよ.

(1)　$\sqrt{32} - \sqrt{8}$　　(2)　$\sqrt{6}\,\sqrt{10} - \sqrt{15}$

(3)　$(\sqrt{2}+1)^2$　　(4)　$(\sqrt{6}-1)(\sqrt{6}+1)$

1.2.2　分母の有理化

例 19

$$(1)\quad \frac{2}{\sqrt{6}} = \frac{2 \cdot \sqrt{6}}{(\sqrt{6})^2} = \frac{2\sqrt{6}}{6} = \frac{\sqrt{6}}{3}$$

$$(2)\quad \frac{1}{\sqrt{3}-\sqrt{2}} = \frac{\sqrt{3}+\sqrt{2}}{(\sqrt{3}-\sqrt{2})(\sqrt{3}+\sqrt{2})} = \frac{\sqrt{3}+\sqrt{2}}{3-2} = \sqrt{3}+\sqrt{2}$$

上の例のように, 分母の平方根をなくすことを分母を**有理化する**という.

問 27　次の式の分母を有理化せよ.

(1)°　$\dfrac{3}{\sqrt{12}}$　　(2)°　$\dfrac{1}{\sqrt{27}}$

(3)°　$\dfrac{2}{\sqrt{7}-\sqrt{5}}$　　(4)°　$\dfrac{1}{\sqrt{5}-2}$

(5)　$\dfrac{\sqrt{2}+1}{\sqrt{2}-1}$　　(6)　$\dfrac{1}{(\sqrt{3}+1)^2}$

問 28°　次の式を簡単にせよ.

(1)　$\sqrt{50} - \sqrt{18} + \sqrt{72}$　　(2)　$(\sqrt{6}+\sqrt{2})^2$

(3)　$\dfrac{1}{\sqrt{10}+3} + \dfrac{1}{\sqrt{10}-3}$　　(4)　$\dfrac{\sqrt{3}}{\sqrt{6}+\sqrt{2}} - \dfrac{2+\sqrt{3}}{\sqrt{2}}$

問 29　次の式の分母を有理化せよ.

(1)*　$\dfrac{1}{\sqrt{x-1}}$　　(2)　$\dfrac{\sqrt{x-2}}{\sqrt{x+2}}$

(3)*　$\dfrac{1}{\sqrt{x+1}-\sqrt{x}}$　　(4)　$\dfrac{1}{\sqrt{3x+2}-\sqrt{2x-1}}$

問 30　次の式の分母を有理化せよ.

(1) $\dfrac{1}{1+\sqrt{2}+\sqrt{3}}$ (2) $\dfrac{1}{(1-\sqrt{2})^3}$

1.3 方程式

文字を含む等式のうち, 例えばそれを x とすると, ある特定の値を x を代入したときにのみ成立する等式を**方程式**という. 例えば,

$$2x-4=0$$

は $x=2$ のとき, 両辺の値は等しく等号が成立するが, $x=0,1$ のときは等号が成立しない. したがって, 上式は方程式である. ($\{(x-1)^2+(x+1)^2\}/2=x^2+1$ のような, どんな値を x に代入しても等号が成立する式を**恒等式**という)

方程式において, 等号が成立するような x の値を求めることを方程式を**解く**といい, その特定の値を方程式の**解**または**根**という.

注意. 方程式の解を求めるとき, どのような数の範囲で求めるかを常に意識しなければいけない. 例えば, 方程式

$$2x=1$$

の解は, 整数の範囲では存在しないが, 有理数 (分数) の範囲では, $\dfrac{1}{2}$ が解である.

通常は, 実数の範囲で方程式を考えることが多い.

1.3.1 1次方程式の解法

移項を施して,

$$ax+b=0, \qquad a \neq 0$$

とあらわされる方程式を**1次方程式**という. この方程式の解は

$$x=-\frac{b}{a}$$

である.

例 20 1次方程式 $2x+3=0$ の解は, $x=-\dfrac{3}{2}$ である.

問 31° 次の1次方程式を解け.

(1) $3x-5=0$ (2) $6t=15$

(3) $3a+7=4a-6$ (4) $5m-2=m+1$

1.3.2 2次方程式の解の公式

移項を施して,

$$ax^2+bx+c=0, \qquad a \neq 0$$

とあらわされる方程式を**2次方程式**という.

例 21 2次方程式 $x^2-3x+2=0$ を解け.

(解) 左辺を因数分解して,

$$(x-1)(x-2)=0$$

よって, $x=1,2$.

問 32　次の2次方程式を解け.

(1)°　$x^2-6x+8=0$　　(2)°　$a^2+2a-15=0$

(3)*　$x^2-x+1=2x+5$　　(4)*　$2t^2-t-1=0$

2次方程式の解の公式

2次方程式

$$ax^2+bx+c=0, \qquad a\neq 0$$

を考える. 左辺を平方完成すると,

$$a\left(x+\frac{b}{2a}\right)^2+c-\frac{b^2}{4a}=0$$

したがって,

$$a\left(x+\frac{b}{2a}\right)^2=\frac{b^2}{4a}-c=\frac{b^2-4ac}{4a}$$

$$\therefore \quad \left(x+\frac{b}{2a}\right)^2=\frac{b^2-4ac}{4a^2}$$

$b^2-4ac \geqq 0$ のとき, 両辺の平方根を考えると,

$$x+\frac{b}{2a}=\pm\frac{\sqrt{b^2-4ac}}{2a}$$

$$\therefore \quad x=-\frac{b}{2a}\pm\frac{\sqrt{b^2-4ac}}{2a}=\frac{-b\pm\sqrt{b^2-4ac}}{2a}$$

まとめると,

> $D=b^2-4ac\geqq 0$ のとき, 2次方程式 $ax^2+bx+c=0$ $(a\neq 0)$ の解は
>
> $$x=\frac{-b\pm\sqrt{b^2-4ac}}{2a}$$
>
> である.

$D=b^2-4ac$ を上の2次方程式の**判別式**という.

例 22　2次方程式 $x^2-2x-2=0$ を解け.

(解)　解の公式より,

$$x=\frac{-(-2)\pm\sqrt{(-2)^2-4\cdot 1\cdot(-2)}}{2\cdot 1}=\frac{2\pm\sqrt{12}}{2}=1\pm\sqrt{3}$$

問 33*　次の2次方程式を解け.

(1)　$x^2-6x+2=0$　　(2)　$t^2+3t-5=0$

(3)　$x^2-x=2x+1$　　(4)　$4m^2-2m-1=0$

判別式 $D=b^2-4ac$ が負のときも, 2乗すると -1 になる“数”を考えることにより, 2次

方程式を解くことができる．この“数”の1つを**虚数単位**といい，通常 i であらわす．すなわち，

$$i^2 = -1$$

が成り立つ．また，実数 a, b を用いて $a + bi$ の形であらわされる数を**複素数**という．

例 23 2次方程式 $x^2 - 2x + 2 = 0$ を (複素数の範囲で) 解け．

(解) 解の公式より，

$$\begin{aligned} x &= \frac{-(-2) \pm \sqrt{(-2)^2 - 4 \cdot 1 \cdot 2}}{2 \cdot 1} = \frac{2 \pm \sqrt{-4}}{2} \\ &= \frac{2 \pm \sqrt{4}\,\sqrt{-1}}{2} = \frac{2 \pm 2i}{2} = 1 \pm i \end{aligned}$$

問 34 次の2次方程式を (複素数の範囲で) 解け．

(1) $x^2 + 4x + 8 = 0$　　(2) $x^2 + x + 1 = 0$

(3) $3x^2 + 4 = 0$　　(4) $5x^2 - 4x + 4 = 0$

判別式に関して次が成立．

> 2次方程式 $ax^2 + bx + c = 0 \ (a \neq 0)$ を考える．$D = b^2 - 4ac$ とおくと，
> (i) $D > 0$ のとき，2次方程式は異なる実数解をもつ．
> (ii) $D = 0$ のとき，2次方程式はただ1つの実数解をもつ．
> これを**重解** (**重根**) という．
> (iii) $D < 0$ のとき，2次方程式は実数解をもたない．
> (複素数の解をもつ，これを**虚数解**という)

問 35 次の方程式を解け．

(1)° $5x + 6 = -4$　　(2)° $2(m - 2) = 3(m + 4)$

(3)° $x^2 - 7x - 18 = 0$　　(4)° $a^2 - 6a + 9 = 0$

(5)* $x^2 - 1 = 2x + 1$　　(6)* $-t^2 + 3t + 1 = -3(t + 1)$

(7)* $(x - 1)^2 = 3x + 1$　　(8)* $y^2 + (2y + 1)^2 = 25$

問 36 次の2次方程式を (複素数の範囲で) 解け．

(1) $5x^2 + 6x + 5 = 0$　　(2) $x^2 - 3x + 2 = x - 3$

(3) $x^2 + (3 - x)^2 = 4$　　(4) $9(6 - x)^2 + 4x^2 = 36$

1.3.3 解と係数の関係

2次方程式 $ax^2 + bx + c = 0 \ (a \neq 0)$ の解を

$$\alpha = \frac{-b + \sqrt{b^2 - 4ac}}{2a}, \qquad \beta = \frac{-b - \sqrt{b^2 - 4ac}}{2a}$$

とおく．このとき，

$$\alpha+\beta=\frac{-b+\sqrt{b^2-4ac}}{2a}+\frac{-b-\sqrt{b^2-4ac}}{2a}$$
$$=-\frac{b}{a}$$
$$\alpha\beta=\left(\frac{-b+\sqrt{b^2-4ac}}{2a}\right)\left(\frac{-b-\sqrt{b^2-4ac}}{2a}\right)$$
$$=\frac{b^2-(b^2-4ac)}{4a^2}=\frac{c}{a}$$

まとめると，

> 2次方程式 $ax^2+bx+c=0\ \ (a\neq 0)$ の解を α,β とすると，
> $$\alpha+\beta=-\frac{b}{a},\qquad \alpha\beta=\frac{c}{a}$$
> が成り立つ．

例 24　2次方程式 $x^2-3x+1=0$ の解を α,β とすると，

$$\alpha+\beta=-\frac{(-3)}{1}=3,\qquad \alpha\beta=\frac{1}{1}=1$$

である．

問 37*　次の2次方程式の解を α,β とする．このとき，$\alpha+\beta$, $\alpha\beta$ をそれぞれ求めよ．

(1)　$3x^2+2x-5=0$　　(2)　$2x^2-6x+3=0$

2次方程式 $ax^2+bx+c=0\ \ (a\neq 0)$ の解を α,β とすると，

$$\alpha+\beta=-\frac{b}{a},\qquad \alpha\beta=\frac{c}{a}$$

が成り立つので，ax^2+bx+c は次のように因数分解できる．

$$ax^2+bx+c=a\left(x^2+\frac{b}{a}x+\frac{c}{a}\right)$$
$$=a\left(x^2-(\alpha+\beta)x+\alpha\beta\right)$$
$$=a(x-\alpha)(x-\beta)$$

例 25　x^2-3x+1 を因数分解せよ．

(解)　2次方程式 $x^2-3x+1=0$ の解は，

$$x=\frac{3\pm\sqrt{3^2-4\cdot 1}}{2}=\frac{3\pm\sqrt{5}}{2}.$$

したがって，

$$x^2-3x+1=\left(x-\frac{3+\sqrt{5}}{2}\right)\left(x-\frac{3-\sqrt{5}}{2}\right)$$

問 38　次の式を因数分解せよ．

(1)　x^2-4x-4　　(2)　x^2+5x+2

(3)　$2x^2-5x+2$　　(4)　$3x^2-2x-5$

問 39　2次方程式 $x^2+x-1=0$ の解を α,β とするとき，$\alpha+\beta$, $\alpha\beta$, $\alpha^2+\beta^2$ を求めよ．

問 40　次の式を因数分解せよ.

(1)　$x^2 - 6x - 5$　　(2)　$3x^2 + 6x - 1$

(3)　$6x^2 - 5x - 1$　　(4)　$4x^2 - 12x + 5$

1.3.4　分数方程式

例 26

$$\frac{2}{(x+1)(x+3)} + \frac{1}{x+3} = 1$$

を解け.

(解)　両辺に $(x+1)(x+3)$ をかけて,

$$2 + (x+1) = (x+1)(x+3)$$

$$x + 3 = x^2 + 4x + 3$$

$$x^2 + 3x = 0$$

$$x(x+3) = 0$$

$$\therefore \quad x = 0, -3$$

ここで, $x = -3$ は与式の分母を 0 にするので不適. したがって, 解は $x = 0$ のみ.

問 41　次の方程式を解け.

(1)* $\dfrac{10}{x} - \dfrac{11}{x+1} = \dfrac{3}{4}$　　(2)* $\dfrac{3}{t+2} + \dfrac{6}{t+1} = \dfrac{t+5}{(t+1)(t+2)}$

(3)　$\dfrac{1}{x-2} - \dfrac{4}{x^2-4} = 1$　　(4)　$\dfrac{-4}{x^2-2x-3} + \dfrac{x+1}{x^2-5x+6} = \dfrac{3}{x-3}$

問 42　次の方程式を解け.

(1)* $\dfrac{1}{m-3} - \dfrac{1}{m-2} = \dfrac{1}{6}$　　(2)* $t - 2 + \dfrac{1}{t-2} = 2$

(3)* $\dfrac{1}{x+1} + \dfrac{6}{x^2-4x-5} = 1$　　(4)　$\dfrac{-7}{x^2+x+1} + \dfrac{x}{x-1} = 1$

1.3.5　無理方程式

例 27

$$\sqrt{x-1} = \sqrt{x^2 - 2x - 1}$$

を解け.

(解)　両辺を 2 乗して,

$$x - 1 = x^2 - 2x - 1$$

$$x^2 - 3x = 0$$

$$x(x-3) = 0$$

$$\therefore \quad x = 0, 3$$

ここで, $x=0$ は根号の中を負にするので不適. したがって, 解は $x=3$ のみ.

問 43　次の方程式を解け.

(1)* $\sqrt{2-x^2}=\sqrt{3x-2}$　　(2)* $\sqrt{3t-8}=t-2$

(3) $2\sqrt{2x+1}=-x+10$　　(4) $\dfrac{m-1}{\sqrt{m+1}}=1$

問 44　次の方程式を解け.

(1)* $\sqrt{5-4x}=3x-2$　　(2)* $-\sqrt{2a+3}=2a+1$

(3) $\dfrac{2}{\sqrt{x+1}}=\dfrac{\sqrt{3x+7}}{x+1}$　　(4) $\dfrac{\sqrt{2x+1}+\sqrt{x}}{\sqrt{2x+1}-\sqrt{x}}=5$

1.3.6　連立方程式

例 28　連立方程式

$$\begin{cases} y=x^2-6x+4 \\ 3x+2y=-2 \end{cases}$$

を解け.

(解) 上式を下式に代入して,

$$3x+2(x^2-6x+4)=-2$$

$$2x^2-9x+10=0$$

$$(x-2)(2x-5)=0$$

$$\therefore\quad x=2,\ \ \frac{5}{2}$$

ここで, $x=2$ のとき, $y=-4$. $x=\dfrac{5}{2}$ のとき, $y=-\dfrac{19}{4}$.

問 45　次の連立方程式を解け.

(1)* $\begin{cases} 3a+2b=12 \\ 4a-3b=-1 \end{cases}$　　(2)* $\begin{cases} y=x^2-2 \\ y=x+4 \end{cases}$

(3)* $\begin{cases} y=-2x^2+6x-7 \\ 4x+y=1 \end{cases}$　　(4) $\begin{cases} x^2+y^2=20 \\ 3x+2y=-2 \end{cases}$

問 46　次の連立方程式を解け.

(1) $\begin{cases} x+2y+3z=6 \\ 2x+y-z=-3 \\ 3x-y+2z=11 \end{cases}$　　(2) $\begin{cases} x+2y=0 \\ y+2z=1 \\ z+2x=5 \end{cases}$

(3) $\begin{cases} 3x+2y=5 \\ 4y+3z=7 \\ x+y+z=3 \end{cases}$

問 47 次の連立方程式を解け.

(1)* $\begin{cases} 2a+4b=2 \\ 3a-5b=14 \end{cases}$

(2)* $\begin{cases} 3x+4y=1 \\ 4x+3y=2 \end{cases}$

(3)* $\begin{cases} y=3x^2-6x+2 \\ 4x-y=1 \end{cases}$

(4) $\begin{cases} x^2+y^2=25 \\ xy=-12 \end{cases}$

(5) $\begin{cases} 3x-2y+z=7 \\ 2x+3y+2z=16 \\ -x+5y-3z=1 \end{cases}$

(6) $\begin{cases} x+y+2z=0 \\ -x+y+z=0 \\ 2x+2y+z=1 \end{cases}$

1.4 不等式

不等式に関する数学的基礎事項

$$A \geqq B \iff A > B \text{ または } A = B$$

$$A > B \text{ ならば } A \pm C > B \pm C$$

$$A > B,\ C > 0 \text{ ならば } AC > BC,\ \frac{A}{C} > \frac{B}{C}$$

$$A > B,\ C < 0 \text{ ならば } AC < BC,\ \frac{A}{C} < \frac{B}{C}$$

1.4.1 1 次不等式

例 29 1 次不等式 $3x+2 \geqq x-4$ を解け.

(解)

$$3x-x \geqq -4-2$$

$$2x \geqq -6$$

$$x \geqq -3$$

問 48* 次の 1 次不等式を解け.

(1) $5x-4 \geqq 2x+5$

(2) $-2a \leqq 3$

(3) $3x-2 > 2x+1$

(4) $-3y < 5$

(5) $3(x-1) > x+5$

(6) $-2(m+1) < 7$

(7) $6x-2 \leqq 8x-5$

(8) $2(2t-3) \geqq 3(t+1)$

問 49 次の 1 次不等式を解け. ただし, 解を範囲, 及び数直線で示せ.

(1) $3x-2 > 4$

(2) $-2x-3 < 5$

問 50* 次の1次不等式を解け.

(1) $3t + 5 \geqq 2(t + 2)$　　(2) $4(x - 4) \leqq 6x - 1$

(3) $\dfrac{3x + 1}{2} > \dfrac{2x + 1}{3}$　　(4) $\dfrac{a + 2}{6} < \dfrac{3a - 4}{8}$

1.4.2　2次不等式

例 30 次の2次不等式を解け.

(1) $x^2 - 3x + 2 < 0$　　(2) $x^2 - 3x + 2 \geqq 0$

(解) $x^2 - 3x + 2 = (x - 1)(x - 2)$ に注意すると,

	$x < 1$	$x = 1$	$1 < x < 2$	$x = 2$	$2 < x$
$(x - 1)$	$-$	0	$+$	$+$	$+$
$(x - 2)$	$-$	$-$	$-$	0	$+$
$(x - 1)(x - 2)$	$+$	0	$-$	0	$+$

上表より, (1) の答えは $1 < x < 2$,
(2) の答えは $x \leqq 1$ または $x \geqq 2$.

問 51* 次の2次不等式を解け.

(1) $x^2 - 3x - 4 < 0$　　(2) $m^2 + 5m + 6 \geqq 0$

(3) $x^2 - 7x + 6 > 0$　　(4) $x^2 - 2x - 8 \leqq 0$

問 52 次の2次不等式を解け.

(1)* $x^2 - 5x + 4 < 0$　　(2)* $4t^2 - 16t + 15 \geqq 0$

(3) $x^2 - x - 1 \leqq 0$　　(4)* $x^2 - 4 > 8 - x$

1.4.3　連立不等式

例 31 次の連立不等式を解け.

$$\begin{cases} x^2 - 4x - 5 < 0 \\ x^2 - 3x + 2 \geqq 0 \end{cases}$$

(解) $x^2 - 4x - 5 < 0$ を解くと,

$$(x - 5)(x + 1) < 0$$

$$\therefore \quad -1 < x < 5$$

同様に $x^2 - 3x + 2 \geqq 0$ を解くと,

$$(x - 1)(x - 2) \geqq 0$$

$$\therefore \quad x \leqq 1 \text{ または } x \geqq 2$$

答えは上の 2 つの共通部分なので,

$$-1 < x \leqq 1 \text{ または } 2 \leqq x < 5$$

問 53　次の連立不等式を解け.

(1)* $\begin{cases} 3x < 2 \\ 2x^2 - 5x + 2 \leqq 0 \end{cases}$　　(2)* $\begin{cases} 3x + 4 \geqq -2 \\ x^2 + 2x - 3 > 0 \end{cases}$

(3)* $\begin{cases} x^2 - 2x - 8 < 0 \\ x^2 - x - 2 \geqq 0 \end{cases}$　　(4) $\begin{cases} x^2 - 7x + 12 \leqq 0 \\ x^2 - 4 > 0 \end{cases}$

問 54　次の連立不等式を解け.

(1)* $\begin{cases} x^2 - 7x + 12 > 0 \\ x^2 - 1 \leqq 0 \end{cases}$　　(2)* $\begin{cases} x^2 - 4x - 5 \leqq 0 \\ x^2 - 4 < 0 \end{cases}$

(3) $\begin{cases} x^2 - 2x + 1 > 0 \\ 3x^2 - 8x - 3 \leqq 0 \end{cases}$　　(4) $\begin{cases} -x^2 + 4x - 4 \leqq 0 \\ x^2 - 2x - 15 < 0 \end{cases}$

1.5　1 次関数

1.5.1　傾きと切片

ここでは, y 軸に平行でない直線を考える. このとき, 直線の方程式は**傾き** m, **切片** (y 切片) n を用いて

$$y = mx + n$$

とあらわされる. ただし, 傾きとは x が 1 増えたときの y の増分, 切片とは $x = 0$ のときの y の値である.

例 32　直線 $y = 2x + 1$ の傾きは 2, 切片は 1 である.

逆に, 傾きが -3, 切片が 2 の直線の方程式は $y = -3x + 2$ である.

問 55°　次の直線の傾きと切片をいえ.

(1)　$y = -x + 3$　　(2)　$y = 5x$

傾きと切片がわかると, 直線のグラフを描くことができる. 逆に, 直線のグラフから傾きと切片を読み取ることにより, 直線の方程式がえられる.

例 33　傾きが 2 で, 点 $(3, 1)$ を通る直線の方程式を求めよ.

(解)　条件より, 直線の方程式は

$$y = 2x + n$$

とあらわされる.

点 $(3,1)$ を通るので, これを上式に代入すると,

$$1 = 2 \cdot 3 + n = 6 + n$$

$$\therefore \quad n = -5$$

したがって, $y = 2x - 5$ が求める直線の方程式である.

一般に, 傾きが m で, 点 (a,b) を通る直線の方程式を求めよう. 上の例と同様に, 直線の方程式を $y = mx + n$ とおいて, (a,b) を代入すると,

$$b = ma + n$$

$$\therefore \quad n = b - ma$$

よって, 直線の方程式は,

$$\begin{aligned} y &= mx + b - ma \\ &= m(x - a) + b \end{aligned}$$

である.

問 56° 次の直線の方程式を求めよ.

(1)　点 $(2,2)$ を通り, 傾きが 3 の直線

(2)　点 $(-1,3)$ を通り, 傾きが -1 の直線

(3)　点 $(0,5)$ を通り, 傾きが 2 の直線

最後に, y 軸と平行な直線は

$$x = a \quad (一定)$$

とあらわされることを注意する.

例えば, 点 $(2,0)$ を通り, y 軸と平行な直線の方程式は

$$x = 2$$

である.

問 57* 次の直線の傾きと切片をいえ.

(1)　$y = 3x - 2$　　(2)　$3x + 2y - 5 = 0$

(3)　$x + y + 2 = 0$　　(4)　$3x - 4y - 12 = 0$

1.5.2　2点を通る直線の方程式

例 34　2点 $(1,4)$, $(3,8)$ を通る直線の方程式を求めよ.

(解)　求める直線の傾きを m とすると,

$$m = \frac{8-4}{3-1} = \frac{4}{2} = 2$$

である. したがって, 直線の方程式は,

$$\begin{aligned} y &= 2(x - 1) + 4 \\ &= 2x + 2 \end{aligned}$$

もちろん, 最後のところで, 点 $(1,4)$ を代入するかわりに点 $(3,8)$ を代入しても同じ式をえる. 実際,

$$y=2(x-3)+8=2x-6+8=2x+2$$

例 35　2 点 $(1,2)$, $(1,5)$ を通る直線の方程式を求めよ.

(解)　この直線は y 軸に平行である. したがって, 直線の方程式は

$$x=1$$

である.

問 58*　次の 2 点を通る直線の方程式を求めよ.

(1)　$(1,4)$,　$(5,16)$　　(2)　$(-1,3)$,　$(2,0)$

(3)　$(3,2)$,　$(1,-2)$　　(4)　$(-1,1)$,　$(-1,-3)$

問 59　次の直線の方程式を求めよ.

(1)*　傾きが 3, 切片が -2 の直線

(2)*　$y=2x+3$ に平行で, 点 $(-1,-1)$ を通る直線

(3)*　2 点 $(-2,5)$, $(1,-4)$ を通る直線

(4)　直線 $x+2y-4=0$ と y 軸との交点を通り, 傾きが 1 の直線

(5)　点 $(-2,3)$ を通り x 軸に平行な直線

(6)　点 $(1,4)$ を通り y 軸に平行な直線

1.5.3　2 直線の交点

平行でない 2 直線が与えられたとき, その交点がただ 1 つ存在するのは図形的には明らかである. そこで, 座標平面上の平行でない 2 直線の交点を求めよう.

例 36　2 直線 $y=2x+1$, $y=-x+7$ の交点を求めよ.

(解)　交点を (x,y) とおくと, この点は 2 つの直線の方程式をみたす. すなわち,

$$y=2x+1$$

$$y=-x+7$$

が成り立つ. これを解くと,

$$2x+1=-x+7$$

$$3x=6$$

$$\therefore \quad x=2$$

$$\text{このとき } y=2\cdot 2+1=5$$

よって, 交点は $(2,5)$.

別な直線の方程式として

$$ax+by+c=0 \qquad (a,b \text{ のいずれかは } 0 \text{ でない})$$

がある. 実際, $b \neq 0$ のとき,

$$y = -\frac{a}{b}x - \frac{c}{b}$$

と変形できるので直線の方程式をあらわしている. $b = 0$ のときも, $a \neq 0$ となるので,

$$x = -\frac{c}{a}$$

と変形でき, y 軸に平行な直線をあらわしている.

問 60　次の直線の方程式を $y = mx + n$ または $x = a$ の形に変形せよ.

(1)　$4x + 2y + 4 = 0$　　(2)　$x + y + 5 = 0$

(3)　$2y + 3 = 0$　　(4)　$5x - 2 = 0$

例 37　2 直線 $2x + 3y - 5 = 0$, $3x - 2y - 1 = 0$ の交点を求めよ.

(解)　連立方程式

$$\begin{cases} 2x + 3y - 5 = 0 \\ 3x - 2y - 1 = 0 \end{cases}$$

の解が 2 直線の交点をあらわしている. そこで, これを解くと

$$\begin{cases} x = 1 \\ y = 1 \end{cases}$$

をえる. よって, 交点は $(1, 1)$.

問 61*　次の 2 直線の交点を求めよ.

(1)　$y = 3x + 1, \quad y = -x + 7$

(2)　$y = 2x + 3, \quad y = 4x + 5$

(3)　$y = 3, \quad y = 2x - 1$

(4)　$x + 2y - 4 = 0, \quad 3x - y - 5 = 0$

(5)　$4x - 5y - 3 = 0, \quad 3x + 2y = 0$

(6)　$2x - 3 = 0, \quad x + y - 5 = 0$

問 62*　次の 2 直線の交点を求めよ.

(1)　$y = x + 1, \quad x + y - 3 = 0$

(2)　$y = \sqrt{2}x + 3, \quad y = \sqrt{8}x - \sqrt{3}$

(3)　$2x + 3y - 5 = 0, \quad 2y = 3$

(4)　$5x + 2y - 4 = 0, \quad 2x - y - 5 = 0$

第2章

三角関数

2.1　基本事項

2.1.1　ピタゴラスの定理

図 2.1 の直角三角形において,

$$a^2 + b^2 = c^2$$

が成り立つ.

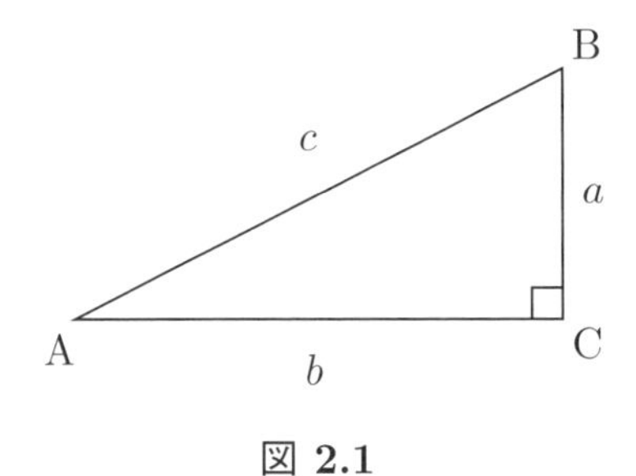

図 2.1

問 1　各図の直角三角形において, x を求めよ.

(1)

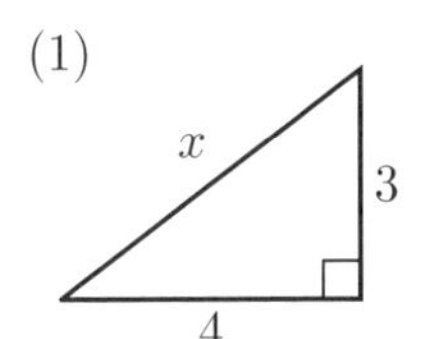

(2)

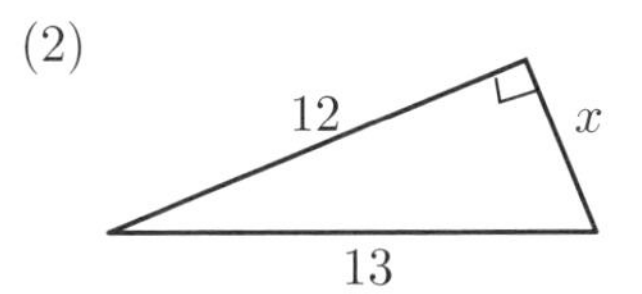

(3)

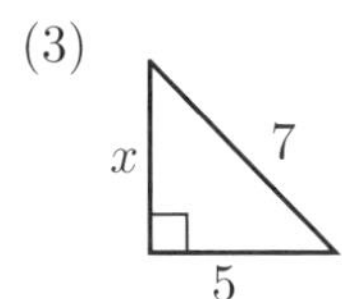

2.1.2　相似

2 つの図形について, 一方を何倍かするともう一方の図形と合同になるとき 2 つの図形は相似であるという. 図 2.2 においては, $\triangle$ABC と $\triangle$A′B′C′ は相似である.

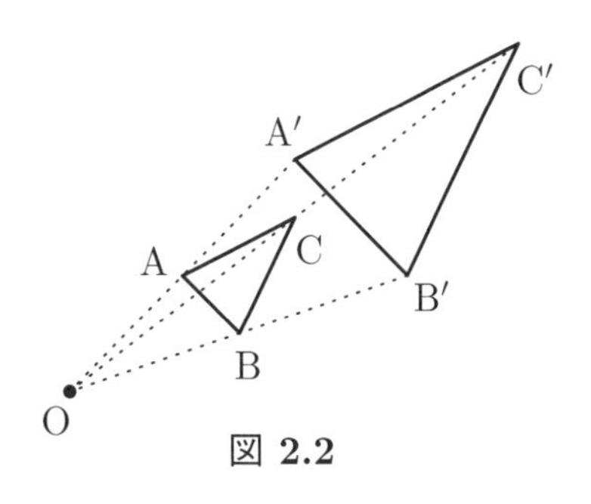

図 2.2

問 2　各図において, x を求めよ.

(1)

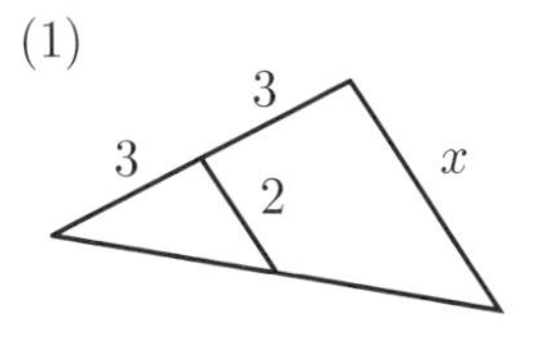

(2)

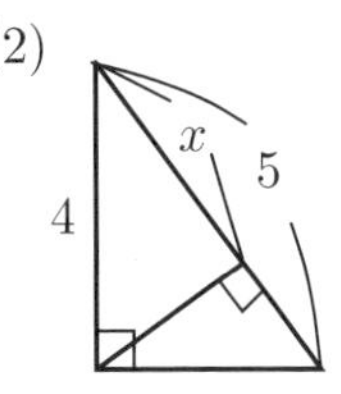

(3)

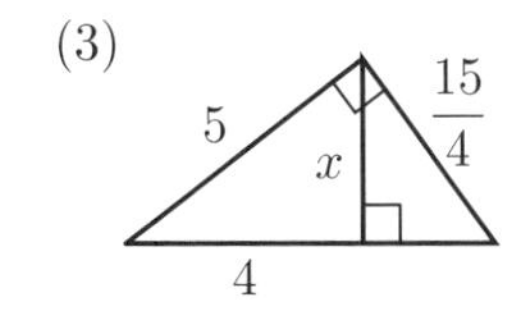

2.2　三角比

2.2.1　三角比の定義

角 θ に対し, 三角比 $\sin\theta, \cos\theta, \tan\theta$ は図 2.3 の 直角三角形の辺の比として定義される.

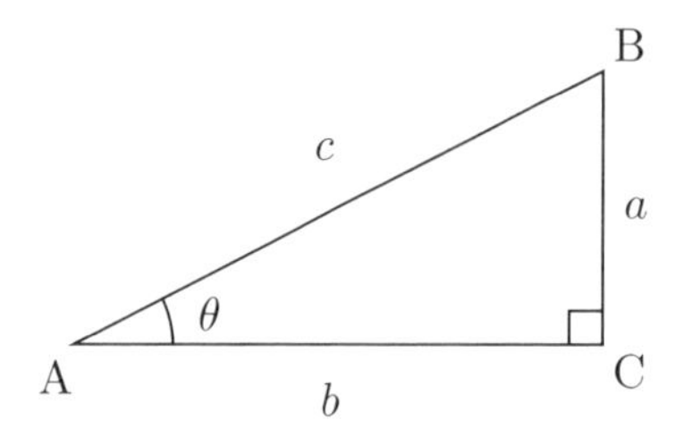

$$\sin\theta = \frac{a}{c},\quad \cos\theta = \frac{b}{c},\quad \tan\theta = \frac{a}{b}$$

図 **2.3**

問 3　図 2.4 の三角形を用いて, 三角比を求め, 表の空欄を埋めよ.

θ	30°	45°	60°
$\sin\theta$			
$\cos\theta$			
$\tan\theta$			

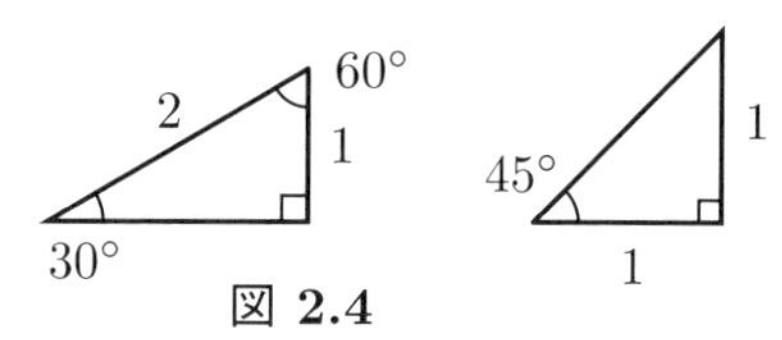

図 **2.4**

問 4　図 2.5 を用いて, 15°, 75° の三角比を求めよ.

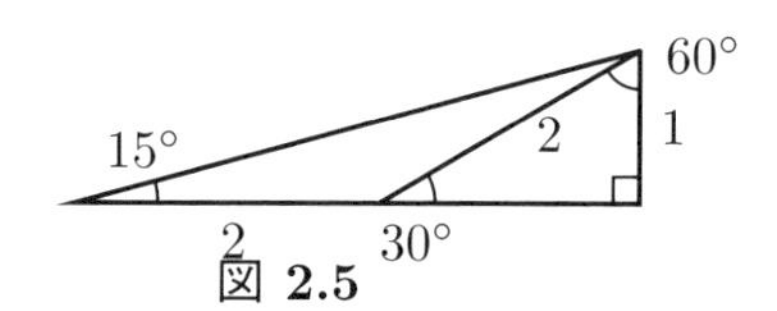

図 **2.5**

2.2.2　三角比の性質

次の 2 つの公式が成り立つ.

$$\sin^2\theta + \cos^2\theta = 1, \qquad \tan\theta = \frac{\sin\theta}{\cos\theta}$$

例 1　$0^\circ < \theta < 90^\circ$ とする. $\sin\theta = \dfrac{1}{3}$ のとき, $\cos\theta, \tan\theta$ を求めよ.

(解) $\sin^2\theta + \cos^2\theta = 1$ より,

$$\cos^2\theta = 1 - \sin^2\theta = 1 - \left(\frac{1}{3}\right)^2 = \frac{8}{9}.$$

したがって,

$$\cos\theta = \pm\frac{2\sqrt{2}}{3}.$$

今, $0^\circ < \theta < 90^\circ$ より, 三角比の定義から, $\cos\theta > 0$. したがって, $\cos\theta = \dfrac{2\sqrt{2}}{3}$. さらに,

$$\tan\theta = \frac{\sin\theta}{\cos\theta} = \frac{1}{2\sqrt{2}} = \frac{\sqrt{2}}{4}.$$

問 5　$\cos\theta = \dfrac{2}{7}$ のとき, $\sin\theta, \tan\theta$ を求めよ.

2.2.3 三角形への応用

図 2.6 の △ABC において, 次の公式が成り立つ. ただし, S は △ABC の面積をあらわす.

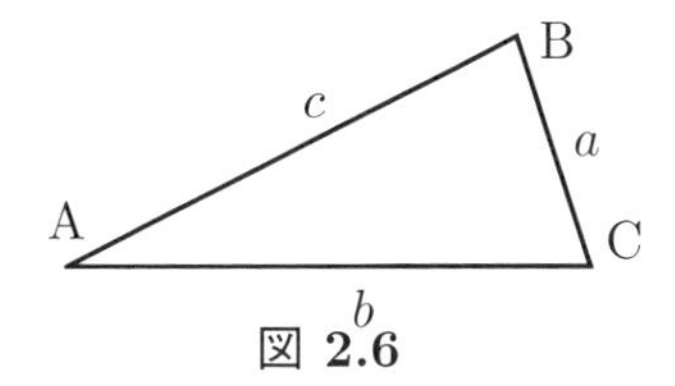

図 2.6

正弦定理

$$\frac{a}{\sin \mathrm{A}} = \frac{b}{\sin \mathrm{B}} = \frac{c}{\sin \mathrm{C}}$$

余弦定理

$$a^2 = b^2 + c^2 - 2bc\cos \mathrm{A}, \quad b^2 = c^2 + a^2 - 2ca\cos \mathrm{B}, \quad c^2 = a^2 + b^2 - 2ab\cos \mathrm{C}$$

面積

$$S = \frac{1}{2}bc\sin \mathrm{A} = \frac{1}{2}ac\sin \mathrm{B} = \frac{1}{2}ab\sin \mathrm{C}$$

問 6 図 2.6 のような △ABC において, 各問に答えよ.

(1) $\angle$A$= 30°$, $\angle$C$= 60°$, $a = 3$ のとき c を求めよ.

(2) $\angle$C$= 60°$, $a = 2$, $b = 6$ のとき c を求めよ.

(3) $\angle$C$= 60°$, $a = \sqrt{2}$, $b = \sqrt{6}$ のとき面積 S を求めよ.

2.3 三角関数

2.3.1 弧度法, 一般角

角をそれに対応する弧の長さであらわす方法を**弧度法**といい, その単位を**ラジアン**という. その単位であるラジアンは省略されることが多いので, この本でも省略することにする. なお, 度で角をあらわす方法を **60 分法**という.

円周率を π とする. 半径 1 の半円の弧の長さは直径が 2 なので,

$$2\pi \times \frac{180}{360} = \pi$$

より, 180° を弧度法であらわすと π である. その他の角を弧度法であらわすには, 弧の長さは角度に比例するので, 180° の何倍, 何分の 1 になるかを考えればよい. たとえば, 90° は 180° の 2 分の 1 より, 弧度法であらわすと,

$$\pi \times \frac{1}{2} = \frac{\pi}{2}$$

である. 弧度法であらわした角を図 2.7 にまとめておく.

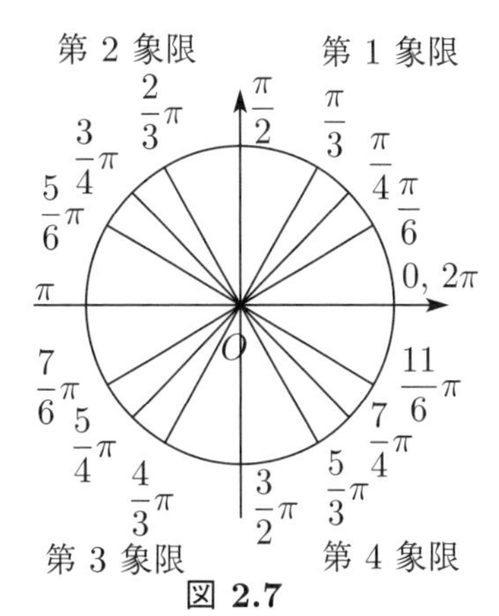

図 2.7

問 7 次の弧度法であらわされた角を 60 分法であらわせ.

(1) $\dfrac{\pi}{6}$ (2) $\dfrac{\pi}{4}$ (3) $\dfrac{2}{3}\pi$

(4) $\dfrac{5}{4}\pi$ (5) $\dfrac{3}{2}\pi$ (6) $\dfrac{11}{6}\pi$

今まで, 角は 0° から 360° の範囲で, 弧度法では 0 から 2π の範囲で考えてきた. ここでは, すべての実数について角を考える. 以下, すべて角は弧度法であらわすことにする.

まず, 座標平面上の原点 O から x 軸の正方向への半直線を l_0 とする. この直線を**始線**という. 実数 x が与えられたとき, $x>0$ のときは時計と反対周りに, $x<0$ のときは時計と同じ周りに $|x|$ だけ回転させたところに原点からの半直線を引く. この角を実数 x に対する角と定め, 半直線を**動径**という. なお, $|x|$ が 2π を超えたときは, 平面を何周してもよいことになっている. したがって, 大きな実数 x に対しても, 何周もすることにより, 定義されることがわかる.

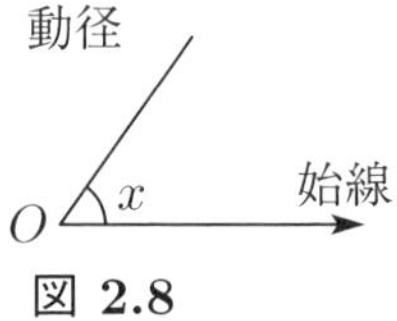

図 2.8

角の定義より, 角が違っても同じ動径をあらわすことがある. たとえば, 0 と 2π は同じ動径をあらわし, $\dfrac{\pi}{2}$ と $\dfrac{5}{2}\pi$ もそうである. このことについて, 一般に次が成り立つ.

$$\text{角 } \alpha \text{ と } \beta \text{ が同じ動径をあらわす} \iff \beta = \alpha + 2n\pi \ (n \text{ は整数})$$

そこで, 角 θ に対し, $\theta + 2n\pi$ (n は整数) を**一般角**という.

2.3.2　三角関数

座標平面状の原点を中心とする半径 1 の円を**単位円**という. 角 θ に対し, その動径を考え, 単位円との交点が定まる. この点の x 座標を $\cos\theta$, y 座標を $\sin\theta$ とあらわす. また,

$$\tan\theta = \frac{\sin\theta}{\cos\theta}$$

と定め, これらを**三角関数**という. 三角関数の定義より, 次が成り立つ.

$$\tan\theta = \frac{\sin\theta}{\cos\theta}, \qquad \sin^2\theta + \cos^2\theta = 1$$

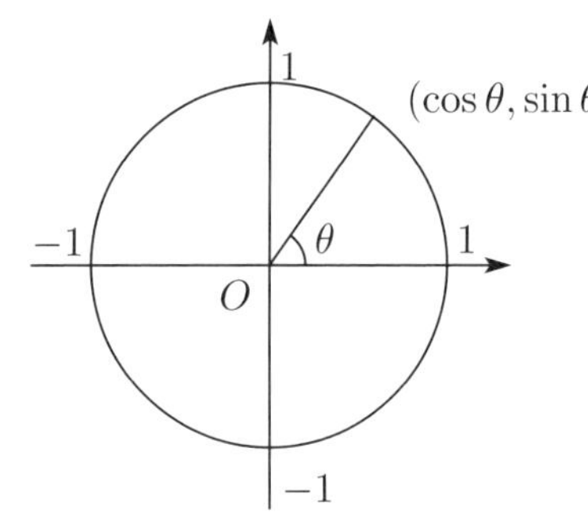

図 2.9

また, 次の三角関数も使われる場合があるが, 定義は次の通りである.

$$\sec\theta = \frac{1}{\cos\theta}, \qquad \mathrm{cosec}\,\theta = \frac{1}{\sin\theta}, \qquad \cot\theta = \frac{1}{\tan\theta}$$

問 8　次の値を求めよ.

(1)　$\sin\dfrac{2}{3}\pi$　　(2)　$\cos\dfrac{5}{4}\pi$　　(3)　$\tan\dfrac{7}{6}\pi$

(4)　$\sin\left(-\dfrac{\pi}{6}\right)$　　(5)　$\cos\dfrac{11}{6}\pi$　　(6)　$\tan\left(-\dfrac{5}{4}\pi\right)$

(7)　$\sec\dfrac{\pi}{3}$　　(8)　$\mathrm{cosec}\,\dfrac{\pi}{2}$　　(9)　$\cot\dfrac{2}{3}\pi$

2.3.3 三角関数のグラフ

例 2 $y = \sin x$ のグラフ

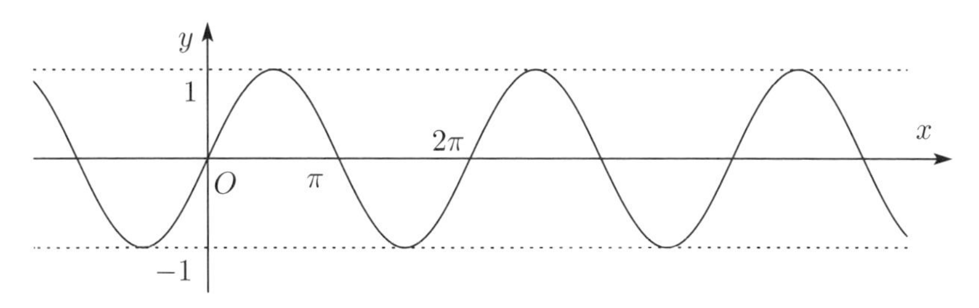

図 2.10

例 3 $y = \cos x$ のグラフ

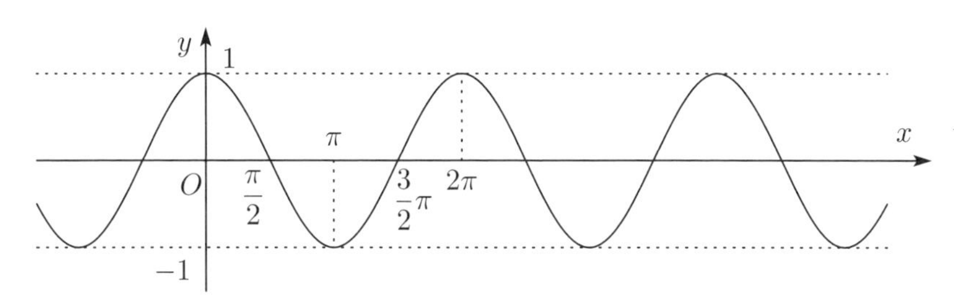

図 2.11

例 4 $y = \tan x$ のグラフ

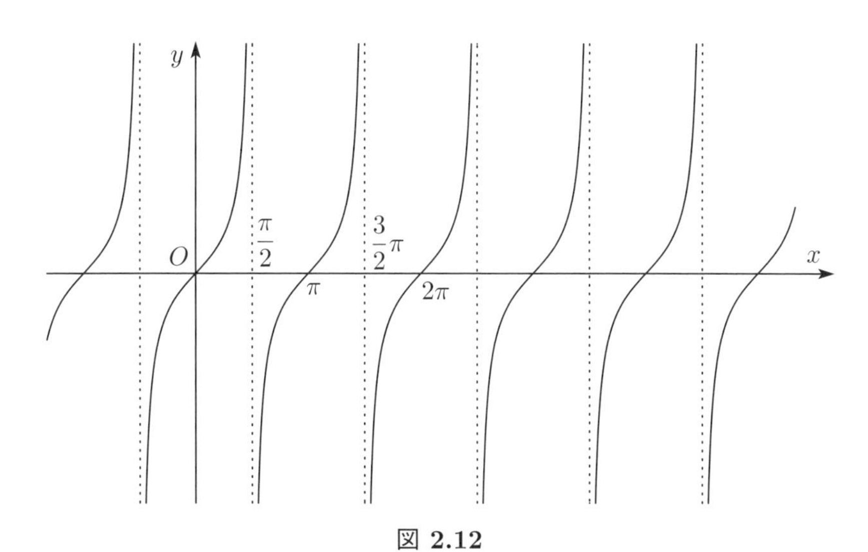

図 2.12

2.3.4 三角方程式, 三角不等式

例 5 次の三角方程式を解け. ただし, $0 \leqq x < 2\pi$ とする.

(1) $\sin x = \dfrac{1}{2}$　　　　(2) $\cos x = \dfrac{1}{\sqrt{2}}$

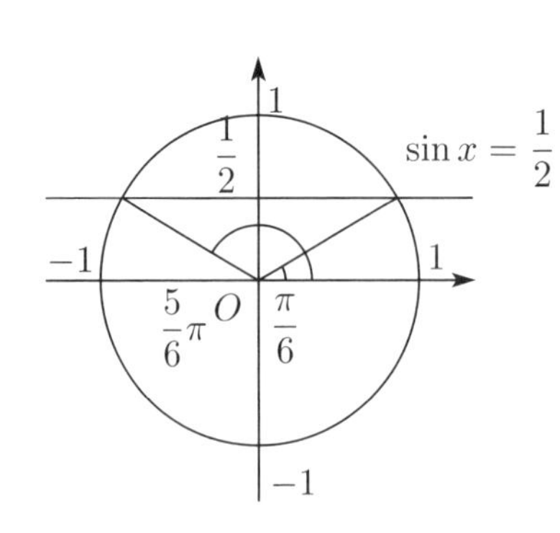

図 **2.13**

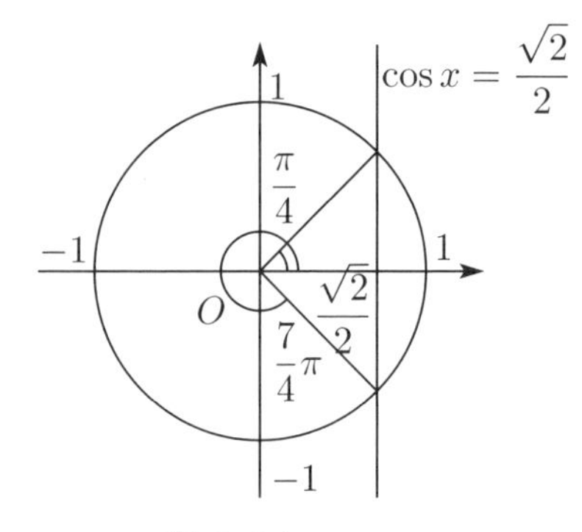

図 **2.14**

(解)　(1) 図 2.13 より, $x = \frac{\pi}{6}, \frac{5}{6}\pi$.

(2) 図 2.14 より, $x = \frac{\pi}{4}, \frac{7}{4}\pi$.

問 9　次の三角方程式を解け. ただし, $0 \leqq x < 2\pi$ とする.

(1)　$\sin x = -\frac{\sqrt{3}}{2}$　　(2)　$\cos x = \frac{1}{2}$　　(3)　$\tan x = 1$

例 6　次の三角不等式を解け. ただし, $0 \leqq x < 2\pi$ とする.

(1) $\sin x \geqq \frac{1}{2}$　　(2) $\cos x < \frac{\sqrt{2}}{2}$

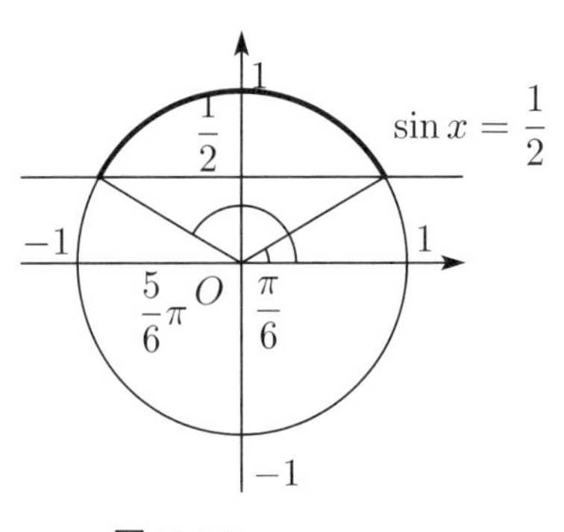

図 **2.15**

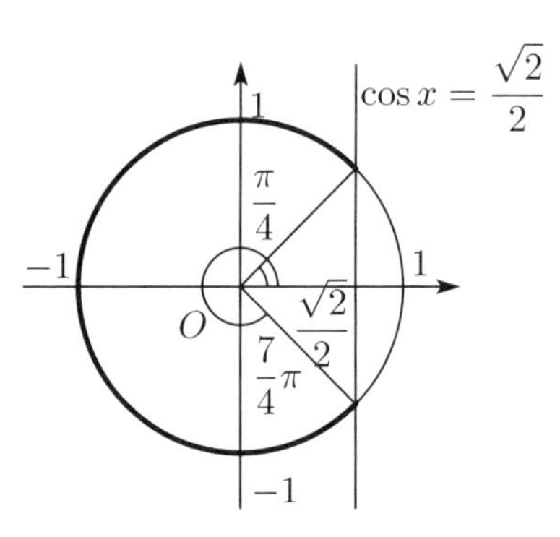

図 **2.16**

(解)　(1) 図 2.15 より, $\frac{\pi}{6} \leqq x \leqq \frac{5}{6}\pi$.

(2) 図 2.16 より, $\frac{\pi}{4} < x < \frac{7}{4}\pi$.

問 10　次の三角方程式を解け. ただし, $0 \leqq x < 2\pi$ とする.

(1)　$\sin x < -\frac{\sqrt{3}}{2}$　　(2)　$\cos x \leqq \frac{1}{2}$　　(3)　$\tan x > 1$

2.4　加法定理

次の公式を**加法定理**という.

$$\sin(\alpha + \beta) = \sin\alpha\cos\beta + \cos\alpha\sin\beta$$

$$\cos(\alpha + \beta) = \cos\alpha\cos\beta - \sin\alpha\sin\beta$$

例 7 $\sin 75^\circ$, $\cos 15^\circ$ を求めよ.

(解)

$$\begin{aligned}\sin 75^\circ &= \sin(45^\circ + 30^\circ)\\ &= \sin 45^\circ \cos 30^\circ + \cos 45^\circ \sin 30^\circ\\ &= \frac{\sqrt{2}}{2}\frac{\sqrt{3}}{2} + \frac{\sqrt{2}}{2}\frac{1}{2} = \frac{\sqrt{6}+\sqrt{2}}{4}\\ \cos 15^\circ &= \cos(45^\circ - 30^\circ)\\ &= \cos 45^\circ \cos(-30^\circ) - \sin 45^\circ \sin(-30^\circ)\\ &= \frac{\sqrt{2}}{2}\frac{\sqrt{3}}{2} - \frac{\sqrt{2}}{2}\left(-\frac{1}{2}\right) = \frac{\sqrt{6}+\sqrt{2}}{4}\end{aligned}$$

問 11 $\cos 75^\circ$, $\sin 15^\circ$ を求めよ.

加法定理より, 様々な公式がえられる. ここでは, 倍角の公式, 半角の公式を紹介する.

倍角の公式

$$\sin 2\alpha = 2\sin\alpha\cos\alpha, \quad \cos 2\alpha = \cos^2\alpha - \sin^2\alpha = 2\cos^2\alpha - 1 = 1 - 2\sin^2\alpha$$

半角の公式

$$\sin^2\frac{\alpha}{2} = \frac{1-\cos\alpha}{2}, \qquad \cos^2\frac{\alpha}{2} = \frac{1+\cos\alpha}{2}.$$

例 8 α が $\sin\alpha = \dfrac{1}{3}$ をみたす第 1 象限の角のとき, $\sin 2\alpha$, $\cos 2\alpha$, $\sin\dfrac{\alpha}{2}$ を求めよ.

(解) まず, $\cos\alpha$ を求める. $\sin^2\alpha + \cos^2\alpha = 1$ より,

$$\cos^2\alpha = 1 - \sin^2\alpha = 1 - \left(\frac{1}{3}\right)^2 = \frac{8}{9}$$

$$\therefore\ \cos\alpha = \pm\frac{2\sqrt{2}}{3}$$

今, α は第 1 象限の角より, $\cos\alpha > 0$. したがって, $\cos\alpha = \dfrac{2\sqrt{2}}{3}$.

公式を用いて,

$$\sin 2\alpha = 2\sin\alpha\cos\alpha = 2\frac{1}{3}\frac{2\sqrt{2}}{3} = \frac{4\sqrt{2}}{9}$$

$$\cos 2\alpha = 1 - 2\sin^2\alpha = 1 - 2\left(\frac{1}{3}\right)^2 = \frac{7}{9}$$

$$\sin^2\frac{\alpha}{2} = \frac{1-\cos\alpha}{2} = \frac{1-\dfrac{2\sqrt{2}}{3}}{2} = \frac{3-2\sqrt{2}}{6}$$

α は第 1 象限の角より, $\dfrac{\alpha}{2}$ も第 1 象限の角で, よって $\sin\dfrac{\alpha}{2} > 0$. したがって,

$$\sin\frac{\alpha}{2} = \sqrt{\frac{3-2\sqrt{2}}{6}} = \frac{\sqrt{\left(\sqrt{2}-1\right)^2}}{\sqrt{6}} = \frac{\sqrt{2}-1}{\sqrt{6}} = \frac{2\sqrt{3}-\sqrt{6}}{6}$$

問 12 α が $\sin\alpha = \dfrac{1}{3}$ をみたす第 1 象限の角のとき, $\tan 2\alpha$, $\cos\dfrac{\alpha}{2}$, $\tan\dfrac{\alpha}{2}$ を求めよ.

第 II 部

機械基礎数理 I

第 1 章

式を立てる

用語の復習: 整式, 次数, 同類項, 定数項, 降べきの順 (p. 21)
計算のチェック: 第 1 章 問 1 ～ 問 15, 問 18 ～ 問 30

工学の世界では, 様々な物の性質, 機器の性能, あるいは試験結果などを量を使ってあらわす. また量は数値と単位の組み合わせであらわされる. 例えば 0.25m, 150kg, 1200Pa 等である. しかしいつもこのように具体的な量ばかりが使われるのではない. 例えば直径 4.0cm, 高さ 25cm の円筒の体積は 4.0cm ×4.0cm ×3.14 × 25cm ÷4, すなわち 314cm^3 であるが, これは円筒の体積が一般的に

$$V = D^2\pi h/4$$

のように記述されることを知っているから計算できたのである. ここに V, D, π, h はそれぞれ円筒の体積, 直径, 円周率, 高さを示す文字である. このように, 工学の世界で量を扱っていくとき, いくつかの量を組み合わせて別の量を明示することが非常に多い. このような場合, 量は具体的な数値と単位ではなく, 文字を使ってあらわされる. また量をあらわすいくつかの文字を, 加える (+), 引く (−) , かける (× ·) , 割る (÷ /) 等の演算記号で結び付けて書いたものを式という. かける記号 · は省略することが多い. また同じ数 a の n 回の掛け算 a^n や, 2 乗したら a $(a > 0)$ になる数 $\pm\sqrt{a}$ も式の中に入ってくる. これらの文字は, 工学で扱う量をあらわす英語の頭文字を使う場合が多い. 例えば V (volume), h (height), D (diameter) 等である.

例 1　等式 $at - b = c$ から等式 $t = (b + c)/a$ を導け. ただし $a \neq 0$.

(解) 両辺に b を加えて $at = b + c$, 両辺を a で割って求める式を得る.

問 1　次の各文章を読んで, 求めるものを式を用いてあらわせ.

(1) 1 枚 x 円のフロッピーディスク 6 枚と 1 枚 y 円のフロッピーディスク 2 枚の合計金額はいくらか.

(2) 物質 1cm^3 当たりの質量を密度という. 密度が x[g/cm^3] の物質 30cm^3 と密度が y[g/cm^3] の物質 70cm^3 をあわせたものの平均密度はいくらか.

(3) ある自動車がサーキットを速さ x[km/h] で 3km 走り, 速さ y[km/h] で 5km 走った. それまでに要した時間を求めよ.

(4) 定価 a 円のフロッピーディスクを 15% 引きで 2 枚買い, 1000 円札を出したときの釣り銭はいくらか.

(5) 金 a% を含む産業廃棄物 x[kg] と金 b% を含む産業廃棄物 y[kg] には合計どれだけの金が含まれているか.

(6) 図 1.1 のように長方形と半円とをつなげた図形がある. 半円の直径を x[cm], 長方形の 1 辺の長さを y[cm] とするとき全面積を求めよ.

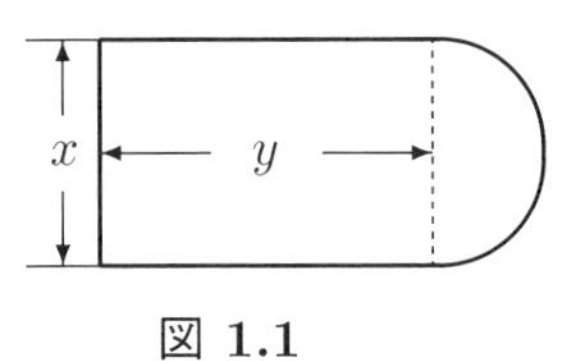

図 1.1

問 2　次の各問に答えよ.

(1) a[m] の針金から b[m] の針金を c 本切り取り, 残りが d[m] であった. a を b, c, d を用いてあらわせ.

(2) A, B, C 3 個のボールがあって, 3 個のボールの平均直径は 12cm であった. これに直径 d[cm] のボール D を加えて A, B, C, D の平均直径を求めたところ 12cm より p[cm] だけ長くなった. このとき p を d を用いてあらわせ.

(3) A 地と B 地の間の道のりは 100km である. ある人が自転車に乗り, A 地点から B 地点へ向かい, A 地と B 地の間の C 地までを時速 16km の速さで走り, C 地で 1 時間休憩し, C 地から B 地までを時速 20km の速さで走った. A 地から C 地までを x 時間, A 地から B 地まで y 時間かかったとして y を x を用いてあらわせ.

問 3　大学の授業では, 講義の授業では 45 時間で 1 単位, 実験・実習の授業では 60 時間で 1 単位認定される. 次の問いに答えよ.

(1) 15 週の授業では, 1 週当たり勉強しなければいけない時間は講義の授業, 実験・実習の授業, それぞれ 1 単位あたり何時間か.

(2) 講義の授業は 2 時間 (1 コマ) の授業で 2 単位, 実験・実習の授業は 4 時間 (2 コマ) の授業で 1 単位と定められている. それぞれの授業で 1 週当たり何時間勉強時間が不足しているか. (不足している時間は自宅学習の時間である)

(3) 講義の授業を x 単位, 実験・実習の授業を y 単位登録したとき, 自宅学習の時間は 1 週当たり何時間になるか.

(4) $x = 16, y = 7$ のとき, 自宅学習の時間は 1 週当たり何時間になるか.

問 4　GPA は各 1 単位あたり AA を 4 点, A を 3 点, B を 2 点, C を 1 点, D を 0 点としてその平均点で与えられる. ある学生は春学期に 23 単位登録した.

(1) AA, A, B, C, D をそれぞれ z, a, b, c, d 単位習得したときの GPA の計算式 G を求めよ.

(2)

$$G = 1 + \frac{3z + 2a + b - d}{23}$$

とあらわされることを示せ. (この式より D の単位数が AA, A, B の単位数の和より少なければ GPA が 1 以上であることが分かる.)

(3)

$$G = 2 + \frac{2z + a - c - 2d}{23}$$

とあらわされることを示せ. (この式より AA の単位数が D の単位数より多く, A の単位数が C の単位数より多いとき GPA が 2 以上であることがわかる.)

第 2 章

式を立てて解く I

用語の復習: 方程式, 解, 根 (p. 29)
計算のチェック: 第 1 章 問 31

例 1 あるサーキットで, A 車は一定の速さ 20m/s でスタートし, ある時間だけ遅れて B 車が一定の速さ 45m/s でスタートした. ちょうど 4 分後に B 車は A 車を追い越した. A 車がスタートしてから何分後に B 車はスタートしたか. また, 追いつくまでに走った距離を求めよ.

(解) まず未知数をどれにするか決めるのだが, とりあえずちょっと考えてわからない量を全て未知数とする. まず A が走った時間を x_1, 走った距離を y_1, B が走った時間を x_2, 走った距離を y_2 とすると $y_1 = 20x_1$, $y_2 = 45x_2$ となる. ここでちょっとした文章から式への翻訳を行う. 「ある時間だけ遅れて B 車が $\cdots$」ということは $x_1 = x_2 + x$ ということである. x が遅れた時間である. また「B 車は A 車を追い越した」ということはその時 $y_1 = y_2$ ということである. そこで $20(x_2 + x) = 45x_2$ が成り立つ. ところが問題文の「ちょうど 4 分後」ということは $x_2 = 240$ 秒ということなので

$$20(240 + x) = 45 \times 240$$

という方程式がえられるのである. このように, わからない量をまず全て未知数としてしまい, 再度文章をよく読んで 1 つずつ未知数を消していくというのが 1 つの方法である. もっともやり方は各人各様であり, 多くの問題を解いて身につけるほかはないともいえる.

例 2 2 wt% の食塩水が 500 kg ある. ここで, wt% とは質量基準の百分率で, たとえば, 2 wt% の食塩水が 100 kg あるとき, その中に食塩は $100 \times \dfrac{2}{100} = 2$ kg ある. この 500 kg の食塩水を濃縮して 5 wt% の食塩水にしたい. この食塩水から水を何 kg 蒸発させればよいか.

(解) 蒸発させる水の量を x kg とする. 濃縮しても食塩の質量は変わらず, $500 \times \dfrac{2}{100} = 10$ kg である. 一方, 総質量は $500 - x$ [kg] なので,

$$(500 - x) \times \frac{5}{100} = 10.$$

これを解くと, $x = 300$ kg である.

問 1 希硫酸と濃硫酸を混ぜて硫酸溶液をつくる. 20 wt% の希硫酸に 90 wt% の濃硫酸を加えて 60 wt% の硫酸溶液にしたい. 希硫酸が 100 kg のとき, 濃硫酸を何 kg 加えればよいか.

例 3　液体中の固体には重力とは逆方向に固体の体積に等しい液体の重さだけ力がかかる．これを浮力という．以下の問に答えよ．

(1) $1\,\mathrm{m}^3$ の重さが $920\,\mathrm{kg}$ の物質 A がある．これから断面積が $10\,\mathrm{cm}^2$, 高さが h[m] の円柱状の柱を作ったとき, この柱の質量を求めよ

(2) (1) の柱が完全に海中に入ったとき, 柱にかかる浮力を求めよ．ただし, 海水は $1\,\mathrm{m}^3$ の重さが $1020\,\mathrm{kg}$ であるとする．

(3) 物質 A から断面積が $10\,\mathrm{cm}^2$, 高さが $1\,\mathrm{m}$ の円柱状の柱を作り, 海水に入れたところ, まっすぐに立ち, 一部が水面より上に出て静止した．このとき, 水面より上に出た柱の高さはいくらか．

(解)(1)

$$(10 \times 10^{-4}) \times h \times 920 = 0.92h\,[\mathrm{kg}]$$

(2)

$$(10 \times 10^{-4}) \times h \times 1020 \times g = 1.02gh\,[\mathrm{N}]$$

ただし, g は重力加速度．

(3) 柱が水面より x[cm] 出ているとする．(1) より, 柱にかかる重力は $0.92g$[N] で, 柱は水中に $100 - x$[cm] あるので, (2) よりそれにかかる浮力は $1.02g(1 - 0.01x)$[N] である．今, この 2 つの力がつりあっているので,

$$0.92g = 1.02g(1 - 0.01x).$$

これを解くと, $1.02x = 10$. したがって, $x \fallingdotseq 9.804\,\mathrm{cm}$.

問 2　51 ページの 第 1 章の問 1, 問 2 に関連して次の問に答えよ．

(1) 問 1 (2) の問題において, 全質量が 429g だとすると, x, y の間に成り立つ関係を求めよ．さらに $x = 8.0$ のとき y を求めよ．

(2) 問 1 (4) の問題で, 釣り銭が 796 円だったとすると a はいくらか．

(3) 問 1 (6) の問題で, 全面積が $S[\mathrm{cm}^2]$, $y = b$[cm] とするとき x を求めよ．x は必ず求められるか．

(4) 問 2 (2) の問題で, $p = 1$ とするとき, d を求めよ．

問 3　図 2.1 のように円筒を 2 つつなげたものがある．これの全体積が $198\pi\mathrm{cm}^3$ となるように小さい方の円筒の直径 x を決めよ．

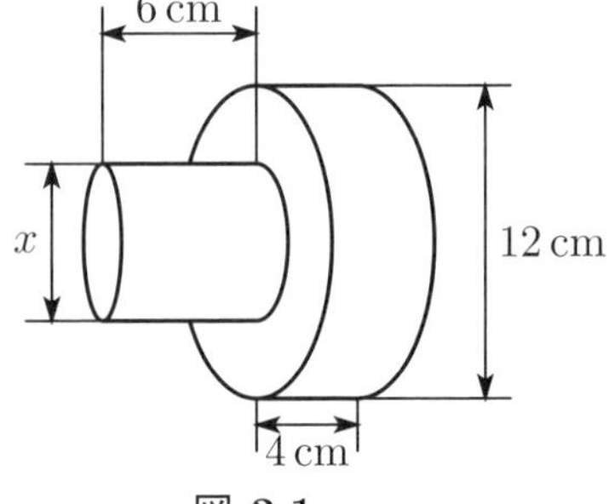

図 2.1

第 3 章

式を立てて解く II

用語の復習: 2 次方程式, 解の公式, 解と係数の関係, 連立方程式 (p. 29)
計算のチェック: 第 1 章 問 32 ~ 問 47

例 1 地面から物体を初速 v_0 で打ち上げたとき, 時刻 t での物体の高さ y は

$$y = -\frac{1}{2}gt^2 + v_0 t \tag{3.1}$$

であらわされる. この物体が高さ h のところを通過する時刻を求めよ. ただし g は重力加速度とする.

(解) 「物体が高さ h のところを通過する」ということは $y = h$ ということなので

$$h = -\frac{1}{2}gt^2 + v_0 t \tag{3.2}$$

が成り立つ. これは t についての 2 次方程式で, その解は解の公式より

$$t = \frac{v_0 \pm \sqrt{v_0^2 - 2gh}}{g} \tag{3.3}$$

となる. さてこの場合, $h < v_0^2/2g$, $h = v_0^2/2g$, $h > v_0^2/2g$ に応じて 2 つの実数解, 1 つの実数解, 虚数解となるのだが, 虚数解となるのは h が高すぎて物体が届かない場合である. このように虚数解は現実の量には対応しない解である.

問 1 加速度 a, 初速度 v_0 で一直線上を動き出した物体の t 秒後の速さは $v = at + v_0$, 物体が t 秒間に動いた距離は $s = \dfrac{1}{2}at^2 + v_0 t$ であらわされる. 次の問に答えよ. またグラフを使って考察してもよい.

(1) $a = 3\,\mathrm{m/s^2}$, $v_0 = 12\,\mathrm{m/s}$ とするとき $v = 24\,\mathrm{m/s}$ になる時間を求めよ.

(2) $a = 3\,\mathrm{m/s^2}$, $v_0 = 12\,\mathrm{m/s}$ とするとき $s = 30\,\mathrm{m}$ に達する時間を求めよ.

(3) $a = -3\,\mathrm{m/s^2}$, $v_0 = 12\,\mathrm{m/s}$ とすると $s = 30\,\mathrm{m}$ に達することができるか.

例 2 蒸発濃縮操作は「洗缶 – 仕込み – 蒸発」のサイクルで行う.
高分子の溶質を含む溶液を蒸発缶に仕込んで濃縮する場合, 蒸発缶の壁面に垢 (スケール) がこびりついて濃縮の効率が落ちる. そのため, 定期的に蒸発濃縮操作を中断して蒸発缶を洗浄 (洗缶) しなければならない. 工学的な解析によると, 1 日 (24 h (時間)) の蒸発水量を最大にする

ような1サイクルの連続蒸発時間 t [h] は次式で与えられる.

$$bt^2 - 2bct + bc^2 - 4ac = 0$$

ここで, a, b, c は以下のような定数である. a はスケールの伝熱特性, b は蒸発缶の伝熱特性で, 伝熱特性とは熱の伝わり易さや伝わり難さを示す指標で溶質の種類と蒸発缶の形状が決まれば自ずと定まる定数をいう. また, c [h] は洗缶と仕込みなど蒸発を行わないときの時間である. 1サイクルの連続蒸発時間 t は, 次式で表されることを示せ.

$$t = c \pm \sqrt{\frac{4ac}{b}}$$

(解) 与えられた2次方程式を解の公式を用いて解くと,

$$t = \frac{2bc \pm \sqrt{4b^2c^2 - 4b(bc^2 - 4ac)}}{2b} = \frac{2bc \pm \sqrt{16abc}}{2b} = c \pm \sqrt{\frac{4ac}{b}}$$

(注意) 解が2つあることについて

これは1日 (24時間) の蒸発水量を最大にするには, 1日のサイクル数を多くする方法 (「$-$」) と, 1日のサイクル数を少なくする方法 (「$+$」) があることを意味している.

問 2　8% の食塩水 100 g に水 x[g] を加えたら, y[%] の食塩水になった. 次の問に答えよ.

(1) このとき成り立つ等式を求めよ.

(2) 上の式を使って,「8% の食塩水 100 g に水何 g を加えたら, 5% の食塩水になるか」という問題を解け.

問 3　正方形のとなりあった2辺をそれぞれ 4cm, 8cm 伸ばすとその面積が3倍になるという. 元の正方形の1辺の長さを求めよ.

問 4　ある部材の断面がそれぞれの辺が a, b の長方形であった. この部材の断面に同じ幅の十字の溝を掘りたい. しかも, この溝の面積は全体の面積の 1/5 にしたい. 以下の問いに答えよ.

(1) 溝の幅を x としたとき, 溝だけの面積を求めよ.

(2) 問題の条件をみたす式をたてよ.

(3) $a = 10$ cm, $b = 5$ cm のとき, 溝の幅 x を求めよ.

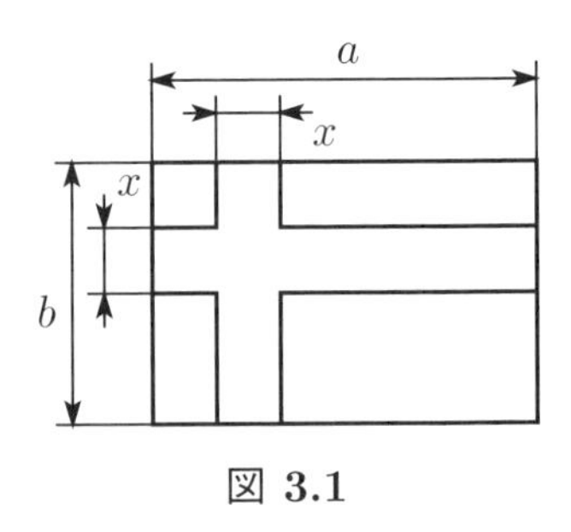

図 3.1

例 3　自動車で, A 地点から途中 B 地点を経由して C 地点に向かい, その後逆の経路で C 地点から A 地点に戻った. 使用したガソリンの量を測ったところ, 行きの AB 間では 12 km/ℓ, BC 間では 8 km/ℓ で, 帰りは CA すべての間で 10 km/ℓ であった. さらに, AC 間は 200 km, この移動で消費した全ガソリン量が 38 ℓ のとき, 行きの AB, BC 間と帰りの CA 間で消費したガソリン量をそれぞれすべて求めよ.

(解) 行きの AB, BC 間と帰りの CA 間で消費したガソリン量をそれぞれ x [ℓ], y [ℓ], z [ℓ] と

する. まず, 消費した全ガソリン量が 38 ℓ なので,

$$x+y+z=38$$

である. 一方, AB, BC, CA 間の距離を x, y, z を用いてあらわすと, $12x$, $8y$, $10z$ [km] である. これらより,

$$\begin{cases} 12x+8y=200 \\ 10z=200 \end{cases}$$

この 3 つの式から x, y, z を求めると, $x=14\,\ell$, $y=4\,\ell$, $z=20\,\ell$ をえる.

問 5　次の問題を連立方程式を用いて解け.
一定の速さで流れている川がある. ある船がこの川の流れに逆らって 60km 進むのに 5 時間かかり, 同じところを流れに沿って進むのに 3 時間かかった. この川の流れの速さ (時速 km/h) と船の速さ (時速 km/h) をそれぞれ求めよ.

第 4 章

式を立てて解く III

用語の復習: 不等式, 2 次不等式 (p. 35)
計算のチェック: 第 1 章 問 48 〜 問 54

例 1　$a \geqq b \geqq 0,\ c \geqq d > 0$ のとき, $ac + bd \geqq ad + bc$ が成り立つことを示せ. また, 等号が成り立つのは $a = b$ または $c = d$ のときに限ることを示せ.

(解) 左辺から右辺をひくと,

$(ac + bd) - (ad + bc) = a(c - d) - b(c - d) = (a - b)(c - d).$

今, $a - b \geqq 0,\ c - d \geqq 0$ より, この式の値は 0 以上である.

$$\therefore\ (ac + bd) - (ad + bc) \geqq 0$$

$$\therefore\ ac + bd \geqq ad + bc.$$

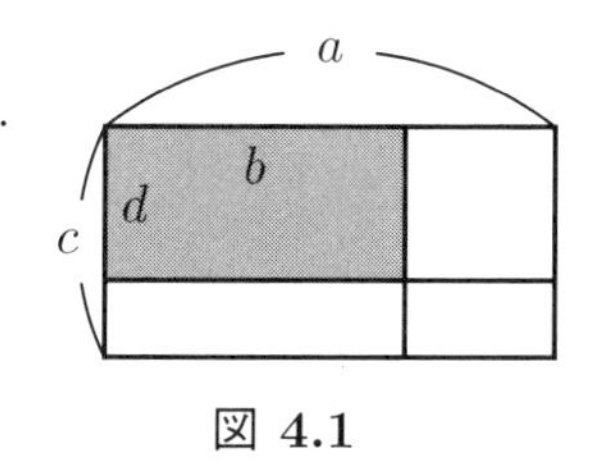

図 **4.1**

また, 等号が成立するのは $a - b = 0$ または $c - d = 0$ のときに限り, 言い換えると, $a = b$ または $c = d$ のときである.

例 2　絶対温度 T_2 [K] の高温熱源から熱量 Q_2 [J] を受け取り, 仕事 W [J] をして, 絶対温度 T_1 [K] の低温熱源へ熱量 Q_1 [J] を放出する熱機関がある. このとき, $\eta = W/Q_2$ に関して次の不等式が成り立つ.

$$\eta \leqq 1 - \frac{T_1}{T_2}$$

これをカルノーの定理といい, この式は熱力学第 2 法則から導かれる. $T_1 = 300,\ T_2 = 400,\ W = Q_2 - Q_1 = 100$ のとき, 熱量 Q_2 の範囲を求めよ.

(解)$1 - T_1/T_2 = 1/4$ より,

$$\eta = \frac{100}{Q_2} \leqq \frac{1}{4}.$$

$Q_2 > 0$ に注意してこれを解くと, $Q_2 \geqq 400$.

問 1　外気温が摂氏 33 度の日に, エアコンによって室内から 5 キロワットの定率で熱が除去されて, 室温が摂氏 27 度に保たれているとき, エアコンで消費される電力の熱力学的下限値を求めよ. (ヒント. 必要な仕事量を W とおき, $T_2 = 33 + 273 = 306,\ T_1 = 27 + 273 = 300,$

$Q_1 = 5$, $Q_2 = Q_1 + W = 5 + W$ として, カルノーの定理を用いる)

問 2 S 君は数学の中間テストで 78 点を取った. もし彼が最終成績 A を取るには, 中間試験の結果と定期試験の結果の平均点が 80 点以上 89 点以下の範囲になければならない. 彼が最終成績 A をとるために, 今度の定期試験で取らなければならない点数の範囲いくらか.

第 5 章

グラフを利用する I

用語の復習: 平方完成 (p. 25), 1 次関数, 傾き, 切片 (p. 37) 計算のチェック: 第 1 章 問 16, 問 17, 問 55 ～ 問 62

5.1 1 次関数の利用

いろいろな実験を行ったとき, その結果を 1 次関数に近似して, 現象を簡単に捉えることがよく行われる.

$m(\neq 0), n$ をそれぞれ定数とし,

$$y = mx + n \tag{5.1}$$

という関係があるとき, y は x の **1 次関数**であるという.

例題 1 物体は温度によって伸び縮みする. 鉄道の線路でも川を渡る橋でもその物体の温度による伸び縮みを考えた設計を行う. 物体の温度が 0 ℃と t ℃のときの長さがそれぞれ l_0 と l であるとき, その関係式は,

$$l = l_0(1 + \beta t) \tag{5.2}$$

となる.

問題 1. このとき, 長さ l が温度 t の 1 次関数といえるように, 式 (5.2) を式 (5.1) のような形に変形せよ.

問題 2. 長さ l_0 が 1000 mm, 定数 β が 0.3×10^{-4} ℃ $^{-1}$ の金属 A は, 0 ℃ のときと 40 ℃ のときとで長さはどれだけ変わるか.

問題 3. 温度が 0 ℃ のときに 10 m の金属 B のパイプがある. 温度と伸びの関係を調べてみると表 5.1 のようになった. 温度を横軸に, 伸びを縦軸にとってグラフを作成せよ.

表 5.1

温度 ℃	50	100	150	200
伸び mm	10	21	29	40

問題 4. 問題 3 の結果に基づいて定数 β を求めよ.

1 次関数のグラフは直線である. 逆に, 座標平面上に直線を考えと, 直線はある方程式の解全体として表現される. この方程式を**直線の方程式**という. 多くの場合, 直線の方程式は, 1 次関数をあらわす.

5.2　2 次関数の頂点と軸, グラフ

一般に, 式

$$y = ax^2 + bx + c \qquad (a \neq 0) \tag{5.3}$$

であらわされる関数を **2 次関数**という.

例 1　我々がボールを斜め上空に投げ上げたとする. いま投げ上げたところを原点として, 水平方向に x 軸, 垂直方向に y 軸をとる. 手からボールが投げ出されたときの速さ (初速度) を v_0, これが x 軸となす角を θ とすると, この運動は水平方向の速度 $v_0 \cos\theta$ の等速運動と, 垂直方向の初速度 $v_0 \sin\theta$ の投げ上げ運動との合成されたものと考え, ボールが最高点に達する高さと, 位置を求めてみよう (図 5.1).

(解)　いま t 秒後の位置の x 座標は,

$$x = v_0 \cos\theta \cdot t$$

t 秒後の位置の y 座標は

$$y = v_0 \sin\theta \cdot t - \frac{1}{2}gt^2$$

上 2 式より t を消去すると,

$$y = -\frac{g}{2v_0^2 \cos^2\theta}x^2 + \tan\theta \cdot x$$

上式は (5.3) 式において $c = 0$ の場合に相当する. いま x^2 の係数 a は

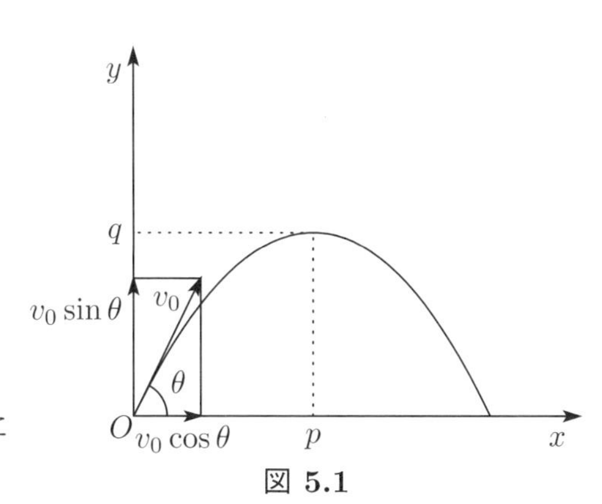

図 5.1

$$a = -\frac{g}{2v_0^2 \cos^2\theta}$$

x の係数 b は

$$b = \tan\theta$$

となる. したがって, 頂点の座標を (p, q) とすると, 平方完成することにより (次の節参照),

$$(p, q) = \left(\frac{v_0^2 \cos\theta \sin\theta}{g},\ \frac{v_0^2 \sin^2\theta}{2g}\right)$$

となるから, 投げたボールが最高点に達する位置と高さがわかる.

まず, 2 次関数 $y = ax^2 + bx + c$ は, 平方完成することにより,

$$y = a(x - p)^2 + q$$

と変形できる. 実際, $p = -\dfrac{b}{2a}$, $q = c - \dfrac{b^2}{4a}$ である.

2 次関数のグラフは**放物線**である. さらに次が成り立つ.

(1) $a > 0$ のとき, $x = p$ で最小値 $y = q$,
　$a < 0$ のとき, $x = p$ で最大値 $y = q$ をそれぞれとる.
　この点 (p, q) を 2 次関数の**頂点**という.

(2) $a > 0$ のとき, グラフは下に凸,
　$a < 0$ のとき, グラフは上に凸である.

(3) 2 次関数のグラフは直線 $x = p$ に関して対称である.
　この直線を 2 次関数の**軸**という.

例 2　2次関数 $y = 2x^2 - 4x - 3$ の頂点と軸を求め, グラフをかけ.

(解) 与式を平方完成すると,

$$
\begin{aligned}
y &= 2x^2 - 4x - 3 \\
&= 2(x-1)^2 - 3 - 2 \cdot 1^2 \\
&= 2(x-1)^2 - 5
\end{aligned}
$$

したがって, このグラフは頂点が $(1, -5)$, 軸が $x = 1$ の下に凸な放物線である (図 5.2).

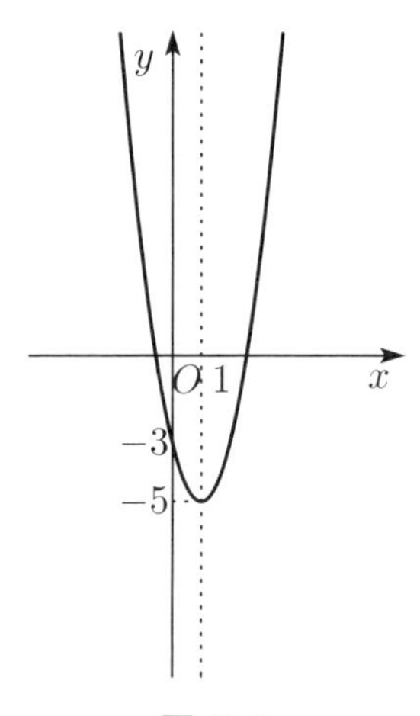

図 5.2

問 1°　次の2次関数の頂点と軸を求め, グラフをかけ.

(1)　$y = x^2 + 6x + 4$　　(2)　$y = -x^2 + 3x - 1$

(3)　$y = 3x^2 - 12x + 12$　　(4)　$y = -2x^2 + 3$

5.3　練習問題

練習問題 1*　長さ 100cm のばねに, 5g, 10g, 15g, 20g のおもりを掛け, それぞれのときのばねの長さを測定して, 表 5.2 を得た.

表 5.2

x[g]	0	5	10	15	20
y[cm]	100	104	108	112	116

(1) x[g] のおもりを掛けたときのばねの長さを y[cm] とするとき, これらを座標とする点を座標平面上にとって線で結んでみよ. この関係はどのようなグラフであらわされるか.

(2) このグラフを式にあらわせ.

(3) 3g のおもりを掛けたとき, このばねの長さは何 cm になるか. また長さが 115cm になるのは, おもりが何グラムのときか.

練習問題 2*　次の2次関数のグラフをかけ. (頂点, 軸, x 軸, y 軸との交点もわかるようにかけ)

(1)　$y = x^2 - 4$　　(2)　$y = -x^2 + 6x - 8$

(3)　$y = 2x^2 + 4x + 2$　　(4)　$y = x^2 - 2x + 2$

練習問題 3*　次の放物線の方程式を求めよ.

(1)　頂点が $(2, -1)$ で, 点 $(4, 5)$ をとおる放物線

(2)　3点 $(-1, -1)$, $(2, 5)$, $(4, -11)$ をとおる放物線

(3)　軸が $x = 3$ で, 点 $(0, 1)$, $\left(4, -\dfrac{5}{3}\right)$ をとおる放物線

(4)　x 軸との交点が $(-3, 0)$, $(1, 0)$ で, y 軸との交点が $(0, 2)$ の放物線

第6章

グラフを利用する II

例 1　我々がボールを斜め上空に投げ上げたとき, その描く経路は式

$$y = -Ax^2 + Bx \tag{6.1}$$

とあらわせ, x の 2 次関数である. ここで $A = \dfrac{g}{2v_0^2 \cos^2\theta}$, $B = \tan\theta$ である. これを図に描けば, 図 6.1 のようになる. g はボールと地球が引っ張り合う力に関係した量で重力加速度 ($g = 9.80\mathrm{m/s^2}$) という. v_0 は投げたときの速さであり, mg は重力である. さて, 月面で同じことをしたらどうなるだろうか.

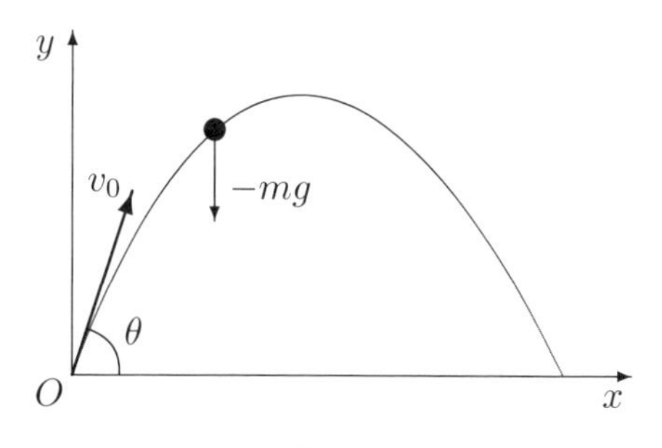

図 6.1

(解)　式 (6.1) に A, B のそれぞれを代入して, 平方を完成させると

$$\begin{aligned} y &= -\frac{g}{2v_0^2\cos^2\theta}x^2 + \tan\theta \cdot x \\ &= -\frac{g}{2v_0^2\cos^2\theta}\left(x - \frac{v_0^2\cos\theta\sin\theta}{g}\right)^2 + \frac{v_0^2\sin^2\theta}{2g} \end{aligned}$$

となり, この放物線の頂点は

$$\left(\frac{v_0^2\cos\theta\sin\theta}{g}, \frac{v_0^2\sin^2\theta}{2g}\right)$$

であることが分かる. 月面では g が地球表面の約 1/6 であるから, 頂点の座標の値は 6 倍になり, ボールは 6 倍高く, 6 倍遠くまで飛ぶが, 経路はやはり放物線である.

問 1　1 辺が 3cm の正方形がある. 各辺の長さを x[cm] だけ増すとき, その面積が $y[\mathrm{cm}^2]$ になるとすれば, y は x のどのような式であらわされるか.

問 2　ボールを毎秒 30m の速さで地上から真上に投げ上げるとき, 投げてから t 秒後のボールの高さを y[m] とすれば, y は

$$y = 30t - 4.9t^2$$

であらわされる. ボールが最高点に達するのは投げ上げてから何秒後か. また地上何メートルのところか. 平方を完成する仕方で求めよ.

6.1 最大, 最小

例 2 2次関数 $y=-x^2+4x-3$ の最大値または最小値を求めよ.

(解) 与式を平方完成すると,

$$\begin{aligned} y &= -x^2+4x-3 \\ &= -(x-2)^2-3+2^2 \\ &= -(x-2)^2+1 \end{aligned}$$

したがって, $x=2$ のとき最大値 1 をとる.

問 3* 次の2次関数の最大値または最小値を求めよ.

(1) $y=x^2-4x+6$

(2) $y=-3x^2+12x-6$

(3) $y=2x^2+5x+2$

(4) $y=-x^2-x-1$

例 3 2次関数 $y=x^2-6x+4$ の区間 $1 \leqq x \leqq 4$ における最大値, 最小値を求めよ.

(解) 与式を平方完成すると,

$$\begin{aligned} y &= x^2-6x+4 \\ &= (x-3)^2+4-3^2 \\ &= (x-3)^2-5 \end{aligned}$$

増減表をかくと,

x	1		3		4
y	-1	↘	-5	↗	-4

したがって, $x=1$ のとき最大値 -1, $x=3$ のとき最小値 -5 をとる.

問 4* 次の2次関数の ( ) の区間における最大値, 最小値を求めよ.

(1) $y=x^2-3x+2$ $(0 \leqq x \leqq 2)$

(2) $y=-3x^2-12x-5$ $(-3 \leqq x \leqq 3)$

6.2 放物線と直線の交点

例 4 2次関数 $y=x^2-5x+6$ であらわされる放物線と x 軸, y 軸との交点をそれぞれ求めよ.

(解) x 軸上の点の y 座標は 0 より, 2次方程式

$$x^2-5x+6=0$$

の解が, この放物線と x 軸との交点の x 座標である. これを解くと,

$$(x-2)(x-3)=0$$

$$\therefore \quad x=2,3$$

したがって, x 軸との交点は $(2,0)$ と $(3,0)$ である.

同様に, 2次関数の式で $x=0$ を代入することにより, y 軸との交点 $(0,6)$ が求まる.

問 5* 次の2次関数であらわされる放物線と x 軸, y 軸との交点をそれぞれ求めよ.

(1)　$y = x^2 - 2x - 3$　　(2)　$y = 3x^2 - 6x + 3$

(3)　$y = 2x^2 - 5x + 2$　　(4)　$y = -x^2 - x - 1$

例 5　放物線 $y = x^2 - 3x + 3$ と直線 $y = 2x - 3$ との交点を求めよ.

(解)　交点を (x, y) とすると, これは連立方程式

$$\begin{cases} y = x^2 - 3x + 3 \\ y = 2x - 3 \end{cases}$$

の解である. そこで, これを解く.

y を消去すると,

$$x^2 - 3x + 3 = 2x - 3$$

$$x^2 - 5x + 6 = 0$$

$$(x-2)(x-3) = 0$$

$$\therefore \quad x = 2, 3$$

$x = 2$ のとき $y = 1$, $x = 3$ のとき $y = 3$ より,

$(2, 1)$, $(3, 3)$ が交点である.

問 6　次の放物線と直線との交点を求めよ.

(1)*　$y = x^2 + 5x + 3, \quad y = -x - 2$

(2)*　$y = x^2 + 1, \quad y = 2x$

(3)　$y = x^2 - 2x, \quad x + y = 2$

(4)　$y = 2x^2 - 4x - 3, \quad y = x - 3$

6.3　練習問題

練習問題 1　次の 2 次関数の (　) の区間における最大値, 最小値を求めよ.

(1)*　$y = x^2 - x + 2$　　$(0 \leqq x \leqq 2)$

(2)*　$y = -2x^2 - 8x + 3$　　$(-3 \leqq x \leqq 3)$

(3)　$y = x^2 + 4x - 5$　　$(0 \leqq x \leqq 3)$

練習問題 2　次の放物線と直線との交点が存在するかどうか判定し, 存在する場合はその交点を求めよ.

(1)*　$y = x^2 - 4x + 6, \quad y = 2x - 2$

(2)*　$y = 3x^2 + 4x + 1, \quad y = -2x - 2$

(3)　$y = x^2 + 3, \quad y = 2x + 1$

(4)　$y = 2x^2 - x + 4, \quad y = 4x + 2$

第 7 章

総合演習 I

(第 1 章)

練習問題 1　あるファーストフードの店でアルバイトすることになった. 平日は夜間の 3 時間のみ, 土日は昼 4 時間, 夜間 2 時間アルバイトできる. 時給は昼 a 円, 夜間 b 円である.

(1) 4 月は, 平日 x 日, 土日に y 日アルバイトに行った. 4 月のアルバイト代 S を a, b, x, y を用いてあらわせ.

(2) $a = 800$, $b = 1000$, $x = 10$, $y = 4$ のとき, S を求めよ.

練習問題 2　2 台の車 A と B が同時に出発し, 車 A は v [km/h], 車 B は $(v - a)$ [km/h] の一定の速さでそれぞれ進んだ. 車 A は出発から t [h] 後, 車 B は $(t + 2)$ [h] 後に P 地点を通過した. このとき, v を a, t を用いてあらわせ.

(第 2 章)

練習問題 3　ある物体の体積が V[cm^3], 質量が m[g] のとき, その密度は m/V[g/cm^3] である. 縦, 横, 長さがそれぞれ 2.0 cm, 3.0 cm, 10 cm のステンレススチール材で出来た角柱棒がある. この棒の体積を求めよ. さらに, この棒の質量が 480 g のとき, 密度を求めよ.

練習問題 4　直径が 3.0 cm, 長さが 12 cm の磁性を持つステンレススチール材で出来た円柱棒がある. 次の問に答えよ. ただし, 円周率を 3.14 とする.

(1) この棒の体積はいくらか.

(2) このスチール材の密度が 7.7 g/cm^3 である. この棒の質量はいくらか.

(3) この棒の長さを変えずに質量を 480 g にするためには, 棒の直径をいくらにすればよいか.

練習問題 5　糸の長さ l[m] の振り子の周期 T[s] は $T = 2\pi\sqrt{\dfrac{l}{g}}$ であたえられる. ただし, g を重力加速度, π を円周率をとする. また, 周期とは 1 回の振れに要する時間である. 次の問に答えよ.

(1) この振り子の振動数 (1 秒間の振れの回数) n は l でどうあらわされるか.

(2) 糸の長さが 1.8 m のとき, 周期はいくらか. ただし, $g = 9.80$ m/s^2, $\pi = 3.14$ とする.

(第 3 章)

練習問題 6　定常的に流れる流体中の各点における速さ v, 圧力 p, 密度 ρ および基準点からの高さ z に対して

$$\frac{1}{2}\rho v^2 + p + \rho g z = \text{一定}$$

という式が成り立つ. ただし, g は重力加速度 (一定値) である. これを「ベルヌーイの法則」という. この式に関して次の問に答えよ. ただし, ρ は一定とする.

(1) z が同じ点について考えた場合, 速さが大きいところでは圧力は [　　　], 速さが小さいところでは圧力は [　　　]. [　　　] の中に「大きく」,「小さく」,「大きい」,「小さい」のいずれかを入れよ.

(2) z が同じ 2 点 A, B に対し, A では $v = 5.0\,\mathrm{m/s}$, B では圧力が A より 10500 Pa 大きかったとすると, B での速さはいくらか. ただし, $\rho = 1000\,\mathrm{kg/m^3}$ とする.

(3) p が同じ 2 点 A, B に対し, A では $v = 0.0\,\mathrm{m/s}$, B では高さが A より 2.5 m 低かったとすると, B での速さはいくらか. ただし, $g = 9.8\,\mathrm{m/s^2}$ とする.

練習問題 7　80km の距離を自転車で走るのに, 速さを予定より毎時 4km 遅くしたため, 予定時間より 1 時間遅く目的地に到着した. 予定の速さは毎時何 km だったか.

練習問題 8　体重 60 kg の A 君が質量 40 kg のバイクに乗って秒速 35 m で走行していた. このとき, 真正面から 800 N の力に相当する突風に出会い, その突風はバイクが 10 m の距離を進む間続いた. その結果, A 君の乗ったバイクの速度は秒速何 m になったかを求めたい. 次の問に答えよ.

(1) 質量が m の物体が v [m/s] で運動しているときの運動エネルギーは

$$\frac{1}{2}mv^2 \ [\mathrm{J}]$$

であらわされる. 突風に会う前の A 君とバイクの運動エネルギーとあった後の A 君とバイクの運動エネルギーを求めよ. ただし, 突風にあった後の A 君の乗ったバイクの速度を v [m/s] とする.

(2) 突風の力を F[N], 突風を受けている問にバイクが進んだ距離を s [m] とすると, 突風の仕事量 W [J] (突風のエネルギー) は,

$$W = Fs$$

とあらわされる. 突風の仕事量を求めよ.

(3) 突風の仕事量はすべて A 君とバイクの運動エネルギーの減少に費やされる (これをエネルギー保存の法則という). このことを用いて, 突風にあった後の A 君の乗ったバイクの速度を v [m/s] を求めよ.

(第 4 章)

練習問題 9　ある会社で乗用車 1 台を購入することになった. 予算は 180 万円計上された. 保険料, 登録費用, 重量税, その他を合わせて, 諸経費 11 万円を要する. ただし, 自動車の販売価格の 2% の値引きがあるという. 自動車の購入を任された社員は自動車のどの販売価格の自動車を物色すればよいか.

練習問題 10　A 駅から 16km 離れた B 大学まで自動車で 24 分で行きたい. はじめの 2km は工事中の片側通行で 6 分を要するという. A 駅から B 大学まで 20 分以上 24 分以内に到着するためには, 工事中以外の道を走る時速の範囲を求めよ.

ヒント. 残りの道のり 14km を時速 v で走れば, 14km を走るのに要する時間は $\frac{14}{v}$ 時間である. これを分に直すと, $\frac{14}{v} \times 60$ 分である. したがって, A 駅から B 大学までに要する全時間は, 分単位で, $6 + \frac{14}{v} \times 60$ である. これが 20 分以上 24 分以内であればよい.

練習問題 11　図 7.1 のように外形が一辺 a の正方形で幅 d の枠状部品を作りたい．ただし，この部品は次の 2 つの条件をみたさなければならない．

- 強度を維持するために幅 d は d_0 以上であること
- 軽量化のために面積 S が S_0 以下であること

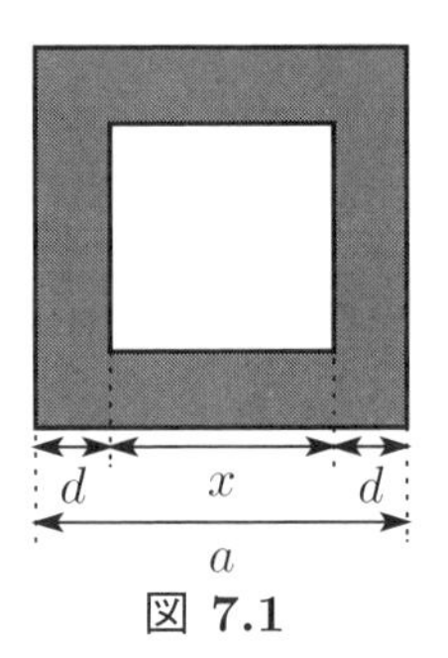

図 7.1

以下の問に答えよ．

(1) 最初の条件をあらわす a, d_0, x に関する不等式を求めよ．

(2) 2 番目の条件をあらわす a, S_0, x に関する不等式を求めよ．

(3) (1), (2) の不等式を x について解き, x の範囲を求めよ．

(4) $a = 12\,\mathrm{cm}$, $S_0 = 80\,\mathrm{cm}^2$, $d_0 = 1.0\,\mathrm{cm}$ のとき, x の範囲を計算せよ．

練習問題 12　水を流す配管を設計している．管の断面は円 (図 7.2 の斜線部分) で, 次の問に答えよ．ただし, 円周率は 3.14 とする．

(1) 管を流れる水の平均流速は $0.50\,\mathrm{m/s}$ 以上 $1.0\,\mathrm{m/s}$ 以下の範囲とする．平均流速を U [m/s] として, これを不等式であらわせ．

(2) 平均流速 U [m/s] と管の断面積 A [m^2] の積が流量 (体積流量) Q [m^3/s] である．流量 $1.7 \times 10^{-3}\,\mathrm{m^3/s}$ の水を流す配管を施行することになった．表 7.1 の内径の管のうち, 平均流速が (1) の範囲に納まる管を答えよ．

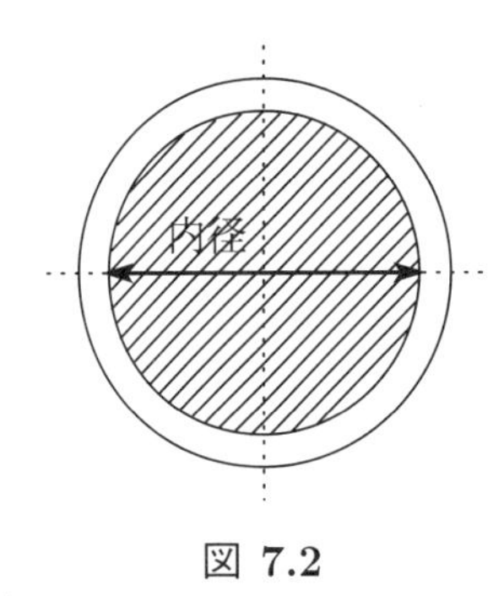

図 7.2

表 7.1

番号	内径 (mm)
1	41.6
2	52.9
3	67.9
4	80.7

(第 5 章)

練習問題 13　長さ 80cm のばねに, 5g, 10g, 15g, 20g のおもりを吊るし, それぞれのときのばねの長さを測定して表 7.2 を得た．

表 7.2

x[g]	0	5	10	15	20
y[cm]	80	84	88	92	96

(1) x[g] のおもりを吊したときのばねの長さを y[cm] とするとき, y は x のどんな式によってあらわされるか．

(2) $y = 85.2$cm とするにはいくらのおもりを吊せばよいか．

(3) このばねに最初 5 g おもりを吊しておき, それに X[g] のおもりを加えたときのばねの長さを Y[cm] とするとき, X と Y の関係を求めよ．

練習問題 14　体積 V, 圧力 P, 絶対温度 T の気体は $PV = nRT$ という状態方程式にしたがう．ただし, $n =$ 質量 / 分子量はモル数とよばれ, 気体分子の数に比例する量, R は気体定数とよばれる定数である．

温度が 300 K のときにタンクの空気圧が 3 kg/cm^2 になるようにするには, 320 K のときの空気圧をいくらにすればよいか. ただし, 体積の変化は無視して求めよ.

(第 6 章)

練習問題 15　放物線 $y = x^2 + 2$ と直線 $y = 2x + k$ (k は定数) の交点の個数を求めよ.

練習問題 16　地面から高さ h の地点から水平方向に速さ v_0 で投げ出された物体の時間 t における位置は,

$$x = v_0 t$$

$$y = -\frac{1}{2}gt^2 + h$$

であらわされる (ただし, 飛び出した地点の真下の点を原点, 水平方向に x 軸, 鉛直上向きに y 軸をとる).

(1) 上の 2 式から t を消去して x と y の間に成り立つ式を求めよ.

(2) 地面に落ちた地点の x 座標を求めよ.

練習問題 17　毎秒 15 m の初速度で地面から真上の投げ上げられた物体の t 秒後の高さは近似的に $y = 15t - 5t^2$[m] で与えられるという.

(1) 最高点の高さを求めよ.

(2) $y = 10$ m を通過する時刻を求めよ.

(3) 初速度 v_0[m/s] で投げ上げると t 秒後の高さは近似的に $y = v_0 t - 5t^2$[m] で与えられる. $y = 20$ m まで達するには初速度をいくら以上にしなければならないか.

練習問題 18　質量 M[kg] の物体が速度 v[m/s] で動いているとき, この物体のもつ運動エネルギー E は

$$E = \frac{1}{2}Mv^2[J]$$

であらわされる.

(1) 25 m/s で走る 1000 kg の車が 10 m/s まで減速したとき, 失われる運動エネルギーを求めよ.

(2) (1) で求めた運動エネルギーの半分がこの車のブレーキディスクの温度を上昇させるのに使われたとすると, この減速によってディスクの温度は何度上昇するか. ただし, このブレーキディスクの総重量は 20 kg で, その比熱は 0.50 J/g·°C とする.

第 8 章

分数関数, 無理関数, グラフの移動

スナック菓子の袋が山頂でパンパンに膨れていたという経験をもった者は多いだろう．これは, 山の上では地上にくらべて気圧が低いので, 袋の中の気体の体積が増えたのである．

これを式であらわすと, 圧力を p, 体積を V とし, 温度が一定であるとすると

$$V = C\frac{1}{p} \tag{8.1}$$

と書ける．ここで C は定数である．このとき圧力 p と体積 V は反比例の関係にあるという．グラフで示すと次の図 8.1 のようになる．理想気体について, 温度 T が一定のとき, 式 (8.1) が成り立ち, これをボイルの法則という．参考までに, 現実の気体に対しては van der Waals (ファン・デア・ワールス) の状態方程式

$$\left(p + \frac{a}{V^2}\right)(V - b) = nRT \tag{8.2}$$

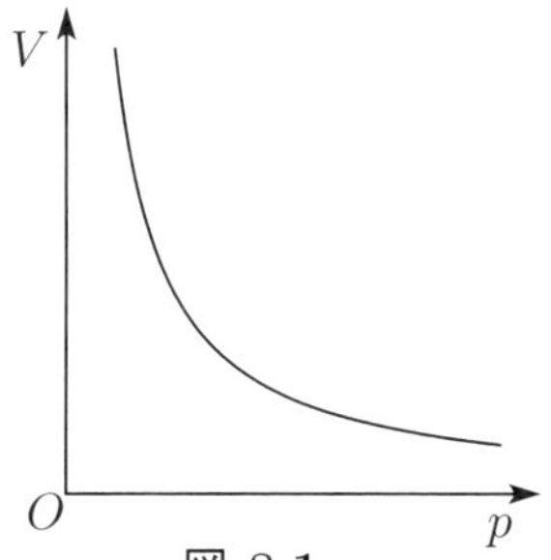

図 **8.1**

が成り立つ．a, b は物質の種類による定数, n はモル数, R は気体定数である．

例題 1　象と S 君がシーソーで遊ぶことを考える．象の体重を 1.0×10^3 kg, S 君の体重を 60 kg とし, シーソーの支点から象までの距離を a, S 君までの距離を b とすると, b/a はどのくらいになるか．

(解)　それぞれの「重さ」と「人 (象)〜支点間の距離」の積 (これを力のモーメントという) の大きさが, ほぼ等しいときにシーソー遊びが成り立つ．それゆえ

$$60 \times b = 1.0 \times 10^3 \times a$$

$$\therefore \quad \frac{b}{a} = \frac{1.0 \times 10^3}{60} \cong 17$$

となる．もしシーソーの支点から象の重心までの距離を 5 m とすると, 支点と S 君までの距離は 85 m となる．こりゃ超特大のシーソーが必要だ！

問題 1.　上の例題で, シーソー遊びが成り立つとき, 「人の重さ」および「象と支点間の距離」はそれぞれ何と反比例の関係にあるのか答えよ．

問題 2.　2 つの量の間に反比例の関係にあるものの例を挙げよ．

問題 3.　ある貯水槽には一定量の水 $A[\mathrm{m}^3]$ がある．これを排水能力 $b[\mathrm{m}^3/\mathrm{s}]$ のポンプで排水するとき, 貯水槽の水が空になるまでの時間を $t[\mathrm{s}]$ とする．これら 3 つの量の間の関係式を求め, 図示せよ．

問題 4. 5% の食塩水 1kg と 3% の食塩水 x[kg] を混ぜて, y[%] の食塩水ができるものとする.

(a) このとき $y = \dfrac{2}{x+1} + 3 \ (x > 0)$ が成り立つことを示せ.

(b) この関係式をグラフに描き, $x = -1$ と $y = 3$ が漸近線であることを確かめよ.

8.1　双曲線

分数式

$$y = \frac{1}{x}, \quad y = \frac{x-1}{x-2}, \quad y = \frac{x^2+1}{x-3}$$

などであらわされる関数を**分数関数**という. また, これらのグラフは**双曲線**になる. より詳しくいえば, 次のようになる.

$y = \dfrac{a}{x-p} + q$ のグラフは,

(1) 点 (p, q) に関して対称な 2 つの曲線 (これを **(直角) 双曲線**という) であらわされる.

(2) グラフは $x = p$, $y = q$ に限りなく近づく. この 2 つの直線を双曲線の**漸近線**という.

(3) $a > 0$ のとき, グラフは点 (p, q) に関して右上と左下に,
　$a < 0$ のとき, グラフは点 (p, q) に関して左上と右下に,
　あらわれる.

例 1

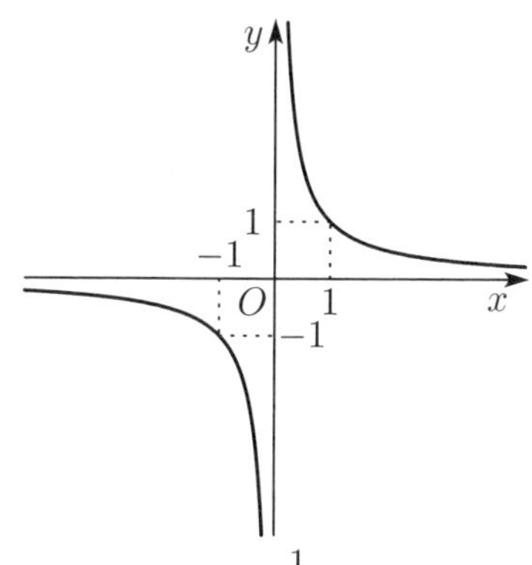

図 8.2 $y = \dfrac{1}{x}$ **のグラフ**

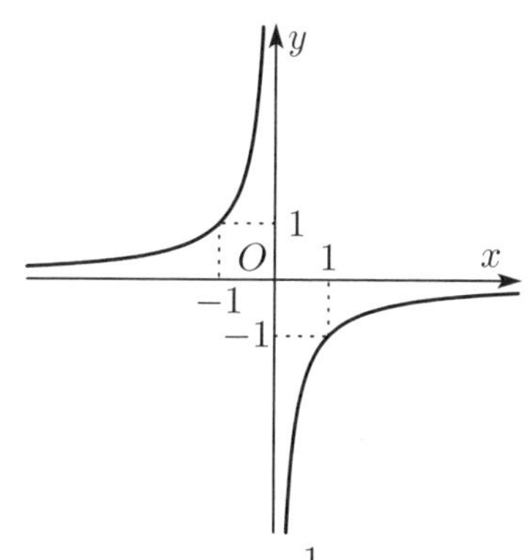

図 8.3 $y = -\dfrac{1}{x}$ **のグラフ**

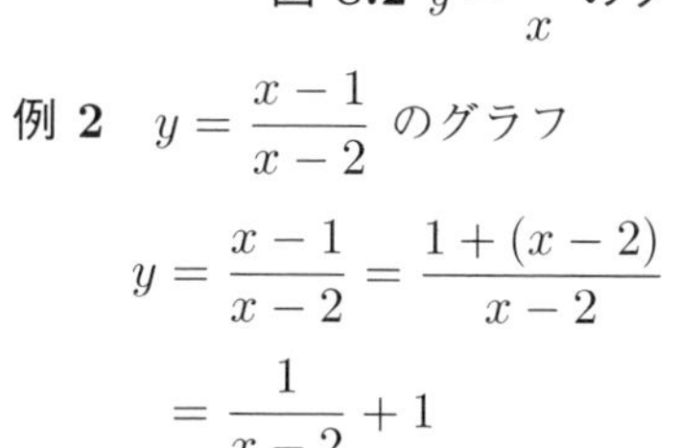

例 2　$y = \dfrac{x-1}{x-2}$ のグラフ

$$y = \frac{x-1}{x-2} = \frac{1+(x-2)}{x-2}$$
$$= \frac{1}{x-2} + 1$$

と変形できる. したがって, グラフは図 8.4 となり, このグラフの漸近線は $x = 2$, $y = 1$ である.

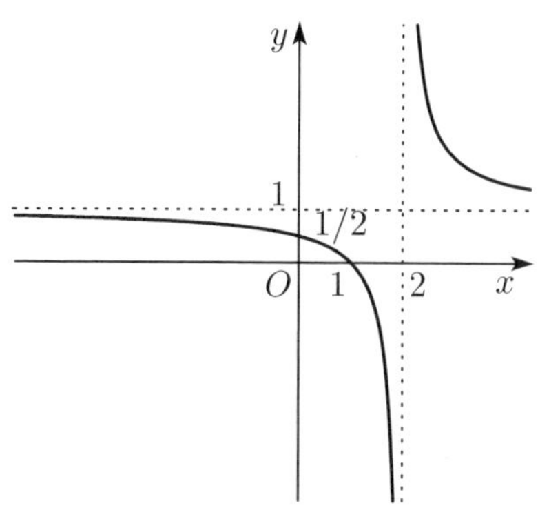

図 8.4

問 1　次の分数関数の漸近線を求め, グラフをかけ.

(1)* $y = \dfrac{2}{x-1} + 1$　　(2)* $y = -\dfrac{1}{x+1} - 3$

(3) $y = \dfrac{x+3}{x-1}$　　(4) $y = \dfrac{x-2}{x+4}$

8.2　無理関数のグラフ

第1章で引用した例をもう一度使うと, 直径 D, 高さ h の円筒の体積 V は

$$V = \frac{\pi D^2 h}{4} \tag{8.3}$$

であらわされる. ここで D を変数とみなした場合, および h を変数とみなした場合, V はそれぞれ D の2次関数, および h の1次関数となることを知った. では, 一定の高さの円筒で, 体積が2倍, 3倍と変わっていくには, 直径はどのように変わっていくべきかを考えてみよう. それには (8.3) を D について解くことが求められる. D は正の量であることを考慮すると

$$D = \sqrt{\frac{4}{\pi h} V} \tag{8.4}$$

となる. 基礎事項 1-1 で, 根号 $\sqrt{\ }$ であらわされる式を無理式と紹介したが, (8.4) のような関係を「D は V の無理関数である.」という. 高さが 5 cm の円筒に対して, (8.4) 式のグラフを描くと図 8.5 になる.

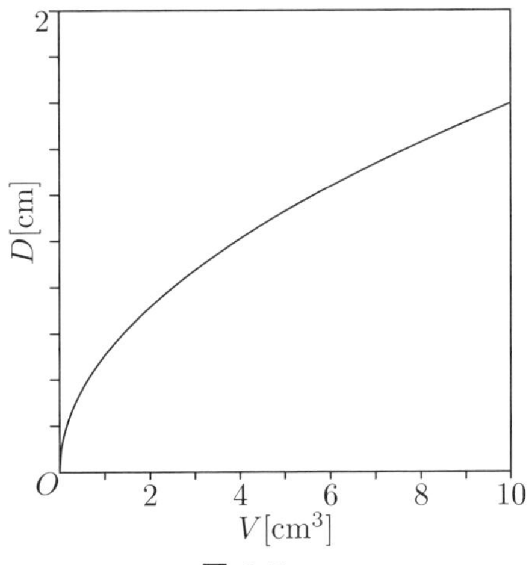

図 8.5

一般に無理関数は

$$y = \pm\sqrt{ax+b}$$

のように書かれる. 無理関数は, 根号内が負にならない範囲で実数値をとる.

例えば,

$$y = \sqrt{x}, \quad y = -\sqrt{x-1}, \quad y = \sqrt{5-2x}$$

などは無理関数である. 無理関数のグラフは放物線の一部である. より詳しくいえば次のようになる.

$y = \sqrt{a(x-p)} + q$ のグラフは

(1) $a > 0$ のとき, 定義域は $x \geqq p$, 値域は $y \geqq q$

　$a < 0$ のとき, 定義域は $x \leqq p$, 値域は $y \geqq q$

(2) この関数は $a > 0$ のとき増加関数, $a < 0$ のとき減少関数で,

(3) 横向きの放物線の上半分になる.

同様に, $y = -\sqrt{a(x-p)} + q$ のグラフは減少関数で, 横向きの放物線の下半分になる.

例 3

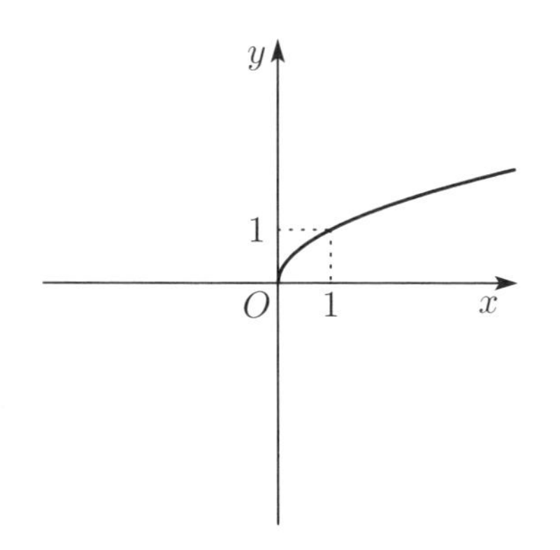

図 8.6 $y = \sqrt{x}$ のグラフ

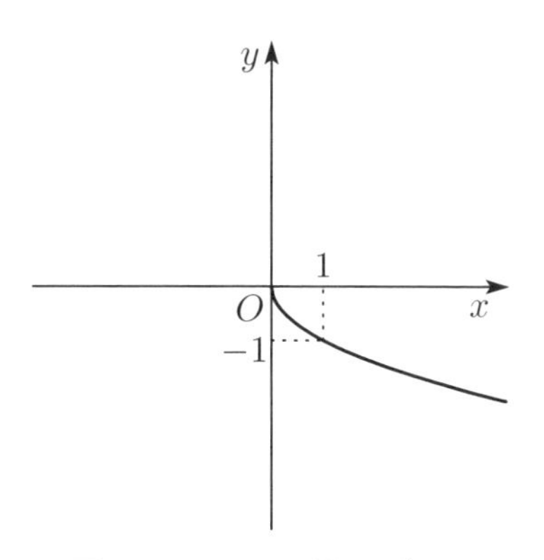

図 8.7 $y = -\sqrt{x}$ のグラフ

例 4 $y = \sqrt{3x-6}+1$ のグラフ

$y = \sqrt{3x-6}+1 = \sqrt{3(x-2)}+1$ と変形できるので, グラフは図 8.8 である. また, 定義域は $x \geqq 2$, 値域は $y \geqq 1$ である.

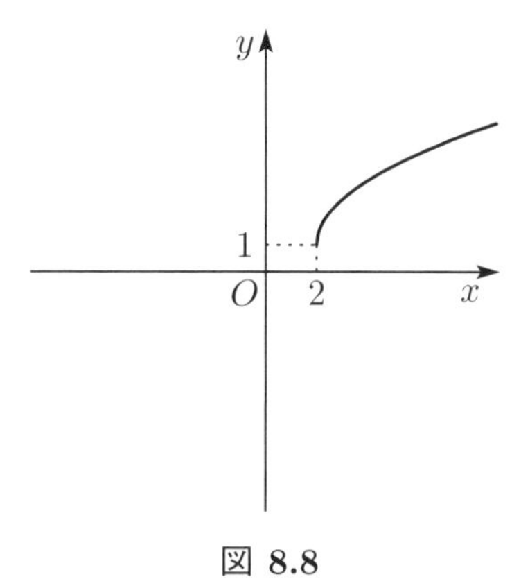

図 8.8

問 2 次の無理関数の定義域, 値域を求め, グラフをかけ.

(1)* $y = \sqrt{2(x-1)}+1$ (2)* $y = -\sqrt{x+1}-3$

(3) $y = \sqrt{5-2x}$ (4) $y = -\sqrt{2x-7}+2$

8.3 グラフの平行移動, 対称移動

例 5 無理関数 $y = \sqrt{2x}$ と $y = \sqrt{2x+2}$ はどんな関係にあるか. x に $1, 2, 3, 4, 5$ を代入することにより調べよ.

(解)

x	1	2	3	4	5
$y = \sqrt{2x}$	$\sqrt{2}$	2	$\sqrt{6}$	$2\sqrt{2}$	$\sqrt{10}$
$y = \sqrt{2x+2}$	2	$\sqrt{6}$	$2\sqrt{2}$	$\sqrt{10}$	$2\sqrt{3}$

となる. すなわち, $y = \sqrt{2x+2}$ は $y = \sqrt{2x}$ を負の向きに 1 だけずらしたものであることが分かる.

問 3 無理関数 $y = \sqrt{2x}$ と $y = \sqrt{2x-4}$ のグラフを描いて, 比較せよ.

一般に, 次が成り立つ.

関数 $y = f(x)$ のグラフを x 軸方向に p, y 軸方向に q 平行移動すると, その平行移動したグラフの方程式は $y = f(x-p)+q$ である. また, もとのグラフの方程式が $g(x, y) = 0$ のときは, 平行移動したグラフの方程式は $g(x-p, y-q) = 0$

となる.

(証明)　点 (x, y) を x 軸方向に p, y 軸方向に q 平行移動した点を (x', y') とすると,

$$\begin{cases} x' = x + p \\ y' = y + q \end{cases}$$

が成り立つ. したがって,

$$\begin{cases} x = x' - p \\ y = y' - q \end{cases}$$

となるので, これを $y = f(x)$ に代入して,

$$y' - q = f(x' - p)$$
$$\therefore \quad y' = f(x' - p) + q$$

をえる. $g(x, y) = 0$ のときも同様に代入すればよい.

例 6　次の関数のグラフを x 軸方向に p, y 軸方向に q 平行移動したグラフの方程式を求めよ. ただし, a は 0 でない定数.

(1)　$y = ax$　　(2)　$y = ax^2$

(3)　$y = \dfrac{a}{x}$　　(4)　$y = \sqrt{ax}$

(解)

(1)　$y = a(x - p) + q$　　(2)　$y = a(x - p)^2 + q$

(3)　$y = \dfrac{a}{x - p} + q$　　(4)　$y = \sqrt{a(x - p)} + q$

例 7　直線 $y = 3x - 2$, 放物線 $y = x^2 - 4x + 1$ をそれぞれ x 軸方向に 1, y 軸方向に 2 平行移動した図形の方程式を求めよ.

(解)

$$y = 3(x - 1) - 2 + 2 = 3x - 3$$
$$y = (x - 1)^2 - 4(x - 1) + 1 + 2 = x^2 - 6x + 8$$

問 4*　次の図形をそれぞれ x 軸方向に 3, y 軸方向に -1 平行移動した図形の方程式を求めよ.

(1)　$y = x + 2$　　(2)　$y = -x^2 - 2x + 1$

(3)　$y = \dfrac{2}{x - 1} + 2$　　(4)　$y = -\sqrt{1 - x} + 1$

原点, x 軸, y 軸に関する対称移動についても次が成り立つ;

$y = f(x)$ $(g(x, y) = 0)$ であらわされる図形を原点に関して対称移動した図形の方程式は $y = -f(-x)$ $(g(-x, -y) = 0)$ である.

$y = f(x)$ $(g(x, y) = 0)$ であらわされる図形を x 軸に関して対称移動した図形の方程式は $y = -f(x)$ $(g(x, -y) = 0)$ である.

$y=f(x)$ $(g(x,y)=0)$ であらわされる図形を y 軸に関して対称移動した図形の方程式は $y=f(-x)$ $(g(-x,y)=0)$ である.

例 8 放物線 $y=x^2+2x+1$ を原点, x 軸, y 軸に関して対称移動した放物線の方程式をそれぞれ求めよ.

(解) 原点に関する対称移動

$$y=-((-x)^2+2(-x)+1)=-x^2+2x-1$$

x 軸に関する対称移動

$$y=-(x^2+2x+1)=-x^2-2x-1$$

y 軸に関する対称移動

$$y=(-x)^2+2(-x)+1=x^2-2x+1$$

問 5 直線 $y=2x+1$ を原点, x 軸, y 軸に関して対称移動した直線の方程式をそれぞれ求めよ.

8.4 練習問題

練習問題 1 次の関数のグラフをかけ.

(1)* $y=\dfrac{x}{x-2}$ (2) $y=\dfrac{1}{2x-1}+1$

(3)* $y=-\sqrt{x-1}+1$ (4) $y=\sqrt{3-2x}$

練習問題 2 次の分数関数 $y=\dfrac{a}{x-p}+q$ または無理関数 $y=\pm\sqrt{a(x-p)}+q$ を求めよ.

(1) 漸近線が $x=1$, $y=2$ で原点をとおる分数関数

(2) 漸近線の 1 つが $x=2$ で, 2 点 $(3,0)$, $(0,3)$ をとおる分数関数

(3) 定義域が $x\geqq -1$, 値域が $y\geqq 1$ で, 点 $(0,2)$ をとおる無理関数

(4) 定義域が $x\leqq 2$ で, 2 点 $(0,1)$, $(-6,0)$ をとおる無理関数

練習問題 3 次の 2 つの関数のグラフの交点を求めよ.

(1)* $y=\dfrac{2}{x-1}+3,\quad y=2x+1$

(2) $y=\sqrt{3x-3},\quad y=-x+7$

練習問題 4 双曲線 $y=\dfrac{1}{x-1}+2$ と直線 $y=-x+k$ (k は定数) の交点の個数を求めよ.

練習問題 5* 次の図形をそれぞれ x 軸方向に -2, y 軸方向に 3 平行移動した図形の方程式を求めよ.

(1) $y=-3x+1$ (2) $y=2x^2-x$

(3) $y=\dfrac{1}{x+2}+1$ (4) $y=\sqrt{2x-3}$

第 9 章

三角関数

毎日, 朝が来て, 昼が来て, 夜が来てまた再び朝が来る. これは人間が決めた訳ではなく, 我々が住む地球が自転によりほぼ 24 時間毎に 1 回転しているからであり, また地球が太陽の周りをほぼ 1 年 (365 日) 毎に 1 回転している. なぜか太陽系や銀河を含む宇宙の現象や, 物質を構成している原子・分子の世界では回転運動が自然で, 直線運動にはほとんどお目にかかれない. 宇宙や原子・分子を直線や二次方程式で記述すると, いつかは物体の大きさやエネルギーが ± 無限大となり消滅せざるを得なくなる. 自然界では, 重要な仕組みは消滅せず永遠に繰り返し生き残れるように, 円運動に代表される周期運動となっている. 科学技術分野で周期関数である三角関数が頻繁に現れるのは, 自然の成り行きである.

さて, 回転している車の車輪と三角関数 $\sin\theta$ の関係が, 納得できたら大成功.

三角関数の基本事項

角 θ の動径と単位円との交わりの点の座標が $(\cos\theta, \sin\theta)$,

$\tan\theta = \dfrac{\sin\theta}{\cos\theta}$

$\sin^2\theta + \cos^2\theta = 1$

$\sec\theta = \dfrac{1}{\cos\theta}$, $\operatorname{cosec}\theta = \dfrac{1}{\sin\theta}$, $\cot\theta = \dfrac{1}{\tan\theta}$

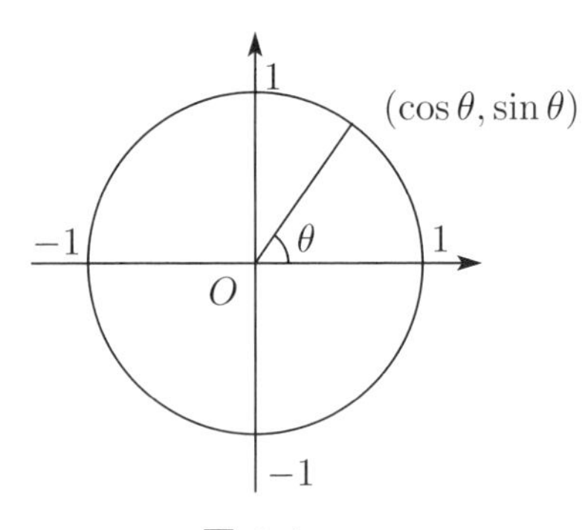

図 9.1

例 1 $\sin\left(2\left(x - \dfrac{\pi}{2}\right)\right) = \dfrac{1}{2}$ をみたす x を求めよ. ただし, $0 \leqq x < 2\pi$ とする.

(解) $0 \leqq x < 2\pi$ より,

$$-\pi \leqq 2\left(x - \frac{\pi}{2}\right) < 3\pi$$

である.

したがって,

$$2\left(x - \frac{\pi}{2}\right) = \frac{\pi}{6},\ \ \frac{5}{6}\pi,\ \ \frac{13}{6}\pi,\ \ \frac{17}{6}\pi$$

である.

これより,

$$x = \frac{7}{12}\pi,\ \ \frac{11}{12}\pi,\ \ \frac{19}{12}\pi,\ \ \frac{23}{12}\pi$$

問 1　次の方程式をみたす x を求めよ．ただし, $0 \leqq x < 2\pi$ とする.

(1)* $\cos\left(x - \dfrac{\pi}{2}\right) = \dfrac{\sqrt{2}}{2}$　　(2)* $\tan 3x = -\sqrt{3}$

(3)* $2\sin\left(2x - \dfrac{\pi}{3}\right) = \sqrt{3}$　　(4) $2\cos 6x = \sqrt{3}$

例 2　方程式 $\sin x = \cos x \ (0 \leqq x < 2\pi)$ を解け.

(解)

$$\sin^2 x + \cos^2 x = 1$$

より,

$$2\sin^2 x = 1$$

したがって,

$$\sin^2 x = \frac{1}{2}$$

$$\therefore \quad \sin x = \pm\frac{\sqrt{2}}{2}$$

ゆえに, $\sin x = \cos x = \dfrac{\sqrt{2}}{2}$ のとき, $x = \dfrac{\pi}{4}$,

$\sin x = \cos x = -\dfrac{\sqrt{2}}{2}$ のとき, $x = \dfrac{5}{4}\pi$.

$\left(\text{この問題は, } \tan x = \dfrac{\sin x}{\cos x} = 1 \text{ と変形して, 解いてもよい}\right)$

問 2　次の方程式をみたす x を求めよ．ただし, $0 \leqq x < 2\pi$ とする.

(1) $1 - \cos x - 2\sin^2 x = 0$　　(2) $\tan x = 2\sin x$

第 10 章

三角関数のグラフ

例 1　図 10.1 のように半径 r の円周上を点 P が反時計回りに回転している．次の問に答えよ．ただし，円の中心を原点とし，図のように x, y 軸をとるものとする．

(1) 直線 OP と x 軸との角度が θ のとき，P の x 座標，y 座標を求めよ．

(2) ある位置にある P に対して，θ がどれだけ変わったら同じ位置に戻るか．

(3) 角度 θ が時間 $t\,[\mathrm{s}]$ と

$$\theta = \frac{\pi}{6}t$$

という関係があるとき，P がこの円周上を一周する時間を求めよ．

(4) (3) のとき，P の x 座標 x は時間 t の関数としてどのように表されるか．

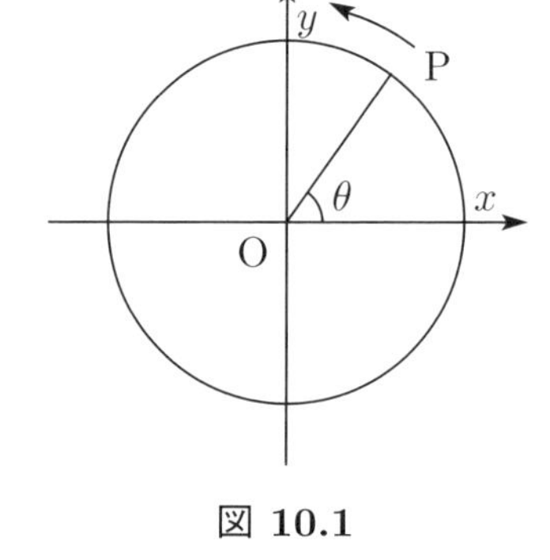

図 10.1

(解)(1) 円の半径が r なので，P の座標は $(r\cos\theta, r\sin\theta)$ とあらわされる．

(2) 一周は弧度法で 2π なので，$\theta = 2\pi$ で同じ位置に戻る．

(3)

$$\frac{\pi}{6}t = 2\pi$$

を解けば，$t = 12\,\mathrm{s}$ をえる．

(4)

$$x = r\cos\theta = r\cos\frac{\pi}{6}t.$$

関数の周期について

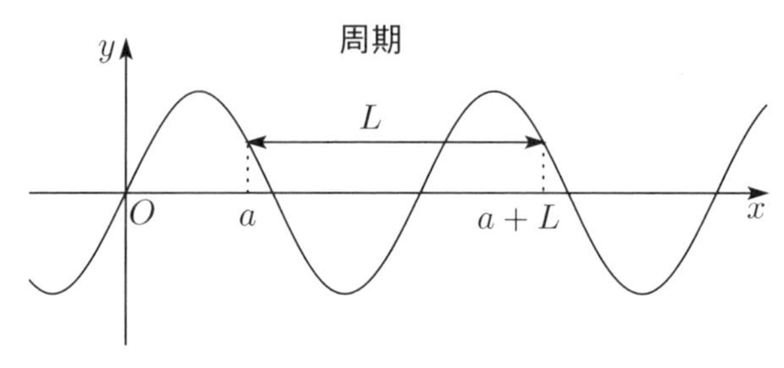

図 10.2

関数 $y=f(x)$ について, すべての実数 a について $f(a+L)=f(a)$ をみたす, すなわち L ごとに同じ値があらわれる, 最小の正の数 L を**周期**といい, 周期をもつ関数を**周期関数**という. 三角関数は周期関数である.

問 1 次の関数の周期をいい, $-\pi \leqq x \leqq 2\pi$ の範囲のグラフをかけ.

(1)* $y=\sin(x-\pi)$　　(2)* $y=\cos 2x+1$

(3) $y=\tan x$　　(4) $y=\sin\left(2x-\dfrac{\pi}{4}\right)$

問 2 次のそれぞれ 2 つの関数のグラフについて, 前の関数のグラフをどのように平行移動したら後の関数のグラフになるか答えよ.

(1) $y=\sin 2x$, $y=\sin(2x-\pi)+2$

(2) $y=\tan 3x$, $y=\tan(3x-2\pi)+3$

問 3 次の問いに答えよ.

(1) $y=\sin x+1$ を x 軸に関して対称移動したグラフの方程式を求めよ.

(2) $y=\cos 2x$ を原点に関して対称移動したグラフの方程式を求めよ.

三角形への応用

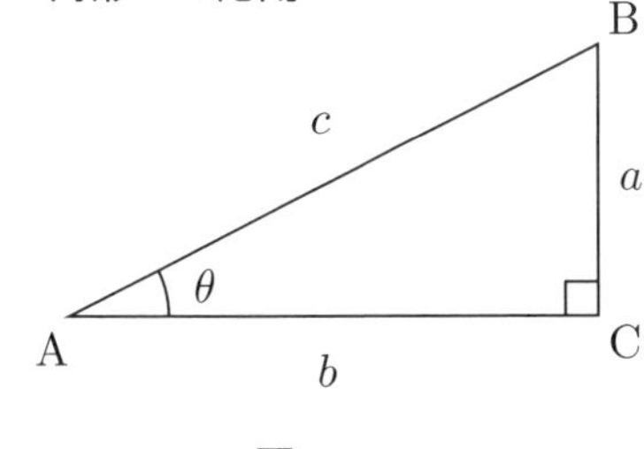

図 10.3

$$\sin\theta=\frac{a}{c},\ \cos\theta=\frac{b}{c},\ \tan\theta=\frac{a}{b}$$

$$\sin^2\theta+\cos^2\theta=1$$

$$\tan\theta=\frac{\sin\theta}{\cos\theta}$$

正弦定理

$$\frac{a}{\sin A}=\frac{b}{\sin B}=\frac{c}{\sin C}$$

余弦定理

$$a^2=b^2+c^2-2bc\cos A,\quad b^2=c^2+a^2-2ca\cos B,\quad c^2=a^2+b^2-2ab\cos C$$

問 4 ビルの高さを測りたい. 高さ 1 m の細い棒のてっぺんから 60° 上を見上げたところにビルの最上部が見えた. ビルからその棒までの距離を測ると 17 m であった. ビルの高さを答えよ.

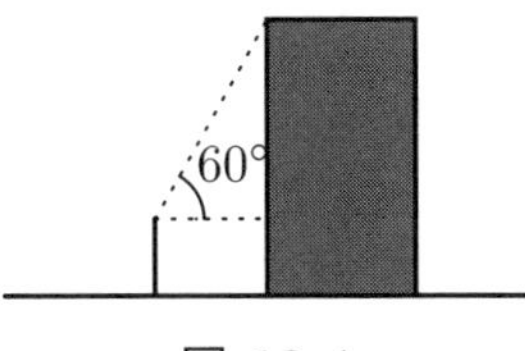

図 10.4

第 11 章

指数関数

例 1　α を正の実数とする．$y = e^{-\alpha x}$ という関数は，x という量が増えると y という量が減少する現象を表す関数として，自然界や工業界ではよく目にする関数である．ここで，e は**自然対数の底**または**ネイピアの数**と呼ばれ，近似値としては $e = 2.718281828\cdots$ である．1 例として，$y = e^{-5x}$ という関数を図 11.1 に示した．これについて次の問に答えよ．

(1) $x = 0.2$ のときの y は，$x = 0$ のときの y の何倍か．また，$x = 0.6$ のときの y は，$x = 0.4$ のときの y の何倍か．

(2) x が a だけ増すと y は何倍になるか．

(3) $z = 1 - e^{-5x}$ という関数は x が無限に大きくなるとどんな値に近づくか．

(4) $y = 0.5$ のときの x を求めよ．

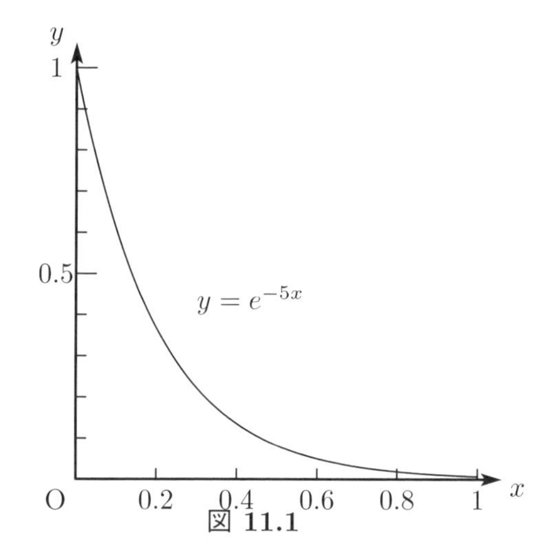

図 11.1

指数関数のまとめ

$a > 0$ のとき，　$a^0 = 1$，　$a^{-n} = \dfrac{1}{a^n}$，　$a^{\frac{q}{p}} = \sqrt[p]{a^q}$

指数法則　$a^m a^n = a^{m+n}$，　$(a^m)^n = a^{mn}$，　$(ab)^m = a^m b^m$

11.1　累乗根

n を自然数とする．実数 a に対し，n 乗すると a と等しくなる実数を a の n **乗根**という．$n = 2, 3$ のときは，それぞれ平方根，立方根という．

例 2　2 は 32 の 5 乗根であり，64 の 6 乗根である．また，-2 も 64 の 6 乗根である．

例 3　-8 の 3 乗根は -2 であるが，-16 の 4 乗根は存在しない．

以下，$a > 0$ とする．このとき，正の a の n 乗根がただ 1 つ存在する．これを $\sqrt[n]{a}$ とあらわす. また, 平方根は通常通り $\sqrt{a}$ とあらわすことを注意しておく.

例 4 $\sqrt[5]{32}=2,\quad \sqrt[6]{64}=2$

問 1 次の値を求めよ.

(1) $\sqrt[3]{8}$ (2) $\sqrt[4]{81}$ (3) $\sqrt[3]{125}$

11.2 累乗と指数法則

m, n を自然数, $a, b>0$ のとき, 次が成り立つ. これを**指数法則**という.

指数法則 $a^m a^n = a^{m+n},\quad (a^m)^n = a^{mn},\quad (ab)^m = a^m b^m \quad \left(\frac{a}{b}\right)^m = \frac{a^m}{b^m}$

次の例は, 指数法則が正しいことをあらわしている.

例 5

(1) $2^2=4$, $2^3=8$ より, $2^2\times 2^3=32$.
一方, $2^{2+3}=2^5=32$ より,
$2^2\times 2^3=2^{2+3}$.

(2) $2^2=4$, $4^3=64$ より, $(2^2)^3=64$.
一方, $2^{2\times 3}=2^6=64$ より,
$(2^2)^3=2^{2\times 3}$.

(3) $(2\times 3)^3=6^3=216$.
一方, $2^3=8$, $3^3=27$ より, $2^3\times 3^3=8\times 27=216$.
したがって, $(2\times 3)^3=2^3\times 3^3$.

11.3 指数の拡張

以下, $a>0$ とする. n が自然数でなく, 0, 負の整数, 有理数の場合にも次のように指数は拡張される.

$$a^0=1,\quad a^{-n}=\frac{1}{a^n},\quad a^{\frac{q}{p}}=\sqrt[p]{a^q}\quad \text{ただし, } n \text{ は正の整数, } p, q \text{ は整数.}$$

指数の拡張に関して, さらに指数 n がすべての実数まで定義が拡張できる. このように指数を拡張しても, 指数法則が成立することを注意しておく.

例 6

(1) $2^3=8$, $2^{-2}=\dfrac{1}{2^2}=\dfrac{1}{4}$ より, $2^3\times 2^{-2}=2$.
一方, $2^{3+(-2)}=2^1=2$ なので,
$2^3\cdot 2^{-2}=2^{3+(-2)}$ が成り立つ.

(2) $3^{\frac{3}{2}}=\sqrt{3^3}=3\sqrt{3}$ より, $(3^{\frac{3}{2}})^2=(3\sqrt{3})^2=27$.
一方, $3^{\frac{3}{2}\times 2}=3^3=27$ より,
$(3^{\frac{3}{2}})^2=3^{\frac{3}{2}\times 2}$ が成り立つ.

問 2 次の式を簡単にせよ.

(1) 5^0 (2) $2^{-3}\times 2^5$ (3) $(9^{-3})^{\frac{1}{2}}$

(4) $6^2\times 3^{-1}$ (5) $(\sqrt[3]{4})^{\frac{3}{2}}$ (6) $2^3\times 3\times\left(\dfrac{1}{18}\right)^{-\frac{1}{2}}$

例 7　$a>0$ とする. $\sqrt{a}\times\sqrt[3]{a^4}$ を a^r の形であらわせ.

(解)

$$\begin{aligned}\sqrt{a}\times\sqrt[3]{a^4} &= a^{\frac{1}{2}}\times a^{\frac{4}{3}}\\ &= a^{\frac{1}{2}+\frac{4}{3}}\\ &= a^{\frac{11}{6}}\end{aligned}$$

問 3*　$a>0$ とする. 次の式を a^r の形であらわせ.

(1)　$\sqrt[3]{a^2}\div\sqrt{a}$　　(2)　$\sqrt[4]{a}\times a^{-1}\div a^{\frac{1}{3}}$

(3)　$a^{\frac{3}{2}}\times\dfrac{1}{\sqrt{a}}\times a^{\frac{1}{4}}$　　(4)　$\dfrac{1}{a^3}\div a^{-2}\times a^{-\frac{3}{2}}$

(5)　$(\sqrt[3]{a^2})^2\times\left(\dfrac{1}{\sqrt[4]{a}}\right)^3$　　(6)　$\left(a^{\frac{2}{3}}\times a^{-\frac{1}{2}}\right)^6$

問 4　次の指数方程式を解け.

(1)*　$2^{2x-3}=4$　　(2)　$4^x-3\cdot 2^{x+1}+8=0$

問 5*　次の不等式を解け.

(1)　$3^{x-2}\leqq 9$　　(2)　$\left(\dfrac{1}{2}\right)^x>2$

11.4　指数関数のグラフ

$a>0$ とする. $y=a^x$ とあらわされる関数を**指数関数**という. 指数はすべての実数に対して定義されるので, そのグラフを描くことができる.

例 8　$y=2^x$ のグラフ

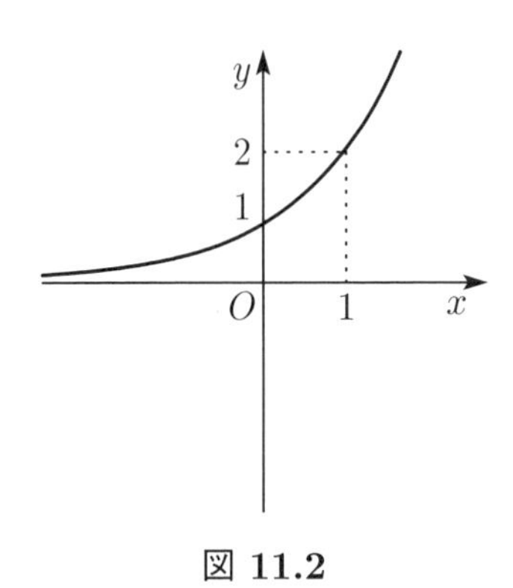

図 11.2

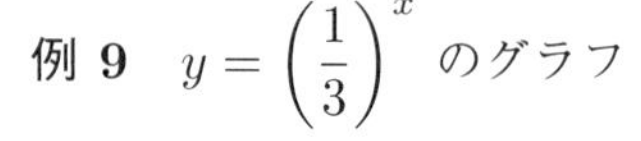

例 9　$y=\left(\dfrac{1}{3}\right)^x$ のグラフ

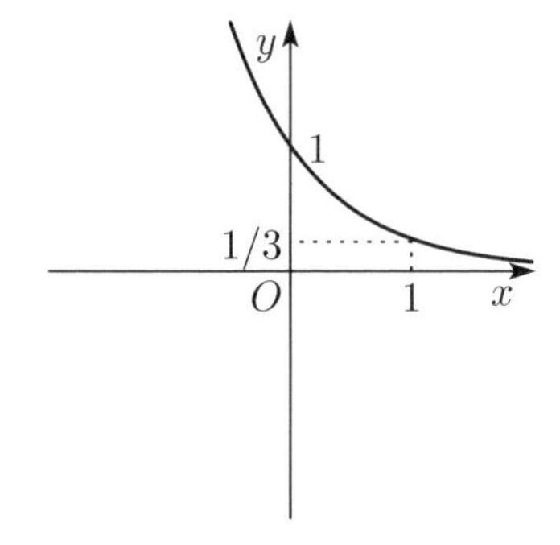

図 11.3

指数関数 $y=a^x$ のグラフの特徴

$a > 1$ のとき

(1) 定義域は実数全体, 値域は $y > 0$.

(2) グラフは単調増加 (右上がり)

(3) 点 $(0, 1)$, $(1, a)$ を通る.

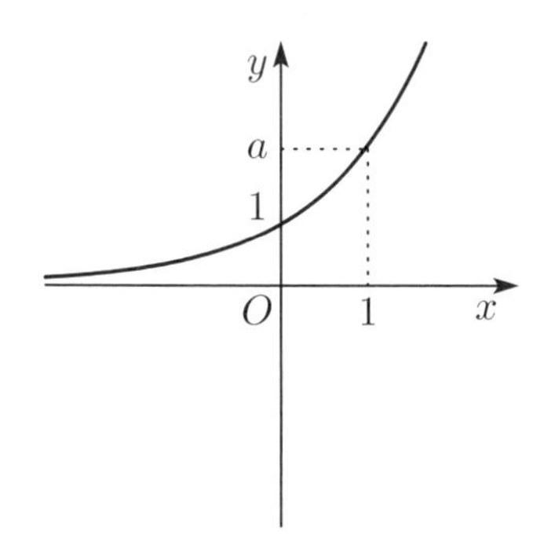

図 11.4

$0 < a < 1$ のとき

(1) 定義域は実数全体, 値域は $y > 0$.

(2) グラフは単調減少 (右下がり)

(3) 点 $(0, 1)$, $(1, a)$ を通る.

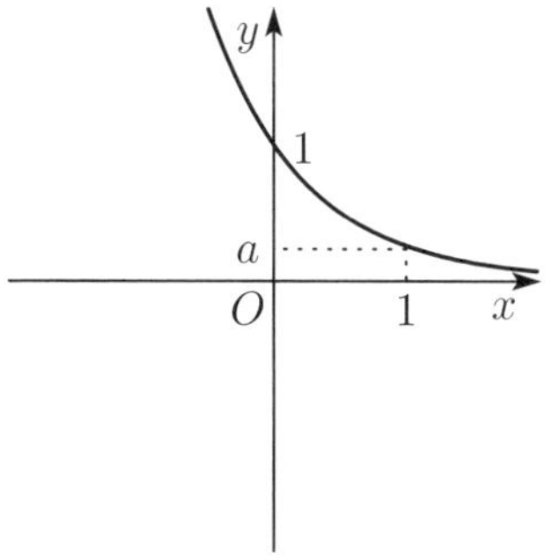

図 11.5

問 6　次の関数のグラフの概形を描け.

(1)* $y = 3^x$　　(2)* $y = \left(\dfrac{1}{2}\right)^x$　　(3) $y = 2^{1-x}$

問 7　次のそれぞれ 2 つの関数のグラフについて, 前の関数のグラフをどのように平行移動したら後の関数のグラフになるか答えよ.

(1) $y = 2^x$, 　$y = 2^{x-2} + 3$

(2) $y = \left(\dfrac{1}{3}\right)^x$, 　$y = \left(\dfrac{1}{3}\right)^{x+2} - 1$

第 12 章

対数関数

対数のまとめ

$$x = \log_a M \iff a^x = M \quad (a > 0, a \neq 1)$$

$\log_a 1 = 0, \quad \log_a a^n = n,$

$\log_a MN = \log_a M + \log_a N, \quad \log_a \dfrac{M}{N} = \log_a M - \log_a N,$

$\log_a M^n = n \log_a M, \quad \log_a M = \dfrac{\log_b M}{\log_b a}$

12.1 対数の定義

$a > 0,\ a \neq 1$ とする. 正の実数 M に対して, 指数関数のグラフから, $M = a^x$ をみたす実数 x がただ 1 つ存在する. この x を a を**底とする** M の**対数**といい,

$$\log_a M$$

とあらわす. また, M を対数 x の**真数**という. 対数の定義を整理すると次のようになる.

$$x = \log_a M \iff a^x = M \quad (a > 0, a \neq 1)$$

例 1 式 $5^2 = 25$ を対数を用いてあらわすと,

$$\log_5 25 = 2$$

となる. 式 $\log_{10} 1000 = 3$ を指数を用いてあらわすと,

$$10^3 = 1000$$

となる.

問 1 次の指数であらわされた式は対数であらわされた式で, 対数であらわされた式は指数であらわされた式であらわせ.

(1) $2^3 = 8$ (2) $3^{-2} = \dfrac{1}{9}$ (3) $8^{\frac{1}{3}} = 2$

(4) $\log_3 9 = 2$ (5) $\log_2 \dfrac{1}{8} = -3$ (6) $\log_9 3 = \dfrac{1}{2}$

問 2　次の値を求めよ．

(1)　$\log_2 16$　　(2)　$\log_2 64$　　(3)　$\log_3 27$

例 2　$2^{-1} = \dfrac{1}{2}$ より, $\log_2 \dfrac{1}{2} = -1$.

$3^{\frac{1}{2}} = \sqrt{3}$ より, $\log_3 \sqrt{3} = \dfrac{1}{2}$.

問 3　次の値を求めよ．

(1)　$\log_2 1$　　(2)　$\log_4 2$　　(3)　$\log_3 \dfrac{1}{9}$

(4)　$\log_{\frac{1}{2}} 2$　　(5)　$\log_3 \dfrac{1}{\sqrt{3}}$　　(6)　$\log_{\frac{1}{8}} 2$

12.2　対数の性質

ここでは, いくつかの対数の性質をまとめる．常に, $a > 0$, $a \neq 1$, $M, N > 0$ とする．まず, 次は対数の定義より明らかであろう．

$$\log_a 1 = 0, \qquad \log_a a^n = n$$

また, $x = \log_a M$ とおくと, $M = a^x$ なので, x を消去すると,

$$M = a^{\log_a M}$$

が成り立つ．

対数の乗法, 除法に関しては次が成り立つ．

$$\log_a MN = \log_a M + \log_a N,$$

$$\log_a \frac{M}{N} = \log_a M - \log_a N,$$

$$\log_a M^n = n \log_a M$$

例 3　$\log_2 12 - \log_2 3$ を簡単にせよ．

$$\begin{aligned}\log_2 12 - \log_2 3 &= \log_2(12 \div 3)\\ &= \log_2 4\\ &= 2\end{aligned}$$

問 4*　次の式を簡単にせよ．

(1)　$\log_3 \sqrt{12} + \log_3 \sqrt{27}$　　(2)　$\log_2 20 - \log_2 15 + \log_2 6$

次の公式は**底の変換**と呼ばれる．

$$\log_a M = \frac{\log_b M}{\log_b a}$$

ここで, $b > 0$, $b \neq 1$ である．

例 4

$$\log_4 3 = \frac{\log_2 3}{\log_2 4} = \frac{\log_2 3}{2}$$

問 5* 次の式を簡単にせよ.

(1) $\log_2 3 \times \log_3 4$ (2) $\log_5 10 \times \log_2 5$

問 6 次の対数方程式を解け.

(1)* $\log_2(x-1) + \log_2(5-x) = 2$ (2) $\log_2 x + \log_x 2 = \dfrac{5}{2}$

12.3 対数関数のグラフ

$a > 0,\ a \neq 1$ とする. $y = \log_a x$ とあらわされる関数を**対数関数**という.

例 5 $y = \log_2 x$ のグラフ

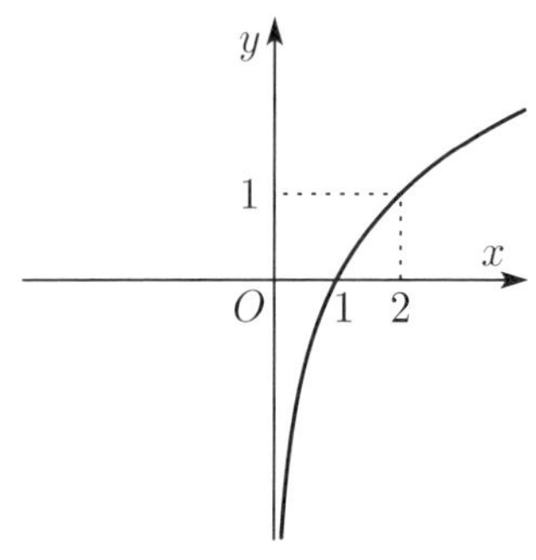

図 12.1

例 6 $y = \log_{\frac{1}{3}} x$ のグラフ

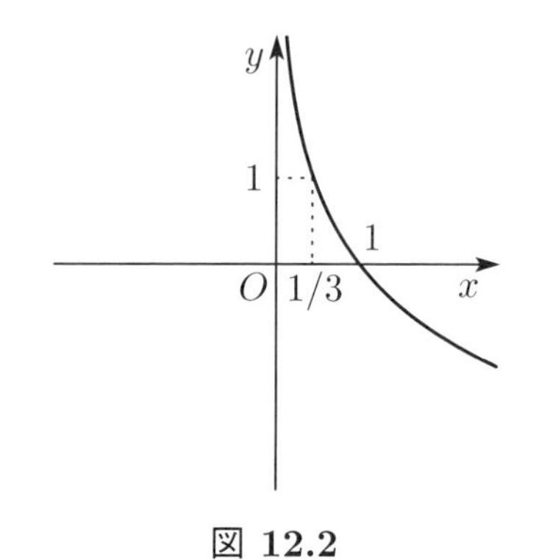

図 12.2

対数関数 $y = a^x$ のグラフの特徴

$a > 1$ のとき

(1) 定義域は $x > 0$, 値域は実数全体.

(2) グラフは単調増加 (右上がり)

(3) 点 $(1, 0)$, $(a, 1)$ を通る.

$0 < a < 1$ のとき

(1) 定義域は $x > 0$, 値域は実数全体.

(2) グラフは単調減少 (右下がり)

(3) 点 $(1, 0)$, $(a, 1)$ を通る.

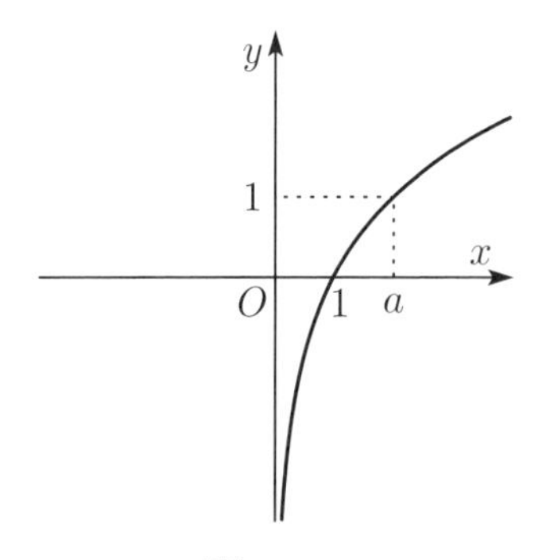

図 12.3

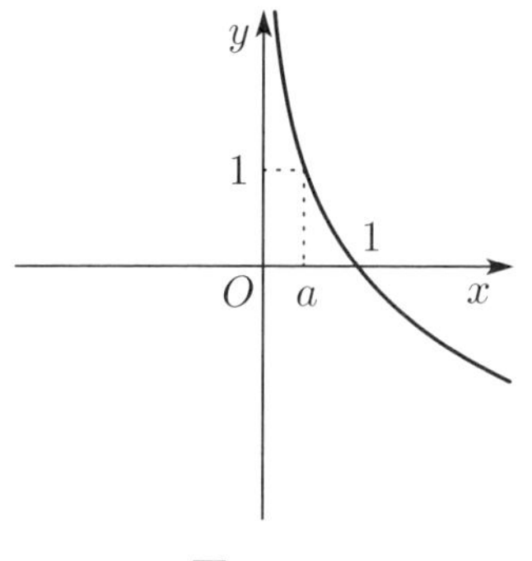

図 12.4

問 7 次の関数の概形を描け.

(1)* $y = \log_3 x$ (2)* $y = \log_{\frac{1}{2}} x$

(3) $y = \log_2(2-x)$

12.4　常用対数

底が 10 の対数を**常用対数**という．常用対数から真数の桁数がわかる．また，常用対数の値は，常用対数表や関数電卓の log を用いて求めることができる．

例 7　次の値を求めよ．ただし，$\log_{10} 2 = 0.3010$, $\log_{10} 3 = 0.4771$ を用いよ．

(1) $\log_{10} 12$　　(2) $\log_{10} 5$　　(3) $\log_{10} 15$

(解)(1) $\log_{10} 12 = \log_{10}(2^2 \times 3) = 2\log_{10} 2 + \log_{10} 3 = 2 \times 0.3010 + 0.4771 = 1.0791.$

(2) $\log_{10} 5 = \log_{10} \dfrac{10}{2} = \log_{10} 10 - \log_{10} 2 = 1 - 0.3010 = 0.6990.$

(3) (2) を用いる．

$$\log_{10} 15 = \log_{10}(3 \times 5) = \log_{10} 3 + \log_{10} 5 = 0.4771 + 0.6990 = 1.1761.$$

問 8　次の値を求めよ．ただし，$\log_{10} 2 = 0.3010$, $\log_{10} 3 = 0.4771$ を用いよ．

(1)　$\log_{10} 24$　　(2)　$\log_{10} 25$　　(3)　$\log_{10} \dfrac{1}{6}$

例 8　2^{50} は何桁の数か．ただし，$\log_{10} 2 = 0.3010$ を用いてよい．

(解) まず，2^{50} の常用対数を求める．

$$\log_{10} 2^{50} = 50 \times \log_{10} 2 = 50 \times 0.3010 = 15.05.$$

今，ある数 M が t 桁というのは，不等式

$$10^{t-1} \leqq M < 10^t$$

をみたすのと同じで，辺々，常用対数をとると，この不等式は

$$t - 1 \leqq \log_{10} M < t$$

を意味する．

今の問題の場合，

$$15 \leqq \log_{10} 2^{50}(= 15.05) < 16$$

なので，2^{50} は 16 桁の数である．

問 9　3^{100} は何桁の数か．ただし，$\log_{10} 3 = 0.4771$ を用いてよい．

log の表し方に関する注意

常用対数 $\log_{10} M$ は，$\log M$ とあらわされることが多い．また，このとき自然対数 $\log_e M$ は $\ln M$ とあらわされる．したがって，この教科書でも $\log M$, $\ln M$ はそれぞれ常用対数，自然対数を意味することとする．

一方で，特に数学の教科書においては，自然対数 $\log_e M$ を $\log M$ と記述している場合がある．このような場合は注意が必要である．

問 10　$y = e^x$ と $y = \ln x$ について表 12.1 の空欄を埋め，それをグラフ用紙にプロットしなさい．

表 12.1

x	-2	-1	0	0.5	1.0	1.5
$y = e^x$						

x	0.5	1.0	1.5	2.0
$y = \ln x$				

第 13 章

指数関数, 対数関数のグラフ

対数グラフ

現在地球上に生息する最大の哺乳類は白ナガス鯨で, 体長 20 ～ 30 m, 体重は 100 トンを超える. 最も小さな哺乳類は, 体長 3 ～ 5 cm, 体重 10 g 程度のコウモリといわれている. 最大と最小の中間には, 象, 人間, 猫など多くの哺乳類動物がいる. ある地域に生息している哺乳類動物の種類を調査すれば, その地域の生態環境が推測できる. この調査の研究資料の作成方法を考えてみよう.

例 1 表 13.1 に動物の体長と体重を示した.この表をグラフ上であらわせ.

表 13.1 各動物の体長と体重

	コウモリ	猫	人間	インド象	恐竜
体長	4 cm	30 cm	?	5 m	15 m
体重	10 g	2 kg	?	2 トン	20 トン?

(解) 図 13.1 (ただし図 13.1 で各動物は正確な位置に置かれていない).

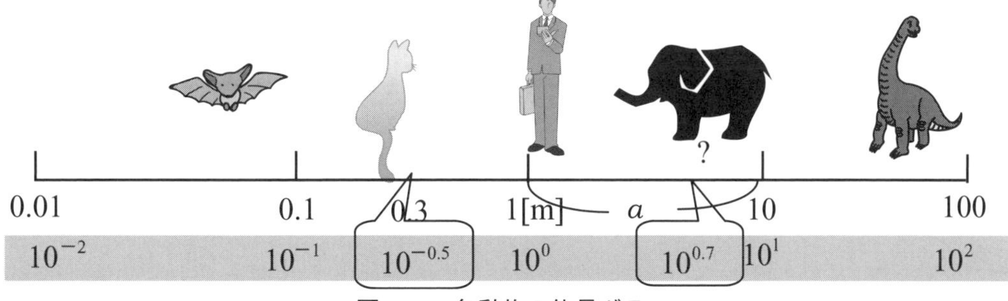

図 13.1 各動物の体長グラフ

例 2 体長 5 m のインド象は正確にはこのグラフ (1 ～ 10 m) のどの点に位置するのだろうか. 同時に体長 0.3 m の猫の位置 (0.1 ～ 10 m) を決定せよ.

(解) 図 13.1 の表示法を対数グラフといい, スケールが 4 桁も異なる数値 (例 1 の体長で約 1 万倍異なる) をグラフに表示するために必要な表示方法である.

このグラフは 10 倍 (1 桁) の違い, すなわち $\log_{10} 10^{n+1} - \log_{10} 10^n = 1$ を a[cm] の間隔で目盛ってある. それゆえ, 対数の値の差は普通のものさしの目盛り間隔に比例する. この例題では 1 m を単位として動物の体長を測った数値, 例えば体長 10 m ならその対数 $\log_{10} 10 = 1$ を単位目盛り長さ (図 13.1 では 3.2 cm, 図 13.2 では 1.5 cm) としてグラフ上の軸を区切ってある. よって 5 m のインド象の位置は 1 m と 10 m の中間でなく, 対数 $\log_{10} 5 = 0.699 \fallingdotseq 0.7$

であるから $0.7a$ に位置する. 同様に 0.3 m の猫は $\log_{10} 0.3 = -0.523$ で 1 m より約 $0.5a$ 左側の位置, つまり 0.1 m と 1 m のほぼ中間に位置する.

両対数グラフ

1. 両対数グラフは数値 (x, y) を両対数 $(\log x, \log y)$ でプロットしたものである.
2. 両対数グラフは関数が $y = \beta \cdot x^\alpha$ の場合にグラフを直線表示する方法である.
3. 両対数グラフ上の直線の傾きから, 測定データを $y = \beta \cdot x^\alpha$ としたときの係数 α を求める方法として実験でよく用いられる.
4. 市販の対数グラフ用紙は, 使用者が対数値 $(\log x, \log y)$ を計算しなくとも直接プロットできるように罫線が引かれている. 『目盛りの位置に注意!』

問 1　例 1 の表を図 13.2 の両対数グラフにプロットし, さらに各自の体重と身長を記入せよ.

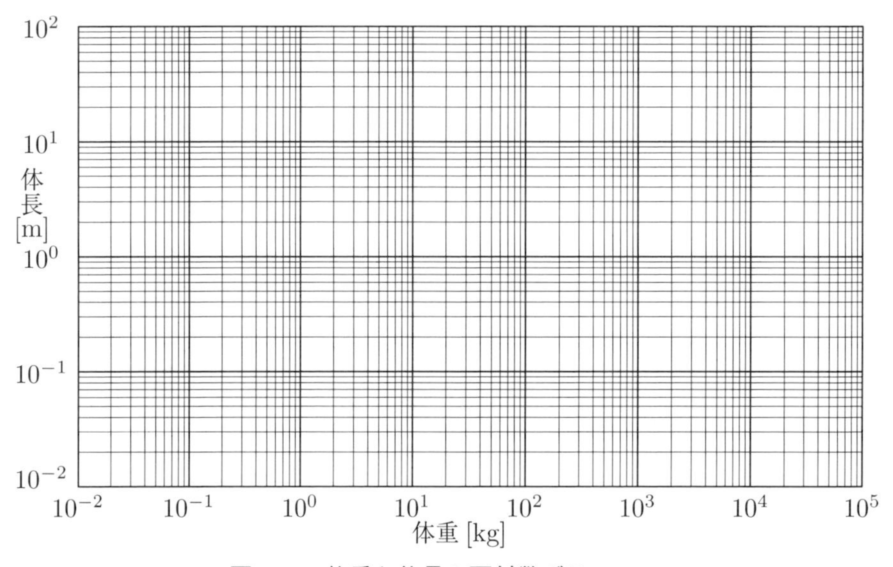

図 13.2 体重と体長の両対数グラフ

問 2　動物の体重 M と身長 L の間にはどんな関係があるか. 図 13.2 のグラフの傾きを測り, その関数形 $L = b \cdot M^\alpha$ を決めよ.
(ヒント: 両辺の対数 $\log L = \log M^\alpha + B$ をとると, この式は $y = \alpha \cdot x + B$ の直線グラフとなる. よって両対数グラフでプロットした直線の傾き α のみを実測すればよい.)

片対数グラフ

1. 片対数グラフは数値 (x, y) の y を対数 $(x, \log y)$ でプロットしたものである.
2. 片対数グラフは関数が $y = a^{\beta \cdot x}$ の場合にグラフを直線表示する方法である (a は 2, 10, e など, 1 ではない正の数なら何でもよい).
3. 片対数グラフ上の直線の傾きから, 測定データを $y = a^{\beta \cdot x}$ としたときの係数 β を求める方法として実験でよく用いられる. 片対数グラフ上の直線から 2 点 (x_1, y_1), (x_2, y_2) をとると, β は $\beta = \dfrac{\log y_2 - \log y_1}{\log a \cdot (x_2 - x_1)}$ より求まる.

問 3* $y = 2^x$ について表 13.2 の空欄を埋め, 図 13.3 の片対数グラフに描け.

表 13.2

x	-3	-2	-1	0	1	2	3
$y = 2^x$				1			

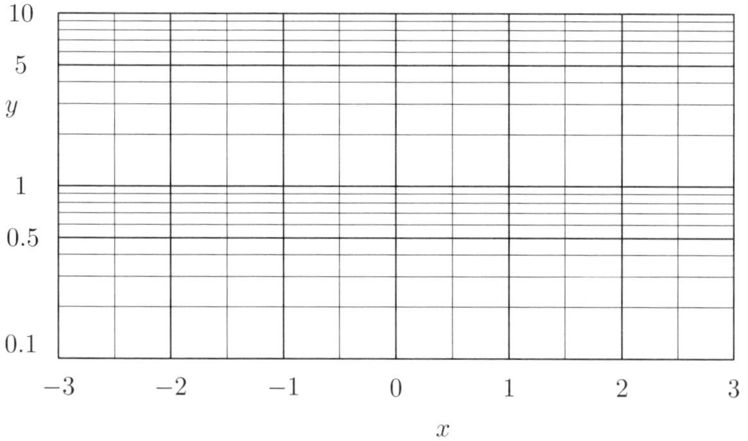

図 13.3 $y = 2^x$ の片対数グラフ

第 14 章

総合演習 II

(第 8 章)

練習問題 1　放物線 $y = 2x^2 - 3x + 1$ を x 軸方向に a, y 軸方向に b 平行移動したら放物線 $y = 2x^2 + 7x - 3$ になった．このとき a, b を求めよ．

練習問題 2　放物線 $y = 2x^2 - 1$ を x 軸に関して対称移動し，さらに x 軸方向に 2, y 軸方向に -1 平行移動した放物線の方程式を求めよ．

練習問題 3　図 14.1 のように円筒管の中を水が定常的に流れているとき，速さ v と管の断面積 S の間には

$$vS = \text{一定}$$

という関係がある．次の問に答えよ．

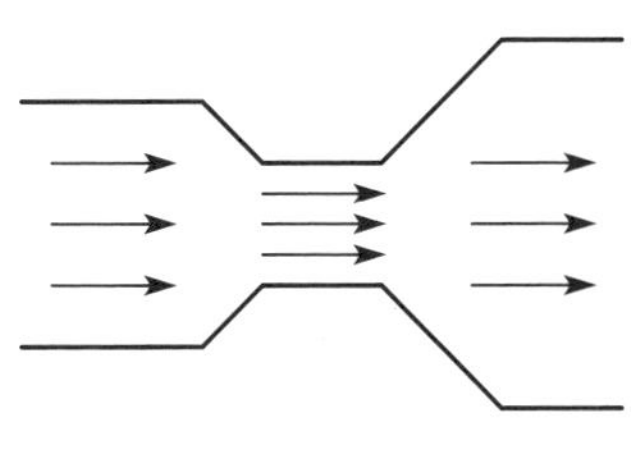

図 14.1

(1) 面積が大きいところでは速さは [ ]，面積が小さいところでは速さは [ ]．[ ] の中に「大きく」，「小さく」，「大きい」，「小さい」のいずれかを入れよ．

(2) 直径 0.20 m のところで速さが 3.0 m/s だったとすると，v と S の関係をグラフにかけ．ただし，$\pi = 3.14$ とする．

練習問題 4

(1) 速さ v_0[m/s] で真上に投げ上げられた物体が高さ y[m] のところで持つ速さを v[m/s] とすると

$$\frac{1}{2}v_0^2 = \frac{1}{2}v^2 + gy$$

が成り立つ．v を y の無理関数としてあらわせ．

(2) $v_0 = 20\text{m/s}$, $g = 9.8\text{m/s}^2$ として，y の関数 v のグラフを描け．y がどんな範囲にある時グラフが描けるか．

(3) 高さ h のところから物体を初速度 0 で落とす．高さが x になるまでに落ちる時間を t とすると

$$x = -\frac{1}{2}gt^2 + h$$

が成り立つ．t を x の無理関数としてあらわせ．また，$h = 10\text{m}$, $g = 9.8\text{m/s}^2$ として，物体が地面に落ちる $(x = 0)$ までの時間を求めよ．

(4) 上の問題で，t を x の関数としてグラフに描け．

練習問題 5　速さ $10\,\mathrm{m/s}$ で真上に投げ上げられた物体が高さ y でもつ速さ v_1 と, 速さ $20\,\mathrm{m/s}$ で投げ上げられた物体が高さ y でもつ速さ v_2 をそれぞれ y の無理関数としてあらわし, v_2 は v_1 をどのように平行移動したら求められるか答えよ.

(第 9 章)

練習問題 6　次の不等式をみたす x を求めよ. ただし, $0 \leqq x < 2\pi$ とする.

(1)* $\sin x \geqq \dfrac{1}{2}$　　(2)* $\cos x < \dfrac{\sqrt{2}}{2}$

(3)* $\tan x \leqq -\dfrac{1}{\sqrt{3}}$　　(4) $\sin\left(x - \dfrac{\pi}{2}\right) < -\dfrac{\sqrt{3}}{2}$

(5) $\sin x > \cos x$　　(6) $2\sin^2 x + \sin x - 1 < 0$

(第 10 章)

練習問題 7　図のようなクランク軸半径 r, リンク長 ℓ のスライダ機構に関して次の問いに答えよ. ここで, スライダ機構とはクランク軸の回転運動をピストンの直線運動に変換 (あるいはその逆) する機構で, 自動車などのエンジンや蒸気機関などでみることができる.

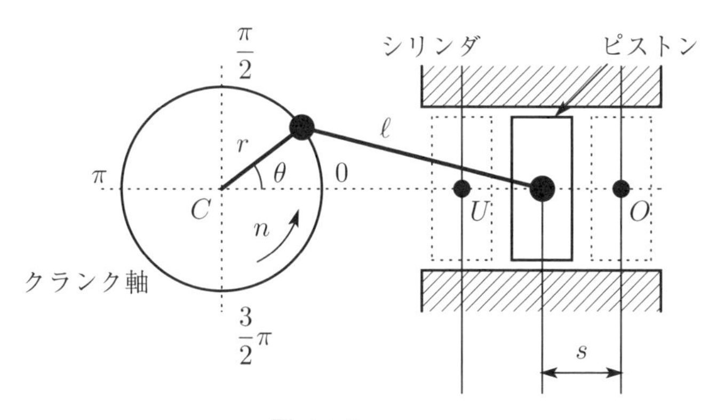

図 14.2

(1) ピストンが図の右側に移動できる最大の点を上死点という. 上死点を O とするとき, CO の長さを求めよ.

(2) ピストンが図の左側に移動できる最大の点を下死点という. 下死点を U とするとき, このスライダ機構のフルストローク距離 UO の長さを求めよ.

(3) クランク軸の回転角度が $\theta = \dfrac{\pi}{4}$ のときのピストンの上死点 O からの移動距離 s を求めよ.

(4) クランク軸の回転角度が $\theta = \dfrac{3}{4}\pi$ のときのピストンの上死点 O からの移動距離 s を求めよ.

(5) $r = 100\,\mathrm{mm}$ および $\ell = 150\,\mathrm{mm}$ のスライダ機構の場合, クランク軸の回転角度が $\theta = \dfrac{4}{3}\pi$ のときのピストンの上死点 O からの移動距離 s を求めよ.

練習問題 8　目の前に川が流れていて, 向こう岸の木 A までの距離を知りたい. ∠ AOP= ∠ R をみたし, OP= 5.00 m をみたす点 P から木をながめると, 木は O から 70° 左に見えた. O から木までの距離を求めよ. 但し, $\tan 70^\circ = 2.75$ とする.

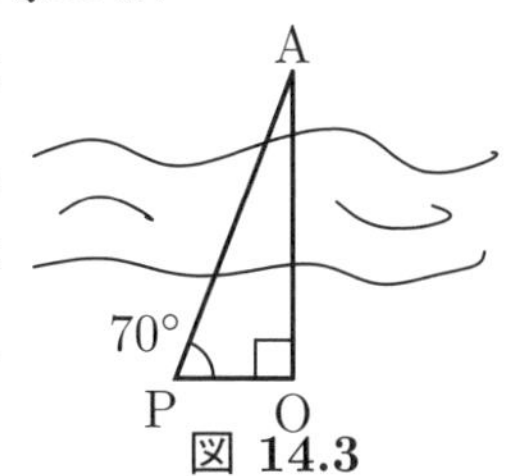

図 14.3

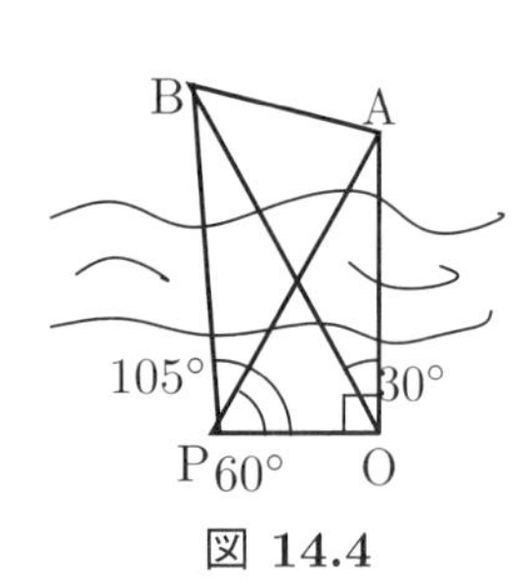

図 14.4

練習問題 9 向こう岸の 2 つの木の間の距離を知りたい. そこで, まず現地点 O から 1 本の木 A を正面に見るともう 1 本の木 B は A から 30° 左に見えた. 次に, ∠AOP= ∠R をみたし, OP= 7.00 m をみたす点 P から木をながめると, 木 A は O から 60° 左に, 木 B は O から 105° 左に見えた. 木 A から木 B までの距離を求めよ. 但し, $\sin 15° = \dfrac{\sqrt{6}-\sqrt{2}}{4}$, $\sin 105° = \dfrac{\sqrt{6}+\sqrt{2}}{4}$ を用いてよい. (ヒント. 正弦定理, 余弦定理を用いる.)

(第 11 章)

練習問題 10　次の問いに答えよ.

(1)　$y = 2^x - 1$ を x 軸に関して対称移動したグラフの方程式を求めよ.

(2)　$y = 3^{2x}$ を y 軸に関して対称移動したグラフの方程式を求めよ.

練習問題 11　オートサイクルの理論熱効率 η は次の式であらわされる.

$$\eta = 1 - \left(\frac{1}{\varepsilon}\right)^{\kappa-1}$$

ここで, ε は圧縮比, κ は比熱比である. いま, $\varepsilon = 8$, $\kappa = 1.4$ での η を求めよ.

練習問題 12　ディーゼルサイクルの理論熱効率 η は次の式であらわされる.

$$\eta = 1 - \frac{1}{\varepsilon^{\kappa-1}}\frac{\xi^{\kappa}}{\kappa(\xi-1)}$$

ここで, ε は圧縮比, κ は比熱比, ξ は締切り比である. いま, $\varepsilon = 15$, $\kappa = 1.4$ $\xi = 2.5$ での η を求めよ.

(第 12 章)

練習問題 13　次の不等式を解け.

(1)　$\log_4(5-x) \geqq 2$　　　(2)　$\log_{\frac{1}{2}}(2x) > 1$

練習問題 14　次のそれぞれ 2 つの関数のグラフについて, 前の関数のグラフをどのように平行移動したら後の関数のグラフになるか答えよ.

(1)　$y = \log_{10} x$,　　$y = \log_{10}(x-2) + 3$

(2)　$y = \log_2 x$,　　$y = \log_2(8x + 16)$

練習問題 15　次の問いに答えよ.

(1)　$y = \log_3 x$ を x 軸に関して対称移動したグラフの方程式を求めよ.

(2)　$y = \log_2 x$ を y 軸に関して対称移動したグラフの方程式を求めよ.

(第 13 章)

練習問題 16　我々の太陽系には 9 個の惑星が存在し, 次の表のようにそれぞれ異なる距離と周期で太陽の周りを巡っている.

表 14.1

	水星	金星	地球	火星	木星	土星	天王星	海王星	冥王星
周期 T[year]	0.241	0.615	1.00	1.88	11.9	29.5	84.0	165	249
距離 R[au]	0.387	0.723	1.00	1.52	5.20	9.55	19.2	30.1	39.5

(1)　各惑星の周期と太陽からの距離を両対数グラフにプロットせよ. ただし地球の公転周期を 1 year, 地球と太陽の距離を $1\,\mathrm{au} = 1.5 \times 10^8\,\mathrm{km}$ とする.

(2)　両対数グラフより距離 R と公転周期 T の関係 $R \propto T^{\alpha}$ の α を求めよ.

練習問題 17　$y = \exp 2x = e^{2x}$ について 問 3 のように表を作り, 片対数グラフにプロットせよ. データが直線に乗ることを確かめ, 直線の傾き γ を求めよ. また係数 β が 2 になることを確かめよ.

練習問題 18　温めた水をカップに入れて室内に放置し, カップ内の水温と周囲の室温との温度差 T [℃] を 30 分 (0.5 h) 毎に記録すると, 表 14.2 のデータが得られた. ただし, t は測り始めた時刻からの経過時間である. また, 室温は一定であるとする.

(1) 表のデータを時間 t を横軸にとって巻末の片対数グラフ用紙にプロットし, ほぼ一直線上にならぶことを確かめよ.

(2) (1) でプロットしたデータ点をもっとも良く通る直線を実際に引き, その直線上の 2 点を読み取って, t と T の関係をあらわす実験式 $T = a \cdot \exp(bt)$ の係数 a, b を求めよ.

(3) (2) で求めた実験式を用いて, 温度差 が 1℃ になるまでにかかる時間を予測せよ.

表 14.2

時間 t [h]	0.0	0.5	1.0	1.5	2.0	2.5	3.0
温度差 T [℃]	22.0	14.6	10.2	7.2	5.2	3.7	2.7

第 III 部

機械基礎数理 II

第1章

ベクトル

1 機の宇宙船が任務を終えて地球に帰還しようとしている．ここで最後の難関が大気圏再突入である．大気圏に対してある一定の角度で一定の速さで突入しなければ，跳ね返されるか燃えつきてしまう (図 1.1)．無事に帰還するためにはどうすればよいのだろうか? そのためには方向と大きさを同時に考えなければならない．そのための道具がベクトルである．

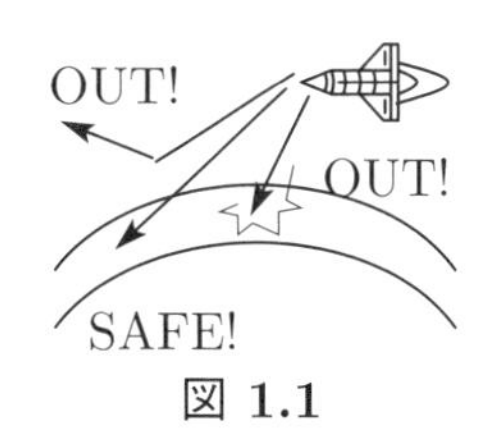

図 **1.1**

つまり上の大気圏再突入の問題では，速度ベクトルをどれだけ変えればよいのか知ればよいことになる．では具体的にはどうするか? 図 1.2 のように考えればよいのだが，この図の意味は次の説明で明らかになる．

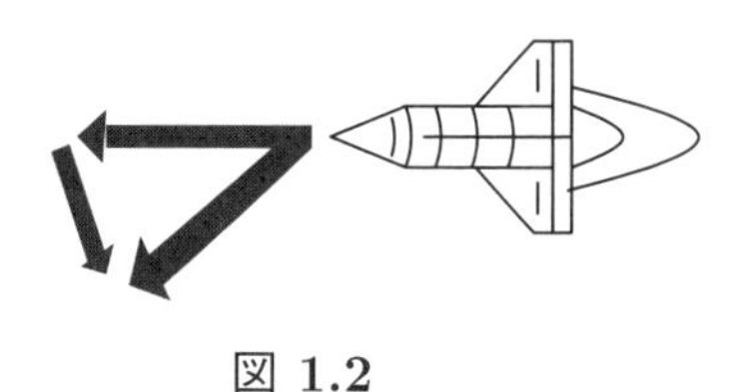
図 **1.2**

1.1 ベクトル

ベクトルとは，大きさと向きをもつものである．ここでは，平面のベクトルと空間のベクトルを取り扱う．ここではベクトルを太文字で $\mathbf{A}, \mathbf{B}, \mathbf{C}$ などとあらわす．ベクトル $\mathbf{A}$ の大きさを $|\mathbf{A}|$ とあらわす．

ベクトルは有向線分 (矢印) であらわされることが多い．2 つのベクトル $\mathbf{A}$ と $\mathbf{B}$ の大きさと向きがともに等しいとき，$\mathbf{A}$ と $\mathbf{B}$ は等しいといい，$\mathbf{A} = \mathbf{B}$ とあらわす．特に，ベクトル $\mathbf{A}$ を平行移動したベクトルはつねに $\mathbf{A}$ と等しい．ベクトル $\mathbf{A}$ と大きさが等しく，向きが逆のベクトルを**逆ベクトル**といい，$-\mathbf{A}$ とあらわす．また，k が正のとき $\mathbf{A}$ と同じ向きで大きさが k 倍のベクトルを，k が負のとき $\mathbf{A}$ と逆向きで大きさが $-k$ 倍のベクトルを，$k\mathbf{A}$ とあらわす．このとき，k を**スカラー**という．大きさが 0 のベクトルを**零ベクトル**といい，$\mathbf{0}$ とあらわす．零ベクトルの向きは考えない．その際のベクトルの演算は次のようになる．

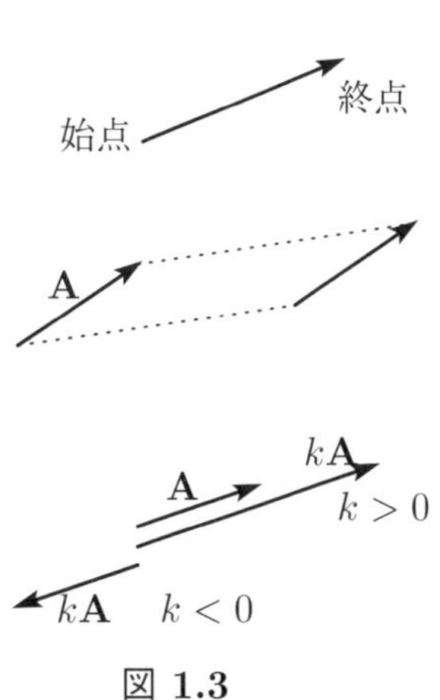

図 **1.3**

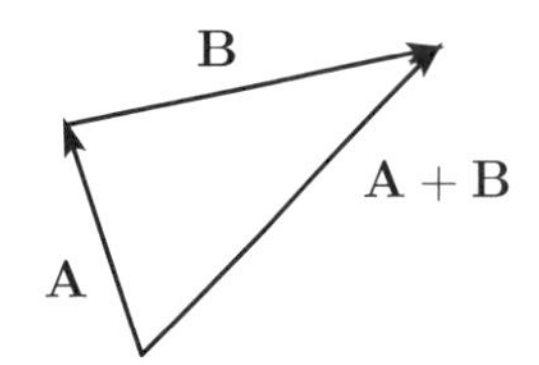

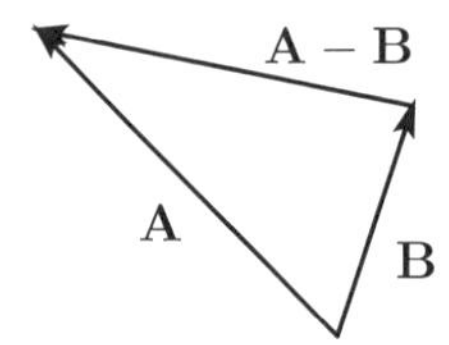

図 1.4

例 1　図 1.2 のベクトル $\mathbf{C}$ を $\mathbf{A}$ と $\mathbf{B}$ で表せ.

(解)　図から $\mathbf{A}+\mathbf{C}=\mathbf{B}$ となっているので, 次のようになる.

$$\mathbf{C}=\mathbf{B}+(-\mathbf{A})=\mathbf{B}-\mathbf{A}$$

図 1.2 で, 宇宙船の再突入前の速度ベクトルを $\mathbf{A}$, 再突入のための正しい速度ベクトルを $\mathbf{B}$ とすれば, $\mathbf{C}=\mathbf{B}-\mathbf{A}$ となるような速度ベクトルの変化をガスやロケットの噴射で与えれば無事に帰れるわけである (実際の宇宙飛行はもちろんもう少し複雑だが基本的にはこの考え方の組み合わせである).

1.2　ベクトルの成分表示

座標平面において, 始点が原点で, 終点が (a_1, a_2) のベクトル $\mathbf{A}$ を

$$\mathbf{A}=(a_1, a_2)$$

とあらわす. 同様に, 空間座標において, 始点が原点で, 終点が (a_1, a_2, a_3) のベクトル $\mathbf{A}$ を

$$\mathbf{A}=(a_1, a_2, a_3)$$

とあらわす. これらをベクトルの**成分表示**といい, a_1, a_2, a_3 をそれぞれベクトル $\mathbf{A}$ の x **成分**, y **成分**, z **成分**という.

ベクトルの成分表示とベクトルの大きさ, 和, 差, スカラー倍との関係は以下のとおりである.

(平面ベクトル)　$\mathbf{A}=(a_1, a_2)$, $\mathbf{B}=(b_1, b_2)$ のとき,

$$|\mathbf{A}|=\sqrt{a_1^2+a_2^2},$$
$$\mathbf{A}+\mathbf{B}=(a_1+b_1, a_2+b_2),$$
$$\mathbf{A}-\mathbf{B}=(a_1-b_1, a_2-b_2),$$
$$k\,\mathbf{A}=(k\,a_1, k\,a_2).$$

(空間ベクトル)　$\mathbf{A}=(a_1, a_2, a_3)$, $\mathbf{B}=(b_1, b_2, b_3)$ のとき,

$$|\mathbf{A}|=\sqrt{a_1^2+a_2^2+a_3^2},$$
$$\mathbf{A}+\mathbf{B}=(a_1+b_1, a_2+b_2, a_3+b_3),$$
$$\mathbf{A}-\mathbf{B}=(a_1-b_1, a_2-b_2, a_3-b_3),$$
$$k\,\mathbf{A}=(k\,a_1, k\,a_2, k\,a_3).$$

ベクトル $\boldsymbol{i}=(1,0,0)$, $\boldsymbol{j}=(0,1,0)$, $\boldsymbol{k}=(0,0,1)$ を (空間ベクトルの) **基本ベクトル**という. これらを用いると, ベクトル $\mathbf{A}=(a_1, a_2, a_3)$ は

$$\mathbf{A}=a_1\boldsymbol{i}+a_2\boldsymbol{j}+a_3\boldsymbol{k}$$

とあらわされる．平面ベクトルについても基本ベクトル $\boldsymbol{i}, \boldsymbol{j}$ を用いてあらわすことができる．また，上の性質は，このあらわし方では次のようになる (平面ベクトルについても同様なことが成り立つ)．

$\mathbf{A} = a_1\boldsymbol{i} + a_2\boldsymbol{j} + a_3\boldsymbol{k}$, $\mathbf{B} = b_1\boldsymbol{i} + b_2\boldsymbol{j} + b_3\boldsymbol{k}$ のとき，

$$|\mathbf{A}| = \sqrt{a_1^2 + a_2^2 + a_3^2},$$
$$\mathbf{A} \pm \mathbf{B} = (a_1 \pm b_1)\boldsymbol{i} + (a_2 \pm b_2)\boldsymbol{j} + (a_3 \pm b_3)\boldsymbol{k} \text{ (複号同順)},$$
$$k\,\mathbf{A} = (ka_1)\boldsymbol{i} + (ka_2)\boldsymbol{j} + (ka_3)\boldsymbol{k}.$$

例 2　$\mathbf{A} = \boldsymbol{i} - 2\boldsymbol{j} + 2\boldsymbol{k}$, $\mathbf{B} = 2\boldsymbol{i} - 3\boldsymbol{k}$ のとき，

$$|\mathbf{A}| = \sqrt{1^2 + (-2)^2 + 2^2} = \sqrt{9} = 3,$$
$$\mathbf{A} + \mathbf{B} = (1+2)\boldsymbol{i} + (-2+0)\boldsymbol{j} + (2+(-3))\boldsymbol{k} = 3\boldsymbol{i} - 2\boldsymbol{j} - \boldsymbol{k},$$
$$3\,\mathbf{A} - 2\,\mathbf{B} = (3\cdot 1 - 2\cdot 2)\boldsymbol{i} + (3\cdot(-2) - 2\cdot 0)\boldsymbol{j} + (3\cdot 2 - 2\cdot(-3))\boldsymbol{k} = -\boldsymbol{i} - 6\boldsymbol{j} + 12\boldsymbol{k}.$$

問 1*　$\mathbf{A} = 5\boldsymbol{i} - \boldsymbol{j}$, $\mathbf{B} = -2\boldsymbol{i} + 3\boldsymbol{j}$ のとき，$|\mathbf{A}|$, $\mathbf{A} + \mathbf{B}$, $2\,\mathbf{A} + 3\,\mathbf{B}$, $|2\,\mathbf{A} + 3\,\mathbf{B}|$ を求めよ．

問 2*　$\mathbf{A} = 3\boldsymbol{i} - 2\boldsymbol{j} + 6\boldsymbol{k}$, $\mathbf{B} = 2\boldsymbol{i} + \boldsymbol{j} - \boldsymbol{k}$ のとき，$|\mathbf{A}|$, $\mathbf{A} + \mathbf{B}$, $2\,\mathbf{A} - \mathbf{B}$, $|2\,\mathbf{A} - \mathbf{B}|$ を求めよ．

例 3　ベクトル $\mathbf{A} = -2\boldsymbol{i} + \boldsymbol{j} + 2\boldsymbol{k}$ と同じ向きの単位ベクトルを求めよ．

(解)　$|\mathbf{A}| = \sqrt{(-2)^2 + 2^2 + 1^2} = \sqrt{9} = 3$ より，

$$\frac{1}{|\mathbf{A}|}\mathbf{A} = \frac{1}{3}(-2\boldsymbol{i} + \boldsymbol{j} + 2\boldsymbol{k}) = -\frac{2}{3}\boldsymbol{i} + \frac{1}{3}\boldsymbol{j} + \frac{2}{3}\boldsymbol{k}$$

上の例において，$-\frac{2}{3}, \frac{1}{3}, \frac{2}{3}$ をベクトル $\mathbf{A}$ の**方向余弦**という．というのは，それぞれベクトル $\mathbf{A}$ と x 軸，y 軸，z 軸の正の向きとのなす角の余弦 (コサイン) を与えているからである．

問 3　$\mathbf{A} = 6\boldsymbol{i} - 3\boldsymbol{j} - 2\boldsymbol{k}$ の方向余弦を求めよ．

例 4　ベクトル $\mathbf{A} = 2\boldsymbol{i} + \boldsymbol{j}$, $\mathbf{B} = 4\boldsymbol{i} - 3\boldsymbol{j}$ について以下の問に答えよ．

(1) $\mathbf{A}$ を矢印で図示せよ．

(2) $\mathbf{A}$ の大きさを求めよ．

(3) $\mathbf{A}$ と x 軸とのなす角を θ とするとき $\cos\theta$ を求めよ．

(4) $\mathbf{A} + \mathbf{B}$, $3\mathbf{A} - 2\mathbf{B}$ を求めよ．

(解)　(1) 原点を始点にすると，図 1.5 のようになる．

(2) $|\mathbf{A}| = \sqrt{2^2 + 1^2} = \sqrt{5}$.

(3) $\cos\theta = \dfrac{2}{\sqrt{5}}$.

(4) $\mathbf{A} + \mathbf{B} = (2+4)\boldsymbol{i} + (1-3)\boldsymbol{j} = 6\boldsymbol{i} - 2\boldsymbol{j}$.

$3\mathbf{A} - 2\mathbf{B} = (6-8)\boldsymbol{i} + (3-(-6))\boldsymbol{j} = -2\boldsymbol{i} + 9\boldsymbol{j}$.

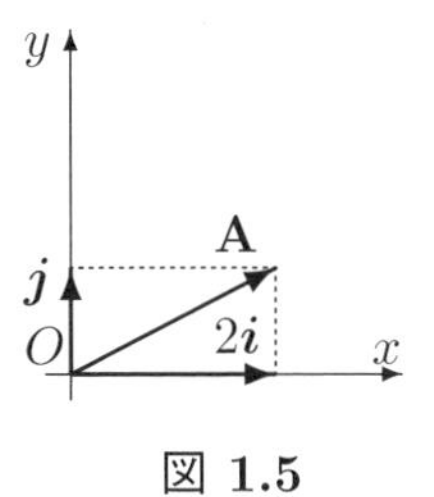

図 1.5

問 4　$\mathbf{A} = -2\boldsymbol{i} + 3\boldsymbol{j}$, $\mathbf{B} = 4\boldsymbol{i} + \boldsymbol{j}$ のとき，次の問に答えよ．

(1)　$\mathbf{C} = \mathbf{A} - 2\mathbf{B}$ を求めよ．

(2)　$\mathbf{A}$ と $\mathbf{B}$ の大きさを求めよ．

(3)　$\mathbf{A}$ と x 軸とのなす角を θ とするとき $\cos\theta$ および $\sin\theta$ を求めよ．

(4)　$\mathbf{C}$ と x 軸とのなす角を θ とするとき $\tan\theta$ を求めよ．

問 5　ある物体の速度が $\boldsymbol{v} = v_x\boldsymbol{i} + v_y\boldsymbol{j}$ であらわされるとき, 次の問に答えよ.

(1)　速さを 3 倍にしたとき, 速度の x, y 成分はそれぞれ何倍になるか.

(2)　速度が一定で, $v_x = 3\,\mathrm{m/s}$, $v_y = 4\,\mathrm{m/s}$ であるときの速さを求めよ.

(3)　(2) の状態に加速度を与えて速度 $\boldsymbol{v}'$ を加え, 同じ速さのまま進行方向を右側 90° の方向に変化させた. 方向が変化したあとの物体の速度を求めよ.
(ヒント: 作図して考えよ).

(4)　(3) で方向を変えるために加えた速度 $\boldsymbol{v}'$ を求めよ.
(ヒント: 初めの速度と変化後の速度の差)

1.3　練習問題

練習問題 1　$\mathbf{A} = \boldsymbol{i} + 3\boldsymbol{j}$, $\mathbf{B} = 2\boldsymbol{i} + 3\boldsymbol{j}$ のとき, $\mathbf{A} + 2\mathbf{B}$, $2\mathbf{A} - 3\mathbf{B}$ を求めよ.

練習問題 2　$\mathbf{A} = 2\boldsymbol{i} - \boldsymbol{j}$, $\mathbf{B} = 2\boldsymbol{i} + 3\boldsymbol{j}$ のとき, 次の式をみたす $\mathbf{X}$, $\mathbf{Y}$ を求めよ.

(1)　$2\mathbf{A} + \mathbf{X} = \mathbf{B}$　　　(2)　$4\mathbf{Y} - \mathbf{B} = 3\mathbf{A}$

第 2 章

ベクトルの内積・外積

2.1 ベクトルの内積

$\mathbf{A}, \mathbf{B}$ をベクトルとする．ともに零ベクトルでないとき，

$$\mathbf{A}\cdot\mathbf{B} = |\mathbf{A}|\,|\mathbf{B}|\cos\theta$$

を $\mathbf{A}, \mathbf{B}$ の**内積** (**スカラー積**) という，ただし，θ はベクトル $\mathbf{A}, \mathbf{B}$ のなす角．また，いずれかが零ベクトルのときは内積は 0 と定める．

ベクトル $\mathbf{A}, \mathbf{B}$ の成分表示が与えられたときは次の式で内積を計算することができる．

(平面ベクトル) $\mathbf{A} = a_1\boldsymbol{i} + a_2\boldsymbol{j}$, $\mathbf{B} = b_1\boldsymbol{i} + b_2\boldsymbol{j}$ のとき，

$$\mathbf{A}\cdot\mathbf{B} = a_1b_1 + a_2b_2.$$

(空間ベクトル) $\mathbf{A} = a_1\boldsymbol{i} + a_2\boldsymbol{j} + a_3\boldsymbol{k}$, $\mathbf{B} = b_1\boldsymbol{i} + b_2\boldsymbol{j} + b_3\boldsymbol{k}$ のとき，

$$\mathbf{A}\cdot\mathbf{B} = a_1b_1 + a_2b_2 + a_3b_3.$$

例 1 $\mathbf{A} = 2\boldsymbol{i} + 4\boldsymbol{j} + 3\boldsymbol{k}$, $\mathbf{B} = \boldsymbol{i} - 2\boldsymbol{j} + 3\boldsymbol{k}$ のとき，

$$\mathbf{A}\cdot\mathbf{B} = 2\cdot 1 + 4\cdot(-2) + 3\cdot 3 = 3.$$

問 1* 次のベクトル $\mathbf{A}, \mathbf{B}$ の内積 $\mathbf{A}\cdot\mathbf{B}$ を求めよ．

(1) $\mathbf{A} = 2\boldsymbol{i} + 3\boldsymbol{j}$, $\mathbf{B} = 2\boldsymbol{i} - \boldsymbol{j}$　　(2) $\mathbf{A} = -5\boldsymbol{i} - 4\boldsymbol{j}$, $\mathbf{B} = 7\boldsymbol{i} - 3\boldsymbol{j}$

(3) $\mathbf{A} = 3\boldsymbol{i} + 2\boldsymbol{j} + \boldsymbol{k}$, $\mathbf{B} = 2\boldsymbol{i} - 2\boldsymbol{j} + \boldsymbol{k}$　　(4) $\mathbf{A} = 5\boldsymbol{i} - \boldsymbol{k}$, $\mathbf{B} = 2\boldsymbol{i} - 3\boldsymbol{j} + 4\boldsymbol{k}$

例 2 ベクトル $\mathbf{A} = 2\boldsymbol{i} - 3\boldsymbol{j} + \boldsymbol{k}$, $\mathbf{B} = \boldsymbol{i} + 2\boldsymbol{j} - 3\boldsymbol{k}$ のなす角を求めよ．

(解) なす角を θ とし，$\mathbf{A}\cdot\mathbf{B} = |\mathbf{A}|\,|\mathbf{B}|\cos\theta$ を利用する．

$|\mathbf{A}| = \sqrt{14}$, $|\mathbf{B}| = \sqrt{14}$, $\mathbf{A}\cdot\mathbf{B} = -7$ より，

$$\cos\theta = \frac{\mathbf{A}\cdot\mathbf{B}}{|\mathbf{A}|\,|\mathbf{B}|} = \frac{-7}{\sqrt{14}\cdot\sqrt{14}} = -\frac{1}{2}.$$

$0 \leqq \theta \leqq \pi$ より，$\theta = \dfrac{2}{3}\pi$.

問 2* 次のベクトル $\mathbf{A}, \mathbf{B}$ のなす角を求めよ．

(1) $\mathbf{A} = 2\boldsymbol{i} - \boldsymbol{j}$, $\mathbf{B} = 3\boldsymbol{i} + \boldsymbol{j}$　　(2) $\mathbf{A} = 2\boldsymbol{i} - 3\boldsymbol{j} + 2\boldsymbol{k}$, $\mathbf{B} = 5\boldsymbol{i} + 4\boldsymbol{j} + \boldsymbol{k}$

内積の性質

$$\mathbf{A}\cdot\mathbf{B}=\mathbf{B}\cdot\mathbf{A},$$
$$\mathbf{A}\cdot(\mathbf{B}+\mathbf{C})=\mathbf{A}\cdot\mathbf{B}+\mathbf{A}\cdot\mathbf{C},$$
$$(k\,\mathbf{A})\cdot\mathbf{B}=\mathbf{A}\cdot(k\,\mathbf{B})=k(\mathbf{A}\cdot\mathbf{B}),$$
$$\mathbf{A}\cdot\mathbf{A}=|\mathbf{A}|^2,$$

$\mathbf{A}\neq\mathbf{0}, \mathbf{B}\neq\mathbf{0}$ のとき,

$$\mathbf{A}\cdot\mathbf{B}=0 \quad\Longleftrightarrow\quad \mathbf{A}\perp\mathbf{B}$$

例 3　ベクトル $\mathbf{A}=3\boldsymbol{i}+5\boldsymbol{j}-2\boldsymbol{k}$, $\mathbf{B}=a\boldsymbol{i}+(2-a)\boldsymbol{j}+4\boldsymbol{k}$ が垂直になるように a を定めよ.

(解)　$\mathbf{A}\cdot\mathbf{B}=0$ より,

$$3\cdot a+5(2-a)+(-2)\cdot 4=0$$
$$\therefore -2a=-2$$
$$\therefore a=1$$

問 3　次のベクトル $\mathbf{A}, \mathbf{B}$ が垂直になるように a を定めよ.

(1)　$\mathbf{A}=a\boldsymbol{i}+(2-a)\boldsymbol{j}$, $\mathbf{B}=a\boldsymbol{i}-\boldsymbol{j}$

(2)　$\mathbf{A}=2\boldsymbol{i}+3\boldsymbol{j}-\boldsymbol{k}$, $\mathbf{B}=a\boldsymbol{i}+(a+1)\boldsymbol{j}-2\boldsymbol{k}$

2.2　ベクトルの外積

$\mathbf{A}=a_1\boldsymbol{i}+a_2\boldsymbol{j}+a_3\boldsymbol{k}$, $\mathbf{B}=b_1\boldsymbol{i}+b_2\boldsymbol{j}+b_3\boldsymbol{k}$ をともに $\mathbf{0}$ でない空間のベクトルとする. このとき, 大きさが $|\mathbf{A}|\,|\mathbf{B}|\sin\theta$, $\mathbf{A}, \mathbf{B}$ にともに垂直で, さらに, 向きは, $\mathbf{A}$ から $\mathbf{B}$ に右ねじを回すときのねじの進行方向であるようなベクトルを $\mathbf{A}$ と $\mathbf{B}$ の**外積** (**ベクトル積**) といい, $\mathbf{A}\times\mathbf{B}$ とあらわす. $\mathbf{A}$ または $\mathbf{B}$ が $\mathbf{0}$ のときは $\mathbf{A}\times\mathbf{B}=\mathbf{0}$ と定める.

外積について次が成り立つ.

外積の性質　$\mathbf{A}, \mathbf{B}, \mathbf{C}$ をベクトル, k を定数とする.

$$(\mathbf{A}\times\mathbf{B})\cdot\mathbf{A}=0, \qquad (\mathbf{A}\times\mathbf{B})\cdot\mathbf{B}=0$$
$$|\mathbf{A}\times\mathbf{B}|=|\mathbf{A}|\,|\mathbf{B}|\sin\theta \qquad (\text{ただし}, \theta \text{ は } \mathbf{A}, \mathbf{B} \text{ のなす角})$$
$$\mathbf{A}\times\mathbf{A}=\mathbf{0}, \qquad \mathbf{B}\times\mathbf{A}=-\mathbf{A}\times\mathbf{B}$$
$$(\mathbf{A}+\mathbf{B})\times\mathbf{C}=\mathbf{A}\times\mathbf{C}+\mathbf{B}\times\mathbf{C}, \qquad \mathbf{A}\times(\mathbf{B}+\mathbf{C})=\mathbf{A}\times\mathbf{B}+\mathbf{A}\times\mathbf{C}$$
$$(k\mathbf{A})\times\mathbf{B}=\mathbf{A}\times(k\mathbf{B})=k(\mathbf{A}\times\mathbf{B})$$

例 4　質量 m の物体の位置ベクトルが $\boldsymbol{r}$, 速度ベクトルが $\boldsymbol{v}$ であるとき, ベクトル積 $\boldsymbol{M}=\boldsymbol{r}\times m\boldsymbol{v}$ を, 角運動量という. いま, 半径 r の円周上を質量 m の物体が速さ v で等速円

運動をしているとき, 角運動量の大きさと向きを求めよ.

(解)　図 2.1 のように, 円運動の場合は $\boldsymbol{r}$ と $\boldsymbol{v}$ は互いに垂直である. したがって大きさは

$$M = rmv\sin\frac{\pi}{2} = rmv$$

方向はベクトル積の定義から回転軸の方向で向きは図の向きとなる.

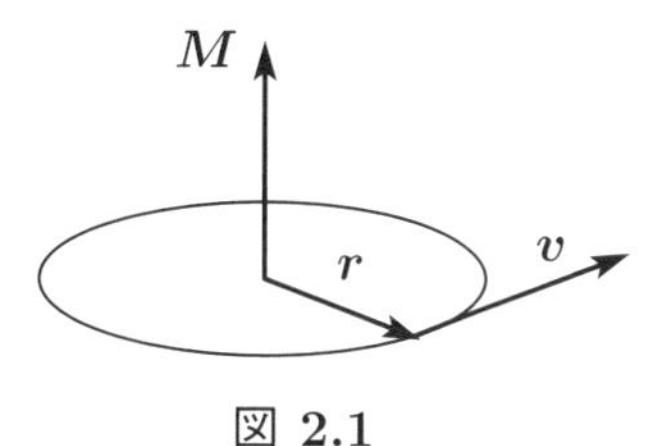

図 2.1

ベクトルの成分表示が与えられたとき, 外積の定義, 性質および基本ベクトルの外積を用いて, 次のように外積の成分表示が与えられる.

$\mathbf{A} = A_x\boldsymbol{i} + A_y\boldsymbol{j} + A_z\boldsymbol{k}$, $\mathbf{B} = B_x\boldsymbol{i} + B_y\boldsymbol{j} + B_z\boldsymbol{k}$ のとき

$$\begin{aligned}\mathbf{A}\times\mathbf{B} &= A_x(B_x\boldsymbol{i}\times\boldsymbol{i} + B_y\boldsymbol{i}\times\boldsymbol{j} + B_z\boldsymbol{i}\times\boldsymbol{k}) + A_y(B_x\boldsymbol{j}\times\boldsymbol{i} + B_y\boldsymbol{j}\times\boldsymbol{j} + B_z\boldsymbol{j}\times\boldsymbol{k})\\ &\quad + A_z(B_x\boldsymbol{k}\times\boldsymbol{i} + B_y\boldsymbol{k}\times\boldsymbol{j} + B_z\boldsymbol{k}\times\boldsymbol{k})\end{aligned}$$

ここで, $\boldsymbol{i}, \boldsymbol{j}, \boldsymbol{k}$ はそれぞれ x, y, z 方向の基本ベクトルなので, 外積の定義より,

$$\boldsymbol{i}\times\boldsymbol{i} = \boldsymbol{j}\times\boldsymbol{j} = \boldsymbol{k}\times\boldsymbol{k} = \boldsymbol{0},$$

$$\boldsymbol{i}\times\boldsymbol{j} = -\boldsymbol{j}\times\boldsymbol{i} = \boldsymbol{k}, \quad \boldsymbol{j}\times\boldsymbol{k} = -\boldsymbol{k}\times\boldsymbol{j} = \boldsymbol{i}, \quad \boldsymbol{k}\times\boldsymbol{i} = -\boldsymbol{i}\times\boldsymbol{k} = \boldsymbol{j}$$

が成り立つ. これらを用いると,

$$\mathbf{A}\times\mathbf{B} = (A_yB_z - A_zB_y)\boldsymbol{i} + (A_zB_x - A_xB_z)\boldsymbol{j} + (A_xB_y - A_yB_x)\boldsymbol{k}$$

をえる.

外積の行列式を用いた計算.　外積 $\mathbf{A}\times\mathbf{B}$ は行列式を用いてあらわすことができる. 実際, $\mathbf{A} = A_x\boldsymbol{i} + A_y\boldsymbol{j} + A_z\boldsymbol{k}$, $\mathbf{B} = B_x\boldsymbol{i} + B_y\boldsymbol{j} + B_z\boldsymbol{k}$ のとき

$$\begin{aligned}\mathbf{A}\times\mathbf{B} &= \begin{vmatrix}\boldsymbol{i} & \boldsymbol{j} & \boldsymbol{k}\\ A_x & A_y & A_z\\ B_x & B_y & B_z\end{vmatrix} = \begin{vmatrix}A_y & A_z\\ B_y & B_z\end{vmatrix}\boldsymbol{i} - \begin{vmatrix}A_x & A_z\\ B_x & B_z\end{vmatrix}\boldsymbol{j} + \begin{vmatrix}A_x & A_y\\ B_x & B_y\end{vmatrix}\boldsymbol{k}\\ &= (A_yB_z - A_zB_y)\boldsymbol{i} - (A_xB_z - A_zB_x)\boldsymbol{j} + (A_xB_y - A_yB_x)\boldsymbol{k}\end{aligned}$$

である.

例 5　$\mathbf{A} = \boldsymbol{i} - 2\boldsymbol{j} + \boldsymbol{k}$, $\mathbf{B} = 3\boldsymbol{i} + \boldsymbol{j} - \boldsymbol{k}$ のとき,

$$\mathbf{A}\times\mathbf{B} = \begin{vmatrix}-2 & 1\\ 1 & -1\end{vmatrix}\boldsymbol{i} - \begin{vmatrix}1 & 1\\ 3 & -1\end{vmatrix}\boldsymbol{j} + \begin{vmatrix}1 & -2\\ 3 & 1\end{vmatrix}\boldsymbol{k} = \boldsymbol{i} + 4\boldsymbol{j} + 7\boldsymbol{k}$$

問 4*　次のベクトル $\mathbf{A}, \mathbf{B}$ の外積を求めよ.

(1)　$\mathbf{A} = 2\boldsymbol{i} + 3\boldsymbol{k}$, $\mathbf{B} = \boldsymbol{i} - \boldsymbol{j} + 2\boldsymbol{k}$

(2)　$\mathbf{A} = \boldsymbol{i} + \boldsymbol{j} + \boldsymbol{k}$, $\mathbf{B} = -\boldsymbol{i} + 2\boldsymbol{j} + 2\boldsymbol{k}$

2.3　練習問題

練習問題 1　$\mathbf{A} = \boldsymbol{i} + 2\boldsymbol{j} + \boldsymbol{k}$, $\mathbf{B} = 2\boldsymbol{i} - \boldsymbol{j} + \boldsymbol{k}$, $\mathbf{C} = -\boldsymbol{i} + \boldsymbol{j}$ のとき, $\mathbf{A} + 2\mathbf{B}$, $|\mathbf{A} + \mathbf{B}|$, $(2\mathbf{A} - 3\mathbf{B}) \cdot \mathbf{C}$ を求めよ.

練習問題 2　$\mathbf{A} = \boldsymbol{i} + 4\boldsymbol{j} + \boldsymbol{k}$, $\mathbf{B} = \boldsymbol{i} + 2\boldsymbol{j}$ に垂直な単位ベクトル $\mathbf{C}$ を求めよ.

練習問題 3　$|\mathbf{A}| = 2$, $|\mathbf{B}| = \sqrt{3}$, $|\mathbf{A} + \mathbf{B}| = 1$ のとき, 内積 $\mathbf{A} \cdot \mathbf{B}$, $\mathbf{A}$, $\mathbf{B}$ のなす角 θ を求めよ.

練習問題 4　次のベクトル $\mathbf{A}$, $\mathbf{B}$ の外積を求めよ.

(1)　$\mathbf{A} = \boldsymbol{i} + 2\boldsymbol{j} + \boldsymbol{k}$, $\mathbf{B} = 2\boldsymbol{i} - \boldsymbol{j} + 3\boldsymbol{k}$

(2)　$\mathbf{A} = \boldsymbol{i} + 2\boldsymbol{k}$, $\mathbf{B} = 3\boldsymbol{i} - 5\boldsymbol{j} + 7\boldsymbol{k}$

練習問題 5　$\mathbf{A} = 2\boldsymbol{i} + \boldsymbol{j} - 3\boldsymbol{k}$, $\mathbf{B} = \boldsymbol{i} + \boldsymbol{j} + \boldsymbol{k}$, $\mathbf{C} = 3\boldsymbol{i} + \boldsymbol{j} + 4\boldsymbol{k}$ のとき, $(\mathbf{A} \times \mathbf{B}) \cdot \mathbf{C}$, $\mathbf{A} \cdot (\mathbf{B} \times \mathbf{C})$ を求めよ.

第3章

極限, 微分係数

東海道新幹線「のぞみ」号は営業最高速度が時速 270 km であるという. しかし普通に考えて「速さ = 道のり ÷ 時間」でこの速さがでてくるだろうか? 表 3.1 は, ある「のぞみ」号の運行を時刻表から抜き出したものである. これから各駅の間の速さを調べて表 3.2 に書き入れてみよう. できただろうか? 計算の仕方は「駅間の距離の差」を「通過時刻の差」で割ればよい. たとえば新横浜－新大阪間なら距離の差が $552.6 - 28.8 = 523.8$ km, 時刻の差が 2 時間 14 分, つまり 134 分だから $(523.8/134) \times 60 = 234.5$ km/h となる (時速に直すために 60 を掛けている). ところでどの区間をみても時速 270 km には達していない. これは看板に偽りありということだろうか? 上で求めたのは実は「平均の速さ」であり,「平均変化率」の一種である. これについてまず考えてみよう.

表 3.1

駅　名	距離 [km]	通過時刻
東　京	0.0	06:00
新横浜	28.8	06:16
新大阪	552.6	08:30

表 3.2

駅　間	平均時速 [km/h]
東　京 – 新横浜	
新横浜 – 新大阪	
東　京 – 新大阪	

3.1　極限

関数 $y = f(x)$ について, x が a とは異なる値をとりながら a に限りなく近づくとき, y が一定値 b に近づくと仮定する. このとき, x が a に近づくとき y は b に**収束する**といい, また b を**極限値**という. このことを

$$\lim_{x \to a} f(x) = b$$

とあらわす.

なぜ, 極限の概念が必要なのであろうか? 例として, 関数 $y = f(x) = \dfrac{x^2 - 4}{x - 2}$ を考える. この関数の値は, $a \neq 2$ のとき,

$$f(a) = \frac{a^2 - 4}{a - 2} = \frac{(a-2)(a+2)}{a - 2} = a + 2$$

をえる. 注意しなければいけないのは, 最後の等号において $a - 2$ を分母, 分子からはらうときに, この値が 0 でないので約分可能であることである. 一方, $a = 2$ のとき, $y = f(x)$ に代入しようとすると, $\dfrac{0}{0}$ となる. もし, この値が存在するとするし, それを z とおくと, 割り算を掛

け算に直すことによって,

$$z \cdot 0 = 0$$

をえる. これは z がどのような数であっても成立する式 (恒等式) で, このことから z を確定することはできない. そういう理由で, 分数関数では, 分母が 0 になるような x ではその値を考えない. (もっと言えば, 上の例では $f(2)$ は存在しない.)

しかし, $f(x) = \dfrac{x^2-4}{x-2}$ の場合, $x=2$ の限りなく近くでは, その値が存在するのである. そこで, それらを用いて $x=2$ の値を補間しようとしたのが極限の概念である. 今の場合, 次のように極限値が計算される.

$$\lim_{x\to 2}\frac{x^2-4}{x-2} = \lim_{x\to 2}\frac{(x-2)(x+2)}{x-2} = \lim_{x\to 2}(x+2) = 4.$$

2 番目の等号が成り立つのは x は 2 の近くの値ではあるが, 2 ではないので, 約分が可能だからである.

ここまでくると, だったら最初から文字式の計算と同じように

$$\frac{x^2-4}{x-2} = x+2$$

と変形して, 値を考えればよいと思うかもしれないが (少なくともこの場合はそれでよいのではないか?), 後で出てくる三角関数の極限を考える際には, そのような変形はできず, また両辺の関数の x のとりうる値の範囲 (定義域) は異なるので, それらは違う関数と考える. したがって, 上のような「関数」の変形は正しくない. (もちろん文字式としての変形は正しい)

例 1　次の極限値を求めよ.

(1)　$\displaystyle\lim_{x\to 1}\frac{x^2-3x+2}{x-1}$　　(2)　$\displaystyle\lim_{x\to 0}\frac{1}{x}\left(\frac{1}{x+1}-1\right)$

(解)

(1)
$$\begin{aligned}\lim_{x\to 1}\frac{x^2-3x+2}{x-1} &= \lim_{x\to 1}\frac{(x-1)(x-2)}{x-1}\\ &= \lim_{x\to 1}(x-2)\\ &= -1.\end{aligned}$$

(2)
$$\begin{aligned}\lim_{x\to 0}\frac{1}{x}\left(\frac{1}{x+1}-1\right) &= \lim_{x\to 0}\frac{1}{x}\cdot\frac{1-(x+1)}{x+1}\\ &= \lim_{x\to 0}\frac{-1}{x+1}\\ &= -1.\end{aligned}$$

問 1*　次の極限値を求めよ.

(1)　$\displaystyle\lim_{x\to 3}\frac{x^2-4x+3}{x-3}$　　(2)　$\displaystyle\lim_{x\to -1}\frac{2x^2+3x+1}{x+1}$

(3)　$\displaystyle\lim_{x\to 2}\frac{x-2}{x^2-3x+2}$　　(4)　$\displaystyle\lim_{x\to 0}\frac{1}{x}\left(1-\frac{1}{(x+1)^2}\right)$

極限の性質

$\lim_{x \to a} f(x) = \alpha$, $\lim_{x \to a} g(x) = \beta$ のとき,

(1) $\lim_{x \to a} k\,f(x) = k\,\alpha$, ($k$ は定数)

(2) $\lim_{x \to a} \{f(x) + g(x)\} = \alpha + \beta$,

(3) $\lim_{x \to a} \{f(x) - g(x)\} = \alpha - \beta$,

(4) $\lim_{x \to a} f(x)g(x) = \alpha\beta$,

(5) $\lim_{x \to a} \dfrac{f(x)}{g(x)} = \dfrac{\alpha}{\beta}$, ($\beta \neq 0$ のとき).

関数 $y = f(x)$ について, x が a に近づくにつれ y が限りなく大きくなるとき (正確には どんな数 M をもってきても, x が a の十分近くであれば, $f(x) > M$ をみたすとき), **正の無限大に発散する**といい,

$$\lim_{x \to a} f(x) = \infty$$

とあらわす. 同様に, x が a に近づくにつれ y が限りなく小さくなるとき (正確には どんな数 N をもってきても, x が a の十分近くであれば, $f(x) < N$ をみたすとき), **負の無限大に発散する**といい,

$$\lim_{x \to a} f(x) = -\infty,$$

とあらわす.

例 2

$$\lim_{x \to 0} \frac{1}{x^2} = \infty, \qquad \lim_{x \to 1} -\frac{1}{(x-1)^2} = -\infty$$

関数 $y = f(x)$ について, x が限りなく大きくなるにつれ, y が一定値 b に限りなく近づくとき, $x \to \infty$ のとき y は b に**収束する**といい,

$$\lim_{x \to \infty} f(x) = b$$

とあらわす. 同様に, x が限りなく小さくなるにつれ, y が一定値 b に限りなく近づくとき, $x \to -\infty$ のとき y は b に**収束する**といい,

$$\lim_{x \to -\infty} f(x) = b$$

とあらわす. さらに,

$$\lim_{x \to \infty} f(x) = \infty, \quad \lim_{x \to \infty} f(x) = -\infty, \quad \lim_{x \to -\infty} f(x) = \infty, \quad \lim_{x \to -\infty} f(x) = -\infty$$

なども使う.

例 3

$$\lim_{x \to \infty} \left(\frac{1}{2}\right)^x = 0, \qquad \lim_{x \to -\infty} \left(\frac{1}{2}\right)^x = \infty$$

例 4 $\lim_{x \to \infty} \dfrac{3^x - 2^x}{3^x + 2^x}$ を求めよ.

(解)

$$\lim_{x\to\infty}\frac{3^x-2^x}{3^x+2^x}=\lim_{x\to\infty}\frac{1-\left(\dfrac{2}{3}\right)^x}{1+\left(\dfrac{2}{3}\right)^x}=1.$$

問 2　次の極限値を求めよ.

(1)* $\displaystyle\lim_{x\to-\infty}3^x$　　(2)* $\displaystyle\lim_{x\to\infty}\frac{3^x-1}{3^x}$

(3) $\displaystyle\lim_{x\to-\infty}\frac{2^x+3^x}{2^x-3^x}$　　(4) $\displaystyle\lim_{x\to\infty}\frac{5^{x+2}+3^x}{5^x+3^{x-1}}$

3.2　微分係数, 導関数

直線上を動く物体の位置 y と時刻 t の関係を測定し, その一部をグラフに示した (図 3.1). グラフから, 時刻と共に速度が増し, 点 Q 付近での速度は点 P 付近の速度より大きいことが分かる. このような変化を数理的に扱うために, まず平均的な変化の割合について考えよう.

2点 $P(t_1, y_1), Q(t_2, y_2)$ の間の平均の速さは $\dfrac{y_2-y_1}{t_2-t_1}$ で与えられる. さて, y や t を位置や時刻に限らない一般的な量とし, たとえば関数が $y=f(t)$ と書けるとする. この関数において, t の値が t_1 から Δt だけ増して $t_1+\Delta t$ となるとき, y の値は $f(t_1)$ から $f(t_1+\Delta t)$ となる. t の変化量 Δt を t の増分, これに対して y の変化量 $f(t_1+\Delta t)-f(t_1)$ を y の増分といい Δy であらわす.

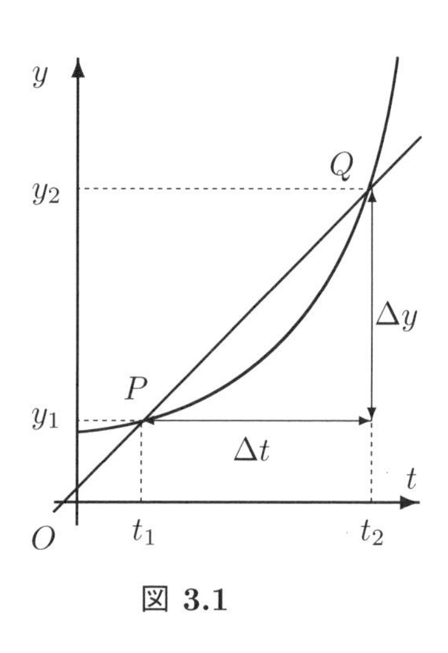

図 3.1

このとき,

$$\frac{\Delta y}{\Delta t}=\frac{f(t_1+\Delta t)-f(t_1)}{\Delta t}$$

を $f(t)$ の $t=t_1$ から $t=t_1+\Delta t$ までの平均変化率という. これは前述の平均の速さに相当する量であり, 図 3.1 の中では直線 PQ の傾きに対応する.

平均変化率

一般に, 関数 $y=f(x)$ の $x=a$ から $x=b$ までの平均変化率 $\dfrac{\Delta y}{\Delta x}$ は

$$\frac{\Delta y}{\Delta x}=\frac{f(b)-f(a)}{b-a}$$

であらわされる.

例 5　$y=f(t)$ において, $f(t)=t^2$ のとき, $t=a$ から $t=a+\Delta t$ までの平均変化率を求めよ.

(解)

$$\frac{\Delta y}{\Delta t}=\frac{f(a+\Delta t)-f(a)}{\Delta t}=\frac{(a+\Delta t)^2-a^2}{\Delta t}=2a+\Delta t.$$

例 6　$y = f(x) = x^3 - 2x^2 + x - 3$ の $x = 0$ から $x = 2$ までの平均変化率を求めよ.

(解)

$$\frac{\Delta y}{\Delta x} = \frac{f(2) - f(0)}{2} = \frac{-1 - (-3)}{2} = 1.$$

この章の始めで考えたように新幹線は一定の速さでは走っていない. 例えば簡単のために新横浜を出てから新大阪につくまでの距離の時間変化が図 3.2 の実線のようになるとしよう. この図の中に前の章を参考にして新横浜と新大阪の間の平均の速さをあらわす直線を書き入れてみよう. また図中の (a), (b), (c) の各区間での平均の速さをあらわす直線も書き入れてみよう. 途中で速さはどのように変わっているだろうか.

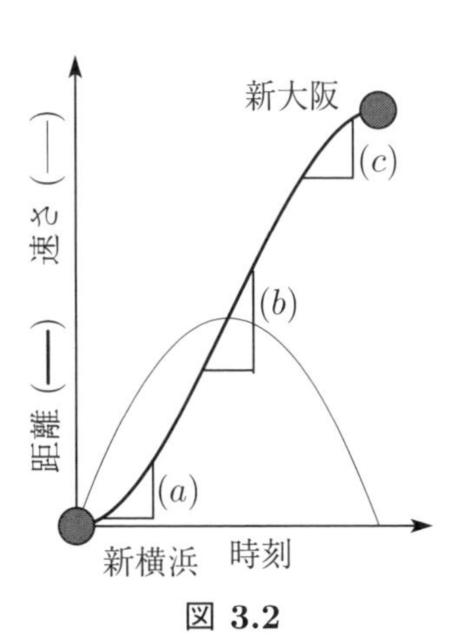

図 3.2

結果は (b) の区間では全体の平均よりも速く, (a) と (c) では遅くなっていることが分かるだろう. この章の始めに考えたように, 平均を取る区間を短くしたことで (b) の区間で最高の速さが出ているということが分かってきた. 恐らくこの間で最高時速 270 km が出ているのだろう. 看板にうそ偽りはなかったのだ. だがもっと細かく調べるにはどうしたらよいだろう. 図中には点線で速さを示しているが, これは平均の速さとは違うのだろうか? 実は点線で示した速さは, 実線で示した距離と時間の関係を微分して求められた瞬間の速さのグラフなのである. これはまさに区間をどんどん狭めて極限をとった結果なのだが, 具体的にどうやるのか, またそれを微分という便利な道具として使うにはどうするのかを以下で学ぼう. (図 3.2 で縦軸のスケールと単位は距離と速さでは異なる. また実際の新幹線の最高時速が一瞬しか出ないというわけではない).

関数 $y = f(x)$ について, 極限値

$$\lim_{x \to a} \frac{f(x) - f(a)}{x - a}$$

(この極限値が存在するとき) を $x = a$ における**微分係数**といい, $f'(a)$ とあらわす. . a に近づける x を $a + h$ とあらわすと, $x \to a$ のとき, $h \to 0$ より, $x = a$ における微分係数は

$$\lim_{h \to 0} \frac{f(a+h) - f(a)}{h}$$

ともあらわせる.

$x = a$ における微分係数は, $x = a$ で接する接線の傾きに等しい.

また, 各 $x = a$ にその微分係数 $f'(a)$ を対応させる関数を $f(x)$ の**導関数**といい, $f'(x)$ または $\dfrac{dy}{dx}$ とあらわす. そして, $f(x)$ の導関数 $f'(x)$ を求めることを $f(x)$ を**微分**するという.

関数 $f(x)$ を微分するには, 次の微分の性質といくつかの微分の公式を用いて計算するのが一般的である. ここでは, 公式の中で一番大事な公式を 1 つ紹介し, それを用いて微分係数を求めてみよう.

微分の公式 I

$$(x^{\alpha})' = \alpha\, x^{\alpha - 1} \qquad (\alpha \text{ は } 0 \text{ でない実数})$$

$$(k)' = 0 \qquad (k \text{ は定数})$$

微分の性質

(1)　$\{f(x)+g(x)\}'=f'(x)+g'(x)$

(2)　$\{f(x)-g(x)\}'=f'(x)-g'(x)$

(3)　$(k\,f(x))'=k\,f'(x)$　　k は定数

例 7　$y=x^2-3x+1$ の $x=2$ における微分係数を求めよ.

(解)　$y'=(x^2)'-3x'+1'=2x-3$ より, $x=2$ における微分係数は

$$2\cdot 2-3=1$$

問 3*　次の関数を微分せよ.

(1)　$y=x^2-3x+2$　　(2)　$y=x^3-2x^2+x$

(3)　$y=3x^2-1$　　(4)　$y=x^3+x^2+x+1$

問 4　次の関数の (　) 内の x の値における微分係数を求めよ.

(1)*　$y=x^2-4x+1$　$(x=-1)$　　(2)*　$y=-2x^2+3x-1$　$(x=2)$

(3)　$y=x^3-x^2+1$　$(x=3)$　　(4)　$y=-5x^3+6x-1$　$(x=0)$

例 8　$y=x^2-x+3$ 上の点 $(1,3)$ における接線の方程式を求めよ.

(解)　$y'=2x-1$ より, $x=1$ における微分係数は 1 である. すなわち, 求める接線の傾きは 1 である. よって, 接線の方程式は

$$\begin{aligned} y &= 1(x-1)+3 \\ &= x+2 \end{aligned}$$

問 5　$y=-x^2+4$ 上の点 $(1,3)$ における接線の方程式を求めよ.

3.3　練習問題

練習問題 1　次の極限値を求めよ.

(1)　$\displaystyle\lim_{x\to -2}\frac{x^2+5x+6}{x+2}$　　(2)　$\displaystyle\lim_{x\to 3}\frac{x-3}{x^2-8x+15}$

(3)　$\displaystyle\lim_{x\to 1}\frac{2x^2-3x+1}{x^2+5x-6}$　　(4)　$\displaystyle\lim_{x\to 3}\frac{1}{x-3}\left(\frac{1}{x-1}-\frac{1}{2}\right)$

練習問題 2　次の極限値を求めよ.

(1)　$\displaystyle\lim_{x\to\infty}e^{-x}$　　(2)　$\displaystyle\lim_{x\to\infty}\frac{(1+2^x)^2}{4^x}$

(3)　$\displaystyle\lim_{x\to -\infty}(2^x\cdot\sin x)$　　(4)　$\displaystyle\lim_{x\to\frac{\pi}{2}}\tan^2 x$

第 4 章

微分の計算

$y=f(x)$ の導関数は通常 y', $\dfrac{dy}{dx}$ などとあらわされる. しかし, y が時間 t の関数などの場合, $\dfrac{dy}{dt}$ の代わりに, $\dot{y}(t)$ とあらわされることがある.

4.1 x^α の微分

微分の公式 I

$$(x^\alpha)' = \alpha\, x^{\alpha-1} \qquad (\alpha \text{ は } 0 \text{ でない実数})$$

$$(k)' = 0 \qquad (k \text{ は定数})$$

前の章で扱った上の微分公式より, 指数法則を利用して分数関数や無理関数の微分ができる.

例 1

(1) $\left(\dfrac{1}{x}\right)' = (x^{-1})' = (-1)x^{-2} = -x^{-2}\left(= -\dfrac{1}{x^2}\right)$,

(2) $(\sqrt{x})' = \left(x^{\frac{1}{2}}\right)' = \dfrac{1}{2}x^{-\frac{1}{2}}\left(= \dfrac{1}{2\sqrt{x}}\right)$.

問 1* 次の関数を微分せよ.

(1) $x^{\frac{5}{2}}$　(2) $x^{\frac{3}{4}}$　(3) $x^{-\frac{2}{5}}$　(4) $x^{-\frac{4}{3}}$

(5) $\dfrac{1}{x^2}$　(6) $\sqrt[3]{x}$　(7) $\dfrac{1}{\sqrt{x}}$　(8) $x\sqrt{x}$

4.2 いろいろな関数の微分

微分の公式 II

$$(\sin x)' = \cos x \qquad (\cos x)' = -\sin x$$

$$(\tan x)' = \frac{1}{\cos^2 x} = \sec^2 x$$

$$(e^x)' = e^x \qquad (\ln x)' = \frac{1}{x}$$

また, 上の微分の公式は単独で用いられることはほとんどない. 次の微分の公式 III と組み合わせて用いられることが多い.

微分の公式 III

$$\{f(ax+b)\}' = a\,f'(ax+b) \qquad a, b \text{ は定数}$$

例 2 a, b を定数, $\alpha \neq 0$ とする.

(1) $\{(ax+b)^\alpha\}' = a\alpha(ax+b)^{\alpha-1}$

(2) $\{\sin(ax+b)\}' = a\cos(ax+b)$

問 2* a, b を定数とする. 次の関数を微分せよ.

(1) $\cos(ax+b)$ (2) $\tan(ax+b)$ (3) e^{ax+b} (4) $\ln(ax+b)$

例 3

(1) $\left(\dfrac{1}{2x+3}\right)' = 2\left\{-(2x+3)^{-2}\right\} = -\dfrac{2}{(2x+3)^2}$

(2) $(\sin 3x)' = 3\cos 3x$

問 3* 次の関数を微分せよ.

(1) $(3x+1)^3$ (2) $(2-x)^4$ (3) $\dfrac{1}{(x+1)^2}$

(4) $\dfrac{1}{3-2x}$ (5) $\sin(4x+3)$ (6) $\cos(x-1)$

(7) $\tan 3x$ (8) e^{2x-1} (9) $\ln(2x+3)$

(10) $\dfrac{\pi}{4}\sin\left(\dfrac{\pi}{4}t+\dfrac{\pi}{3}\right)$ (11) $\omega\cos(\omega t+\delta)$ (ω, δ は定数)

4.3 合成関数の微分

微分の公式 IV (合成関数の微分) 合成関数 $f(g(x))$ の微分は, $t = g(x)$ とおき, $f(t)$ の微分 $f'(t)$ を用いて次のようにあらわせる:

$$\{f(g(x))\}' = g'(x)\,f'(t) = g'(x)\,f'(g(x))$$

関数を微分しようとするとき, ある部分をひとまとめに見ると簡単な関数であらわされる場合, 上の公式を用いる. 特に, $g(x) = ax+b$ の場合は, 微分の公式 III そのものである.

例 4 次の関数を微分せよ.

(1) $(x^2+1)^3$ (2) $\cos(x^2+1)$

(解) $g(x) = t = x^2+1$ とすれば, (1), (2) はそれぞれ t^3, $\cos t$ とあらわせるので,

(1)
$$\begin{aligned}\left\{(x^2+1)^3\right\}' &= (x^2+1)'3(x^2+1)^2 = 2x\cdot 3(x^2+1)^2\\ &= 6x(x^2+1)^2\end{aligned}$$

(2)
$$\begin{aligned}\left\{\cos(x^2+1)\right\}' &= (x^2+1)'\{-\sin(x^2+1)\} = 2x\{-\sin(x^2+1)\}\\ &= -2x\sin(x^2+1)\end{aligned}$$

問 4　次の関数を微分せよ.

(1)　$\sqrt{x^2+1}$　　(2)　$\dfrac{1}{x^2+1}$　　(3)　$\sin(x^2+1)$

(4)　$\tan(x^2+1)$　　(5)　e^{x^2+1}　　(6)　$\ln(x^2+1)$

問 5　次の関数を微分せよ.

(1)*　$(x^2+x+1)^3$　　(2)*　$\sqrt{x^2+4x+5}$　　(3)*　$\dfrac{1}{\sqrt{x^2+4}}$

(4)*　e^{1-x^2}　　(5)　$\ln(x^2+4x+3)$　　(6)　$\ln(\sin x)$

例 5

(1)　$(\sin^2 x)' = (\sin x)' \cdot 2\sin x = \cos x \cdot 2\sin x = 2\sin x\cos x$

(2)　$\{(\ln x)^2\}' = (\ln x)' \cdot 2\ln x = \dfrac{1}{x} \cdot 2\ln x = \dfrac{2\ln x}{x}$

問 6　次の関数を微分せよ.

(1)　$\dfrac{1}{\sin x}$　　(2)　$\cos^3 x$　　(3)　$\tan^2 x$

(4)　$\dfrac{1}{\ln x}$　　(5)　$(\sin x+1)^2$　　(6)　$(e^x+e^{-x})^3$

4.4　その他の微分の公式 (発展)

微分の公式 V (積の微分)

$$\{fg\}' = f'g + fg'$$

例 6

(1)
$$\begin{aligned}\big\{(x^2+1)(x+1)\big\}' &= (x^2+1)'(x+1) + (x^2+1)(x+1)' \\ &= 2x(x+1) + (x^2+1) \cdot 1 \\ &= 3x^2+2x+1\end{aligned}$$

(2)
$$\begin{aligned}\{x\sin x\}' &= (x)'\sin x + x(\sin x)' \\ &= \sin x + x\cos x\end{aligned}$$

問 7　次の関数を微分せよ.

(1)*　$(x^2-x+1)(x^2+1)$　　(2)*　$(x^2+3x)(x\sqrt{x}+1)$　　(3)*　$x^2\cos x$

(4)　$x\tan x$　　(5)　$(x-1)\ln x$　　(6)　xe^x

問 8　次の関数を微分せよ.

(1)　$(x-1)\sqrt{2x-1}$　　(2)　$x\cos^2 x$　　(3)　$(x^2+1)\tan 2x$

(4)　$\sin x\cos 2x$　　(5)　$(x^2-x)e^{-x}$　　(6)　$x(\ln x)^2$

微分の公式 VI (商の微分)

$$\left\{\frac{f}{g}\right\}' = \frac{f'g - fg'}{g^2}$$

例 7

(1)
$$\left\{\frac{x+3}{x-1}\right\}' = \frac{(x+3)'(x-1) - (x+3)(x-1)'}{(x-1)^2} = \frac{(x-1)-(x+3)}{(x-1)^2} = -\frac{4}{(x-1)^2}$$

(2)
$$\left\{\frac{\sin x}{x}\right\}' = \frac{(\sin x)'x - \sin x(x)'}{x^2} = \frac{x\cos x - \sin x}{x^2}$$

問 9　次の関数を微分せよ.

(1)* $\dfrac{2x-5}{x+2}$　(2)* $\dfrac{2x}{x^2+1}$　(3)* $\dfrac{\sqrt{x}}{\sqrt{x}-1}$

(4) $\dfrac{\tan x}{x-1}$　(5) $\dfrac{\ln x}{2x+1}$　(6) $\dfrac{e^x - e^{-x}}{e^x + e^{-x}}$

問 10　次の関数を微分せよ.

(1) $\dfrac{x}{(x+1)^2}$　(2) $\dfrac{2x-1}{x^2+x+1}$　(3) $\left(\dfrac{x-3}{x-2}\right)^2$

(4) $\dfrac{\sin x}{\cos 2x}$　(5) $\dfrac{1-e^x}{e^{2x}}$　(6) $\dfrac{\ln x}{\sqrt{x}+1}$

4.5　練習問題

練習問題 1　次の関数を微分せよ.

(1) $x^{\frac{1}{5}}$　(2) $x^{-\frac{2}{3}}$　(3) $\dfrac{1}{x\sqrt{x}}$

(4) $\dfrac{1}{x^3}$　(5) $(2x+1)^3$　(6) $\sin(x-2)$

(7) $\tan 5x$　(8) e^{2x+1}　(9) $\dfrac{1}{\sin 2x}$

(10) $\dfrac{1}{\tan x}$　(11) $\sqrt{1-x^2}$　(12) $\ln(\ln x)$

(13) $e^{\sin x}$　(14) $\ln(\cos x)$　(15) $\cos\sqrt{x}$

練習問題 2　次の関数を微分せよ.

(1) $\dfrac{1}{\sin^2 x}$　(2) $(\cos 3x)^2$　(3) $\ln\sqrt{x^2+1}$

(4) $e^{\sqrt{2x+1}}$　(5) $\sqrt{\tan 2x}$　(6) $e^{\cos(x^2+1)}$

第 5 章

微分と速度・加速度

5.1 高階導関数

関数 $y=f(x)$ の導関数 $f'(x)$ をさらに微分したものを**第 2 次導関数**という. 第 2 次導関数は y'', $f''(x)$, $\dfrac{d^2y}{dx^2}$ などとあらわされる. 同様に, 第 2 次導関数を微分したものを第 3 次導関数, 一般に, 第 $n-1$ 次導関数を微分したものを第 n 次導関数という. 第 n 次導関数は $y^{(n)}$, $f^{(n)}(x)$, $\dfrac{d^ny}{dx^n}$ などとあらわされる. 第 2 次導関数以降のものをまとめて**高階導関数**という.

例 1 $\sin 2x$, e^{2x+1} の第 2 次導関数を求めよ.

(解) $(\sin 2x)'=2\cos 2x$ より,

$$(\sin 2x)''=(2\cos 2x)'=-4\sin 2x.$$

同様に,

$$(e^{2x+1})''=(2e^{2x+1})'=4e^{2x+1}.$$

問 1 次の関数の第 2 次導関数を求めよ. (ヒント: (4), (5), (6) は積の微分の公式を用いる)

(1) $(2x+1)^4$ (2) $\cos 3x$ (3) $\ln x^2$

(4) $(x^2+1)^3$ (5) $\sqrt{x^2+1}$ (6) e^{x^2}

例 2 変位 $x\,[\mathrm{m}]$ が時間 $t\,[\mathrm{s}]$ の関数として $x=\cos\left(\dfrac{\pi}{4}t-\dfrac{\pi}{3}\right)$ であらわされるとき, $t=2\,\mathrm{s}$ における速度 $\dfrac{dx}{dt}$ および加速度 $\dfrac{d^2x}{dt^2}$ を求めよ.

(解) 公式 (3) を使って

$$\frac{dx}{dt}=-\frac{\pi}{4}\sin\left(\frac{\pi}{4}t-\frac{\pi}{3}\right),$$

$$\frac{d^2x}{dt^2}=-\left(\frac{\pi}{4}\right)^2\cos\left(\frac{\pi}{4}t-\frac{\pi}{3}\right).$$

$t=2\,\mathrm{s}$ を代入して

$$\frac{dx}{dt}=-\frac{\pi}{4}\sin\frac{\pi}{6}=-\frac{\pi}{4}\times\frac{1}{2}=-\frac{\pi}{8}\,\mathrm{m/s},$$

$$\frac{d^2x}{dt^2}=-\frac{\sqrt{3}\pi^2}{32}\,\mathrm{m/s^2}.$$

問 2* 次の関数で位置があらわされるとき, 速度, 加速度を求めよ.

(1) $y=2\sin 2t$ (2) $y=2\cos 2t$

5.2　練習問題

練習問題 1　次の関数の第2次導関数を求めよ.

(1)　$\sin(2x+1)$　　(2)　$\cos^2 3x$

(3)　$\sqrt{2x-1}$　　(4)　e^{x^2-x}

練習問題 2　物体の速さ v が $v = gt + v_0$ で与えられている. 運動エネルギー K は $K = \frac{1}{2}mv^2$ で与えられる. 運動エネルギー K の時間 t に対する変化の割合を求めよ.

練習問題 3　$x\,[\mathrm{m}]$ が時間 $t\,[\mathrm{s}]$ の関数として $x = \cos\frac{\pi}{6}t$ であらわされるとき $t = 3\,\mathrm{s}$ における速度, 加速度を求めよ.

練習問題 4　次の関数の時間に関する変化率を計算せよ. ただし, A, B, C, a, γ, δ, λ, ω は定数である. (ヒント: 積の微分の公式)

(1)　$x = Ate^{-\omega t+\delta}$　　(2)　$x = e^{-\lambda t}(At^2 + Bt + C)$

(3)　$x = Ae^{-\gamma t}\sin(\omega t + \delta)$　　(4)　$x = At\cos(\omega t + \delta)$

(5)　$x = Ae^{-\gamma t}\cos at$　　(6)　$x = At\sin^2(\omega t + \delta)$

練習問題 5　図のようなスライダ機構において, 半径 r のクランク軸が角速度 ω で回転するとき, ピストンの変位 x は $x = r\sin\omega t$ であらわされる. ただし, t は時間である. 以下の問に答えよ.

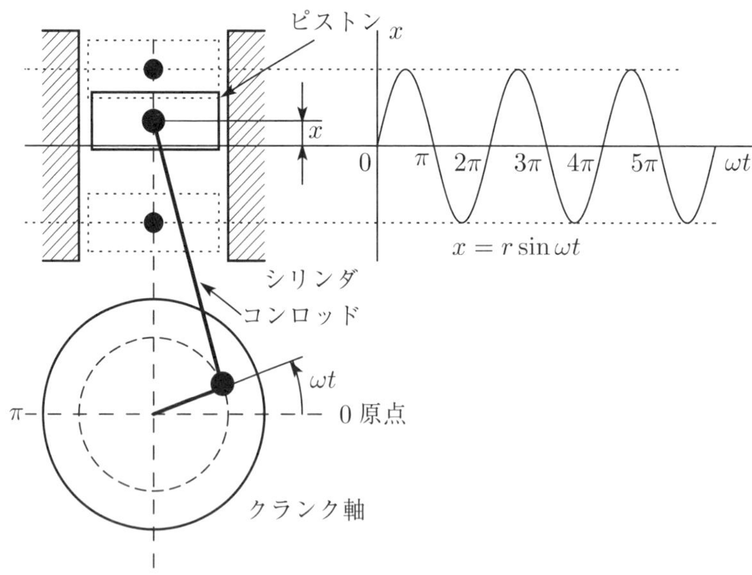

図 5.1

(1) $r = 30\,\mathrm{mm}$, $\omega = 2\pi$ [1/s] のとき, $t = 0.6\,\mathrm{s}$ でのピストンの変位 x を求めよ.

(2) ピストンの加速度 a を求めよ.

第 6 章

微分の応用

6.1 極値

関数 $y = f(x)$ について, $h(\neq 0)$ が十分小さいとき,

$$f(a) > f(a+h)$$

が成り立つとき, $f(a)$ を**極大値**という. 逆に,

$$f(a) < f(a+h)$$

が成り立つとき, $f(a)$ を**極小値**という. 極大値と極小値をあわせて**極値**という.

次が成り立つ.

- $x = a$ で $y = f(x)$ が極値をとれば, $f'(a) = 0$.
- $f'(a) = 0$ かつ $x = a$ の前後で, $f'(x)$ の符号が正から負に変化したら $x = a$ で極大値をとり, 負から正に変化したら $x = a$ で極小値をとる. それ以外の場合は極値ではない.

例 1 次の関数の極値を求めよ.

(1) $y = x^3 - 6x^2 + 9x - 1$ (2) $y = xe^{-x}$

(解) (1)

$$\begin{aligned} y' &= 3x^2 - 12x + 9 \\ &= 3(x-1)(x-3) \end{aligned}$$

より, 次の増減表をえる.

x		1		3	
y'	$+$	0	$-$	0	$+$
y	↗	極大	↘	極小	↗

したがって, $x = 1$ のとき極大値 3, $x = 3$ のとき極小値 -1.

(2) (1) と同様に, $y' = (1-x)e^{-x}$ を使って増減表をかくと,

x		1	
y'	$+$	0	$-$
y	↗	極大	↘

したがって, $x = 1$ のとき極大値 e^{-1}.

問 1　次の関数の極値を求めよ.

(1)* $y = x^3 - 3x$　　(2)* $y = -\frac{1}{3}x^3 - x^2 + 3x + 1$

(3) $y = e^{x^2-2x}$　　(4) $y = x^2 e^{2x}$

6.2　最大, 最小

例 2　$y = x^3 - 4x^2 - 3x + 2 \quad (-1 \leqq x \leqq 4)$ の最大値, 最小値を求めよ.

(解)

$$y' = 3x^2 - 8x - 3$$
$$= (3x+1)(x-3)$$

より, 次の増減表をえる.

x	-1		$-\frac{1}{3}$		3		4
y'		$+$	0	$-$	0	$+$	
y	0	↗	$\frac{68}{27}$	↘	-16	↗	-10
			極大		極小		

したがって, $x = 3$ のとき最小値 -16, $x = -\frac{1}{3}$ のとき最大値 $\frac{68}{27}$.

問 2　次の関数の最大値, 最小値を求めよ.

(1) $y = x - 2\sin x \quad (0 \leqq x \leqq 2\pi)$

(2) $y = x(\ln x - 1) \quad (1 \leqq x \leqq e)$

6.3　偏微分

波の様子を式であらわすことを考える. 波の高さは, その測定位置と時間によって異なる. したがって, 波の高さ y は位置 x と時間 t の関数としてあらわされる.

具体的に, 位置 x[m], 時間 t[s] の波の高さ y[m] が

$$y = 2\sin(3x - 4t)$$

であらわされるとする. このとき, 波の振幅の「速さ」を考えるには, ある点 $x = x_0$ を固定し, その点における時間に関する微分を求めればよい. これが**偏微分**である.

より一般に, 2変数以上の関数で, ある変数に着目して, 他の変数を定数とみて微分したものを (その変数に関する) 偏導関数という. 偏導関数を求めることを偏微分するという. 偏導関数は $\frac{\partial y}{\partial t}, \frac{\partial y}{\partial x}$ などとあらわされる. 上の例では,

$$\frac{\partial y}{\partial t} = -8\cos(3x - 4t) \qquad t \text{ に関して偏微分したもの}$$

$$\frac{\partial y}{\partial x} = 6\cos(3x - 4t) \qquad x \text{ に関して偏微分したもの}$$

と計算される.

例 3 $z = x^4 y^2$ を偏微分せよ.

(解) $\dfrac{\partial z}{\partial x} = 4x^3 y^2, \quad \dfrac{\partial z}{\partial y} = 2x^4 y.$

問 3 次の関数を偏微分せよ.

(1) $z = x^2 - y^2$ (2) $z = e^{xy}$

(3) $y = \cos(2x - t)$ (4) $y = -\sin(x - t)$

6.4 練習問題

練習問題 1 次の関数の極値を求めよ.

(1) $y = x^3 - 3x^2 - 9x + 2$ (2) $y = x + \dfrac{1}{x}$

(3) $y = x \ln x$ (4) $y = \dfrac{1}{2}x^2 - \ln x$

練習問題 2 次の関数の最大値, 最小値を求めよ.

(1) $y = x^3 - 3x^2 + 3x + 1 \quad (0 \leqq x \leqq 3)$

(2) $y = \dfrac{x^2}{x - 1} \quad \left(\dfrac{3}{2} \leqq x \leqq 4\right)$

(3) $y = \sqrt{3}x + 2\cos x \quad (0 \leqq x \leqq 2\pi)$

(4) $y = (x - 1)e^x \quad (-1 \leqq x \leqq 2)$

練習問題 3 次の関数を偏微分せよ.

(1) $z = (x^2 + y)^2$ (2) $z = \sin(xy - 1)$

(3) $y = 2\cos(\pi x - t)$ (4) $y = \sin\left(\dfrac{\pi}{2}(x - t)\right)$

第 7 章

総合演習 III

(第 1 章)

練習問題 1 $\mathbf{A} = \boldsymbol{i} + 2\boldsymbol{j}, \mathbf{B} = 3\boldsymbol{i} + \boldsymbol{j}, \mathbf{C} = 5\boldsymbol{i} + 5\boldsymbol{j}$ のとき,

$$\mathbf{C} = s\mathbf{A} + t\mathbf{B}$$

をみたす s, t 求めよ.

練習問題 2 $\mathbf{A} = \boldsymbol{i} - \boldsymbol{j}, \mathbf{B} = 2\boldsymbol{i} + \boldsymbol{j}$ のとき, $|\mathbf{A} + t\mathbf{B}|$ が最小になるような t を求めよ.

練習問題 3 ジェット旅客機で中緯度地方の高度 10 km 付近を飛ぶ旅では, 目的地の方向によってかかる時間が行きと帰りで大きく違うことがある. これは, 周りの空気に対する速度 (対空速度, 風がないときの地面に対する速さ) の大きさが一定でも, 偏西風 (ジェット気流) という地球規模の強い西風のために, 行きと帰りで地面に対する速度 (対地速度) が変わるためである. 次のような簡単なモデルで偏西風の速さを求めてみよう. (モデルは日本 – ハワイの往復飛行を平面上に簡単化したものである. なお, 実際の偏西風は大きく蛇行することがある.)

旅客機が A 点から B 点の間の AB を結ぶ直線上を往復飛行した. そのとき, A 点から B 点 (行き) では 6 時間, B 点から A 点 (帰り) は 8 時間かかった. AB 間の距離は 6000 km で, A 点から B 点を見た方角は真東から時計回りに測って 30° (ほぼ東南東) だった. 往復を通じて, 旅客機の対空速度の大きさは一定で, また, 偏西風は真東向きで同じ強さだった.

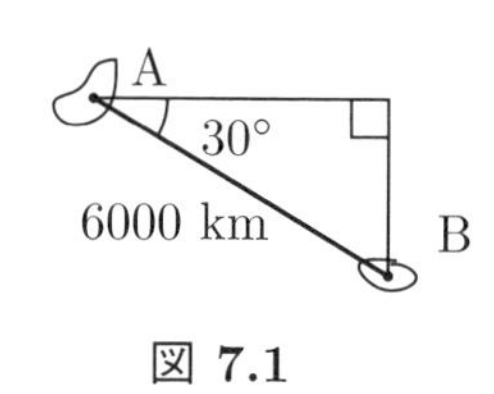

図 7.1

(1) 行きと帰りの旅客機の対地速度ベクトル (実際の速さ) をそれぞれ $\mathbf{V}, \mathbf{V}'$ とする. $|\mathbf{V}|$, $|\mathbf{V}'|$ を求めよ.

(2) 真東向きを x 軸の正の方向, 真北向きを y 軸の正の方向とする. $\mathbf{V} = V_x\boldsymbol{i} + V_y\boldsymbol{j}$, $\mathbf{V}' = V'_x\boldsymbol{i} + V'_y\boldsymbol{j}$ とあらわしたとき, V_x, V_y, V'_x, V'_y を求めよ.

(3) $\boldsymbol{w} = w_x\boldsymbol{i}$ を偏西風の速度ベクトル (行きと帰りで変わらない, 真東向き), $\boldsymbol{v}, \boldsymbol{v}'$ をそれぞれ行きと帰りの旅客機の対空速度ベクトルとする. $\boldsymbol{v}, \boldsymbol{v}'$ をそれぞれ $\mathbf{V}, \mathbf{V}', \boldsymbol{w}$ であらわせ.

(4) 偏西風の速さ w_x を求めよ. (ヒント. $\boldsymbol{v}, \boldsymbol{v}'$ のそれぞれの成分を w_x を用いてあらわし, $|\boldsymbol{v}| = |\boldsymbol{v}'|$ を利用せよ.)

(第 2 章)

練習問題 4 物体に力が働いて物体が動くとき, 力ベクトル $\boldsymbol{f}$ と変位ベクトル $\boldsymbol{s}$ とのスカラー積 $\boldsymbol{f} \cdot \boldsymbol{s}$ を力のした仕事という. 質量 m 速さ v_0 の物体が仕事をされて速さが v になったとす

ると,

$$\frac{1}{2}mv^2 - \frac{1}{2}mv_0^2 = \boldsymbol{f} \cdot \boldsymbol{s}$$

の関係がある. 次の場合, 仕事をされた後の速さ v を力 f と変位の大きさ s および v_0 を用いて表せ.

(1) 力と変位が同じ向き, (2) 力と変位が直角, (3) 力と変位の向きが反対.

練習問題 5 点 O を始点とする位置ベクトル $\boldsymbol{r}$ の終点 P に力 $\boldsymbol{f}$ を加えたとき, ベクトル $\boldsymbol{N} = \boldsymbol{r} \times \boldsymbol{f}$ を O の回りの力のモーメントまたはトルクという. 図 7.2 のような棒に, 図 7.2 のような力を加えたとき, O の回りの力のモーメントの大きさと向きを求めよ. またこれらの力を同時に加えたら力のモーメントはどうなるか. ただし各場合の力の大きさおよび作用点と O との距離は下に示した.

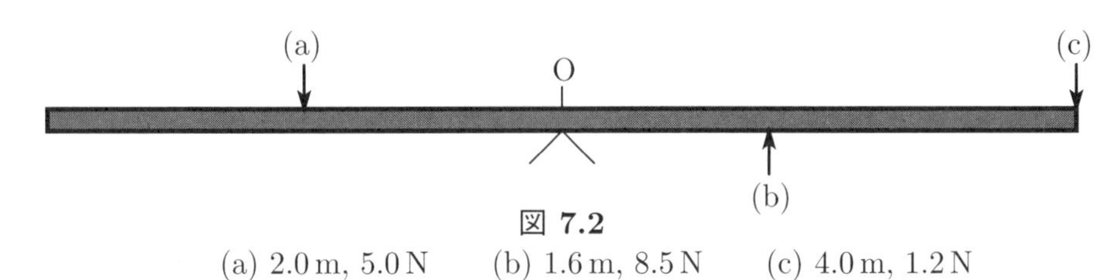

図 7.2

(a) 2.0 m, 5.0 N (b) 1.6 m, 8.5 N (c) 4.0 m, 1.2 N

(第 3 章)

練習問題 6 次の極限値が定まるように a, b の値を定め, そのときの極限値を求めよ.

(1) $\displaystyle\lim_{x \to 1} \frac{x^2 + ax + 3}{x - 1}$ (2) $\displaystyle\lim_{x \to 2} \frac{x^2 + x + b}{x^2 - 5x + 6}$

練習問題 7 次の極限値を求めよ.

(1) $\displaystyle\lim_{x \to 1} \frac{x - 1}{\sqrt{x} - 1}$ (2) $\displaystyle\lim_{x \to 0} \frac{\sqrt{x + 4} - 2}{x}$

(3) $\displaystyle\lim_{x \to 3} \frac{x - 3}{\sqrt{3x} - 3}$ (4) $\displaystyle\lim_{x \to 1} \frac{x^2 - x}{x - \sqrt{x}}$

(5) $\displaystyle\lim_{x \to 2} \frac{\sqrt{x + 2} - \sqrt{2x}}{x - 2}$ (6) $\displaystyle\lim_{x \to 1} \frac{\sqrt{x^2 + 3x} - 2}{x - 1}$

練習問題 8 $\displaystyle\lim_{x \to 0} \frac{\sin x}{x} = 1$ を利用して, 次の極限値を求めよ.

(1) $\displaystyle\lim_{x \to 0} \frac{\sin 2x}{x}$ (2) $\displaystyle\lim_{x \to 0} \frac{\tan x}{x}$

(3) $\displaystyle\lim_{x \to 0} \frac{x}{\sin 3x}$ (4) $\displaystyle\lim_{x \to 0} \frac{\sin 4x}{\sin 2x}$

(5) $\displaystyle\lim_{x \to 0} \frac{\tan 2x}{x}$ (6) $\displaystyle\lim_{x \to 0} \frac{\tan^2 x}{x^2}$

練習問題 9 次の関数を微分せよ.

(1) $y = 2x^2 - 5x$ (2) $y = t^4 + t^2 + 1$

(3) $y = m^3 - 2m + 1$ (4) $y = w^3 - w^2$

練習問題 10 次の関数の ( ) 内の x の値における微分係数を求めよ.

(1) $y = 4x^2 - 4x + 1 \quad (x = 1)$ (2) $y = x^4 - 3x^2 + 2 \quad (x = 2)$

(3)　$y = -x^3 + x + 1 \quad (x = -2)$　　　(4)　$y = 2x^3 - x^2 + x - 1 \quad (x = 0)$

練習問題 11　次の関数の後の各点における接線の方程式を求めよ.

(1)　$y = -2x^2 + 3, \quad (1, 1)$　　　(2)　$y = x^2 - 3x + 1, \quad (-1, 5)$

(3)　$y = x^3 - 1, \quad (2, 7)$　　　(4)　$y = x^4 + x - 1, \quad (0, -1)$

練習問題 12　点 $(3, -1)$ から放物線 $y = x^2 - 4x + 6$ に引いた接線を 2 本とも求めよ.

(第 4 章)

練習問題 13　次の関数の後の各点における接線の方程式を求めよ.

(1)　$y = \sqrt{2x+1}, \quad (4, 3)$

(2)　$y = e^{2x-4}, \quad (2, 1)$

練習問題 14　次の関数を微分せよ.

(1)　$(x-1)^2(x^2+1)$　　　(2)　$(x+\sqrt{x})(x^2-1)$　　　(3)　$(x^2+x+1)^2(x-1)$

(4)　$\sin x \ln x$　　　(5)　$(x^2+1)e^x$　　　(6)　$(x-2)e^{2x}$

(7)　$\dfrac{3x+5}{2x+3}$　　　(8)　$\dfrac{\sqrt{x}+1}{\sqrt{x}}$　　　(9)　$\left(\dfrac{x-1}{x^2+1}\right)^2$

(10)　$\dfrac{\ln x}{x^2}$　　　(11)　$\dfrac{\sin^2 x}{\cos x}$　　　(12)　$\dfrac{e^x + e^{-x}}{e^{2x}-1}$

練習問題 15　次の関数を微分せよ.

(1)　$(2x-1)^2(x+3)^3$　　　(2)　$\sin^3 x \cos^2 x$　　　(3)　$\sin 2x \cos 2x$

(4)　$x^3(\ln x)^2$　　　(5)　$\left(\dfrac{\ln x}{x^2+1}\right)^4$　　　(6)　$\sin(xe^x)$

(第 5 章)

練習問題 16　幅 b [m], 厚さ h [m] の板が壁から ℓ [m] 突き出している. この板の先端に P [N] の荷重が鉛直方向下向きに作用するとき, 壁からの距離が x [m] の位置では $y(x) = \dfrac{6\ell^3}{Ebh^3}\left\{\left(\dfrac{x}{\ell}\right)^2 - \dfrac{1}{3}\left(\dfrac{x}{\ell}\right)^3\right\}P$ であらわされる量だけたわむ. ここで, E [N/m^2] はヤング率と呼ばれる材料定数をあらわす.

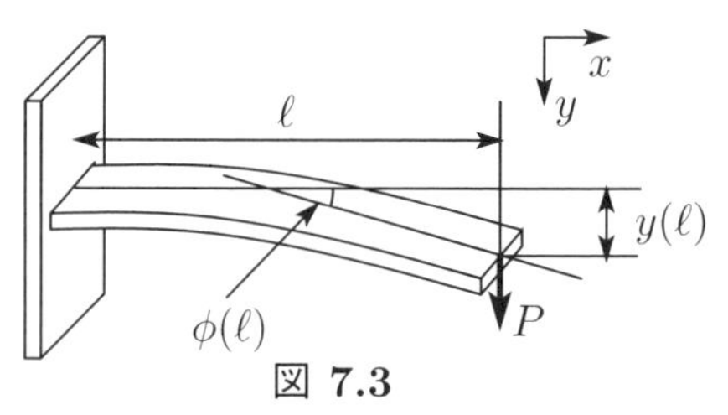

図 7.3

(1)　壁からの距離が x [m] の位置における, たわみ角 $\phi(x)$ を求めよ. ただし, $\phi(x) = \dfrac{dy}{dx}$ である.

(2)　板の先端におけるたわみ角 $\phi(\ell)$ を求めよ.

練習問題 17　次の式は, 制御工学の 2 次遅れ系の時間応答のステップ応答は, 次式で与えられる.

$$y = 1 - \frac{e^{-\zeta\omega_n t} \times \sin(\omega_d t + \theta)}{\sqrt{1-\zeta^2}}$$

ここで, ω_d は振動の周波数で, $\omega_d = \omega_n\sqrt{1-\zeta^2}$ で与えられる. また, $\theta = \tan^{-1}\dfrac{\sqrt{1-\zeta^2}}{\zeta}$ である.

(1) 上式で, $\zeta = 0.3$ の不足制御で, $\omega_n t = 4$ のときの $y(t)$ の値を求めよ. ただし, 計算はラジアンで行うこと.

練習問題 18 図 7.4 に示すような 1 自由度系 (減衰なし) の運動方程式は任意の時刻 t において次の式であらわされる. ここで m は質点の質量, k はばね定数, x は質点の変位 (位置) である. 次の問に答えよ.

$$m\frac{d^2x}{dt^2} + kx = 0$$

(1) $x = X\cos\omega t$ (ω は定数) と仮定する. このとき, $\dfrac{dx}{dt}$, $\dfrac{d^2x}{dt^2}$ を求めよ.

(2) (1) のとき, 上式を用いて ω を求めよ. ただし, $X \neq 0, \omega > 0$ とする.

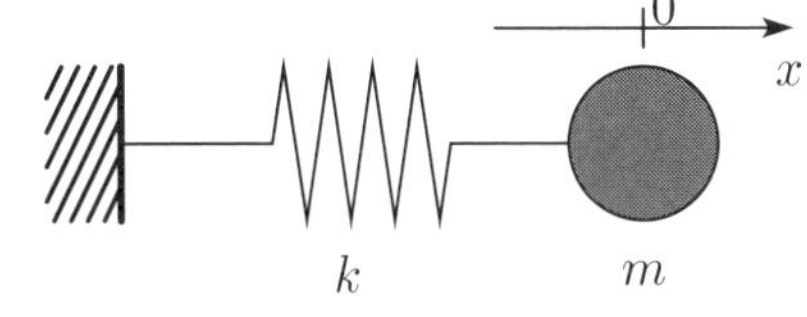

図 7.4 1 自由度系 (減衰なし)

(第 6 章)

練習問題 19 物体を初速度 $v_0 = 10\,\mathrm{m/s}$ で真上に投げ上げた場合と, 仰角 (水平から測った上向きの角) $\theta = 30°$ で投げ上げた場合と, 最高点に達するまでの時間と, その高さを求めなさい. ただし, 重力加速度は $g = 9.8\,\mathrm{m/s^2}$ とする.

練習問題 20 (1) 第 5 章の 例題 1 (60 ページ) を考える. 物体の体積 V に関しても同様の式

$$V = V_0(1+\alpha t)$$

が成り立つことが知られている (V_0, α は定数). $V = l^3$ として, 式 (5.2) を利用し, その両辺を t に関して微分することにより, $\alpha \fallingdotseq 3\beta$ を示せ.

(2) 適当な金属を接合して作る熱電対による起電力 E は, 接合点の温度差を t とすると

$$E = -At^2 + Bt$$

であらわされる. ここで, A, B は定数である. E を最大にする温度差 t は, どうあらわすことができるか.

第 8 章

積分と速度・加速度

物体に沿った移動距離の計測は, ローラーの回転などを利用して行われるが, ロケットの移動距離は, どのようにしてわかるのだろうか?

ロケットは, 加速度計を積んでいて自身の加速度を測定し, それを時間で積分することにより, 移動距離を求めている.

例 1 H-IIA ロケットの打ち上げから 1 分後の移動距離を求めてみよう.

(解) 最近のロケットエンジンの加速度は $2g$ (重力加速度の 2 倍) で設計されている. H-IIA のエンジンも資料によると, 加速度は $2g$ である. 運転データは見当たらないので, この $2g$ (一定) で真上に打ちあがったとしよう. 真上に打ちあがったロケットには, 重力加速度 g がかかるのでロケットの加速度は g (約 $9.8\,\mathrm{m/s^2}$) になる.

初めの速度が $0\,\mathrm{m/s}$ であるとき, t_1[s] 後の速度 v[m/s] は, 加速度を a[m/s^2] を積分して,

$$v = \int_0^{t_1} a\,dt$$

として求めることができる. さらに, 初めの地点からの t_1[s] 後の移動距離 x[m] は, 速度 v[m/s] を積分して,

$$x = \int_0^{t_1} v\,dt$$

として求めることができる. t_1 は 0 より大きければ同様に考えられるので, t[s] として,

$$v = \int_0^{t} a\,dt = at$$

とあらわすことができる. よって, 今回のロケットの 1 分後の移動距離は,

$$x = \int_0^{60} v\,dt = \int_0^{60} at\,dt = g\int_0^{60} t\,dt = \frac{1}{2} \times 9.8 \times \Big[t^2\Big]_0^{60} = 17,640\,\mathrm{m}$$

として求めることができる.

5 章では, 距離と時間の関係を微分して瞬間の速さを求めたが, 今度は, 加速度を積分すれば移動距離が求まることがわかった. 位置, 速度, 加速度の間には, 図のような関係があり, よく使われるので, 覚えておこう.

また, 例 1 では, 加速度が一定であったので, 比較的簡単であったが, 加速度が変化するときには, もう少し複雑である. 材料のたわみ, エンジン設計の基礎や熱の伝わり方などを学習する 2 年生, 3 年生の科目では, いろいろな関数を積分することもある. 本章から 3 章にわたる積分の基礎をしっかり身につけておいて欲しい.

8.1 原始関数

関数 $y = f(x)$ について,

$$F'(x) = f(x)$$

をみたす関数 $F(x)$ を $f(x)$ の**原始関数**という. 例えば, $(x^2)' = 2x$ より, x^2 は $2x$ の原始関数である.

原始関数は 1 つとは限らない. 例えば, $x^2 - 1$ も $x^2 + 3$ も $2x$ の原始関数である. 一般に, $F(x)$ を $f(x)$ の原始関数の 1 つとすると, $f(x)$ の原始関数は

$$F(x) + C \qquad (C \text{ は定数})$$

とあらわされる. これを

$$\int f(x)\,dx = F(x) + C$$

とあらわし, $f(x)$ の**不定積分**という. また, 定数 C を**積分定数**という. 上の例では,

$$\int 2x\,dx = x^2 + C$$

とあらわされる.

関数の不定積分を求めることを, 関数を**積分する**という.

例 2 点 P は, 時刻 $t = 0$ のとき原点をある速さで通過し, 時刻 $t(\geqq 0)$ では x 軸上を速さ $v = -6t^2 + 24$ で走っていたという. 時刻 $t(\geqq 0)$ における点 P の加速度, 及び位置を計算しなさい. ただし, 単位は時間は s (秒), 速さは m/s とする. また $t = 3\,\mathrm{s}$ のときの, 点 P の加速度, 及び位置を計算せよ.

(解) $v = -6t^2 + 24$ を微分して, 加速度 a は,

$$a = \frac{d}{dt}v = \frac{d}{dt}\left(-6t^2 + 24\right) = -12t.$$

位置を x とすると, 速さ $v = -6t^2 + 24$ を積分して,

$$x = \int \left(-6t^2 + 24\right) dt = -2t^3 + 24t + C.$$

時刻 $t = 0$ のとき原点を通過したことが問題よりわかるから, 上式に $t = 0$ を代入して, $C = 0$ となって, これを x の式に代入して, 時刻 $t(\geqq 0)$ の点 P の位置は

$$x = -2t^3 + 24t$$

となる. $t = 3\,\mathrm{s}$ のときの点 P の加速度, 及び位置は, それぞれ

$$a = -12 \times 3 = -36\,\mathrm{m/s^2}$$

$$x = -2 \times 3^3 + 24 \times 3 = 18\,\mathrm{m}$$

問 1 直線上を運動している点 P は, 加速度が一定値 $-6\,\mathrm{m/s^2}$ で, $t = 0$ のとき, 位置 $x = 0$, 速さ $v = 30\,\mathrm{m/s}$ であった. $0 \leqq t$ における任意の時刻 t における点 P の速さ, および位置を計算せよ.

問 2*　直線上を速さ $v_0 = 30\,\mathrm{m/s}$ (時速 108 km) で走っている車が, 危険を感じブレーキ (一定の加速度 $a = -5\,\mathrm{m/s^2}$) をかけた. ブレーキをかけてからの時間を t とすると, t 秒後の車の速さは $v = v_0 + at$ であらわされる. 次の問に答えよ.

(1) ブレーキをかけてから t 秒後 $(0 \leqq t \leqq 6)$ までに車が走る距離を求めよ.

(2) ブレーキをかけてから 3 秒後までに車が走る距離を求めよ.

8.2　練習問題

練習問題 1*　一直線上の運動で $v = -t^2 + 3t[\mathrm{m/s}]$ で速さ v があらわされるとき, 出発後 3.0 秒後の加速度, および変位を求めよ.

練習問題 2　質点が一直線上を初速 10 m/s で動き出し, その後 $-2.0\,\mathrm{m/s^2}$ の加速度をうけた. 次の問に答えよ.

(1) t 秒後の速さを求めよ.

(2) t 秒間に動いた距離を求めよ.

(3) 止まるまでの時間を求めよ.

(4) 止まるまでに動いた距離を求めよ.

練習問題 3　進行方向の加速度を測定できる機材を車に積み, その変化を測定すると以下のようになった.

0 秒後から 5 秒後まで：$5\,\mathrm{m/s^2}$,

5 秒後から 10 秒後まで：$2.5\,\mathrm{m/s^2}$,

10 秒後から 20 秒後まで：$0\,\mathrm{m/s^2}$,

20 秒後から 30 秒後まで：$-2\,\mathrm{m/s^2}$,

(1) 停車状態から測定したとすると, 30 秒後の車の速度を求めよ.

(2) (1) のとき, この車の 30 秒間の走行距離を求めよ.

第 9 章

不定積分の計算

これから不定積分の計算の練習をおこなう．その前に，この章では積分定数を省略することを注意する．したがって，例えばしばらく

$$\int 2x\,dx = x^2$$

とあらわすことにする．もちろん，正確にはこのあらわし方は正しくなく，

$$\int 2x\,dx = x^2 + C \qquad (C \text{ は積分定数})$$

が正しい．

9.1　x^α の積分

$\alpha \neq 0$ のとき，

$$(x^\alpha)' = \alpha x^{\alpha-1}$$

より，次の積分公式をえる．

$$\int x^\alpha\,dx = \frac{1}{\alpha+1}x^{\alpha+1} \qquad (\alpha \neq -1)$$

(右辺を実際微分して確かめよ)

$\alpha = -1$ のときは，

$$\int x^{-1}\,dx = \int \frac{1}{x}dx = \int \frac{dx}{x} = \ln|x|$$

である．

注意: $(\ln|x|)' = \dfrac{1}{x}$ である．実際，$x > 0$ のとき，$(\ln|x|)' = (\ln x)' = \dfrac{1}{x}$.

$x < 0$ のとき，$(\ln|x|)' = (\ln(-x))' = -\dfrac{1}{(-x)} = \dfrac{1}{x}$.

例 1

(1)　$\displaystyle\int x^2\,dx = \frac{1}{3}x^3$

(2)　$\displaystyle\int \frac{dx}{\sqrt{x}} = 2\sqrt{x}$

問 1*　次の不定積分を求めよ．

(1)　$\displaystyle\int x\,dx$　　(2)　$\displaystyle\int x^3\,dx$　　(3)　$\displaystyle\int \sqrt{x}\,dx$

(4)　$\displaystyle\int \sqrt[3]{x}\,dx$　　(5)　$\displaystyle\int \frac{dx}{x^2}$　　(6)　$\displaystyle\int \frac{dx}{x\sqrt{x}}$

9.2　$f(ax+b)$ の積分

さらに, 微分の公式より, 次の積分の公式をえる.

$$\int \sin x\,dx = -\cos x, \qquad \int \cos x\,dx = \sin x$$

$$\int e^x\,dx = e^x.$$

これらは単独で用いられる場合は非常に少ない. 次の公式と同時に用いられる場合がほとんどである.

$a(\neq 0), b$ が定数のとき, $\{f(ax+b)\}' = a\,f'(ax+b)$ より, 次をえる.

$$\int f(ax+b)\,dx = \frac{1}{a}F(ax+b)$$

ここで, $F(t)$ は $f(t)$ の原始関数.

例 2　次の不定積分を求めよ. ($a(\neq 0), b$ は定数)

(1) $\displaystyle\int (ax+b)^2 dx$　　(2) $\displaystyle\int \frac{dx}{ax+b}$

(解)

(1) $\displaystyle\int (ax+b)^2 dx = \frac{1}{3a}(ax+b)^3$

(2) $\displaystyle\int \frac{dx}{ax+b} = \frac{1}{a}\ln|ax+b|$

問 2　次の不定積分を求めよ. ($a(\neq 0), b$ は定数)

(1) $\displaystyle\int (ax+b)^3 dx$　　(2) $\displaystyle\int \frac{dx}{(ax+b)^2}$　　(3) $\displaystyle\int \sqrt{ax+b}\,dx$

(4) $\displaystyle\int \sin(ax+b)dx$　　(5) $\displaystyle\int \cos(ax+b)dx$　　(6) $\displaystyle\int e^{ax+b}dx$

問 3*　次の不定積分を求めよ.

(1) $\displaystyle\int (2x-1)^3 dx$　　(2) $\displaystyle\int (3-2x)^4 dx$　　(3) $\displaystyle\int \sqrt{x+5}\,dx$

(4) $\displaystyle\int \sqrt{1-x}\,dx$　　(5) $\displaystyle\int \frac{dx}{x-2}$　　(6) $\displaystyle\int \frac{dx}{3x-2}$

(7) $\displaystyle\int \sin 2x\,dx$　　(8) $\displaystyle\int \cos(3x+1)dx$　　(9) $\displaystyle\int e^{3x}dx$

9.3　置換積分, 部分積分 (発展)

合成関数の微分法より, 次の置換積分の公式をえる.

$$\int g'(x)f(g(x))dx = F(g(x)),$$

ただし, $F(x)$ は $f(x)$ の原始関数. 特に, $t = g(x)$ と置き換えることにより, 簡単に積分できるようになる.

例 3　次の不定積分を求めよ.

(1) $\displaystyle\int 2x(x^2+1)^2 dx$　　(2) $\displaystyle\int 2x\sin(x^2+1)dx$

(解) $t = x^2 + 1$ とおくと, $\dfrac{dt}{dx} = 2x$. そこで, (形式的に) $dt = 2x\,dx$ として置換すると,

$$(1) \quad \int 2x(x^2+1)^2 dx = \int t^2 dt = \frac{1}{3}t^3 = \frac{1}{3}(x^2+1)^3$$

$$(2) \quad \int 2x \sin(x^2+1) dx = \int \sin t\, dt = -\cos t = -\cos(x^2+1)$$

一般に, どんな場合でも, 形式的な置換 $dt = g'(x)dx$ をおこなって計算しても正しい結果をえる.

問 4 次の不定積分を求めよ.

(1) $\displaystyle\int \frac{2x}{x^2+1} dx$ (2) $\displaystyle\int 2x\sqrt{x^2+1}\, dx$

(3) $\displaystyle\int 2x\ \cos(x^2+1) dx$ (4) $\displaystyle\int 2xe^{x^2+1} dx$

問 5 次の不定積分を求めよ.

(1) $\displaystyle\int (x+1)(x^2+2x+3)^3 dx$ (2) $\displaystyle\int \frac{x}{\sqrt{x^2-2}} dx$

(3) $\displaystyle\int \frac{e^x+e^{-x}}{e^x-e^{-x}} dx$ (4) $\displaystyle\int \tan x\, dx$

積の微分の公式より, 次の部分積分の公式をえる.

$$\int f'g\, dx = fg - \int fg'\, dx$$

例 4

$$(1) \int x\ \sin x\, dx = \int (-\cos x)' x\, dx$$
$$= (-\cos x)x - \int (-\cos x)(x)' dx$$
$$= -x\cos x + \int \cos x\, dx$$
$$= -x\cos x + \sin x$$

$$(2) \quad \int x^2 e^x\, dx = \int (e^x)' x^2\, dx$$
$$= e^x x^2 - \int e^x (x^2)' dx$$
$$= x^2 e^x - 2\int (e^x)' x\, dx$$
$$= x^2 e^x - 2\left\{e^x x - \int e^x dx\right\}$$
$$= x^2 e^x - 2(xe^x - e^x)$$
$$= (x^2 - 2x + 2)e^x$$

問 6 次の不定積分を求めよ.

(1) $\displaystyle\int x\ \cos x\, dx$ (2) $\displaystyle\int x\ \sin 2x\, dx$

(3) $\displaystyle\int x\, e^{2x} dx$ (4) $\displaystyle\int (2x+1)^2 e^x\, dx$

例 5 不定積分 $\displaystyle\int \ln x\, dx$ を求めよ．

(解)

$$\begin{aligned}\int \ln x\, dx &= \int (x)' \ln x\, dx \\ &= x \ln x - \int x (\ln x)' dx \\ &= x \ln x - \int x \frac{1}{x}\, dx \\ &= x \ln x - x\end{aligned}$$

9.4 練習問題

練習問題 1 次の不定積分を求めよ．

(1) $\displaystyle\int x\sqrt{x}\, dx$ (2) $\displaystyle\int \sqrt[3]{x^2}\, dx$ (3) $\displaystyle\int \frac{dx}{\sqrt[4]{x^3}}$

(4) $\displaystyle\int (3x+1)^2 dx$ (5) $\displaystyle\int \sqrt{2x-1}\, dx$ (6) $\displaystyle\int \frac{dx}{\sqrt{1-x}}$

(7) $\displaystyle\int \frac{dx}{2x+1}$ (8) $\displaystyle\int \sqrt[3]{1-2x}\, dx$ (9) $\displaystyle\int (2x+1)\sqrt{2x+1}\, dx$

(10) $\displaystyle\int \sin(2-x) dx$ (11) $\displaystyle\int \cos 5x\, dx$ (12) $\displaystyle\int e^{2x+1} dx$

練習問題 2 次の不定積分を求めよ．

(1) $\displaystyle\int x^2(x-1) dx$ (2) $\displaystyle\int x\sqrt{x-1}\, dx$ (3) $\displaystyle\int \frac{x^2-1}{x}\, dx$

(4) $\displaystyle\int \frac{x-1}{\sqrt{x}}\, dx$ (5) $\displaystyle\int \left(\sqrt{x} + \frac{1}{\sqrt{x}}\right)^2 dx$ (6) $\displaystyle\int (e^x + e^{-x})^2 dx$

第 10 章

定積分

10.1　定積分

関数 $y = f(x)$ の原始関数を $F(x)$ とする. 実数, a, b に対し,

$$\int_a^b f(x)dx = \Big[F(x)\Big]_a^b = F(b) - F(a)$$

を a から b までの**定積分**という. もちろん, 定義よりこの値は原始関数のとり方によらない. (原始関数が存在しない場合も, 定積分を考えることはできるが, ここでは取り扱わない)

定義より, 次が成り立つ.

$$\int_b^a f(x)dx = -\int_a^b f(x)dx$$

$$\int_a^b f(x)dx = \int_a^c f(x)dx + \int_c^b f(x)dx$$

例 1　次の定積分を求めよ.

(1) $\displaystyle\int_{-1}^2 (x^2 - x + 2)dx$　　(2) $\displaystyle\int_0^\pi \sin x\, dx$

(解)

(1)
$$\begin{aligned}\int_{-1}^2 (x^2 - x + 2)dx &= \left[\frac{1}{3}x^3 - \frac{1}{2}x^2 + 2x\right]_{-1}^2 \\ &= \left(\frac{1}{3}2^3 - \frac{1}{2}2^2 + 2\cdot 2\right) - \left(\frac{1}{3}(-1)^3 - \frac{1}{2}(-1)^2 + 2(-1)\right) \\ &= \frac{14}{3} - \left(-\frac{17}{6}\right) \\ &= \frac{15}{2}\end{aligned}$$

(2)
$$\begin{aligned}\int_0^\pi \sin x\, dx &= \Big[-\cos x\Big]_0^\pi \\ &= -(-1) - (-1) \\ &= 2\end{aligned}$$

問 1*　次の定積分を求めよ.

(1) $\displaystyle\int_0^2 (-x^2 + 2x)dx$　　(2) $\displaystyle\int_{-1}^3 \sqrt{2x+3}\, dx$　　(3) $\displaystyle\int_0^{\frac{\pi}{6}} \cos 3x\, dx$

(4) $\displaystyle\int_0^1 (e^x - e^{1-x})dx$　(5) $\displaystyle\int_{\frac{\pi}{4}}^{\frac{3}{4}\pi} \sin(2x-\pi)dx$　(6) $\displaystyle\int_1^e \frac{dx}{x}$

関数 $y = f(x)$ について, すべての x について,

$$f(-x) = -f(x)$$

をみたすとき, **奇関数**といい,

$$f(-x) = f(x)$$

をみたすとき, **偶関数**という. 例えば, $x, x^3, \sin x, \tan x$ などは奇関数で, $x^2, x^4, \cos x$ は偶関数である.

奇関数, 偶関数の定積分について次が成り立つ.

$$\int_{-a}^{a} f(x)dx = 0 \qquad (f(x)\text{ が奇関数のとき})$$

$$\int_{-a}^{a} f(x)dx = 2\int_0^a f(x)dx \qquad (f(x)\text{ が偶関数のとき})$$

例 2　次の定積分を求めよ.

(1) $\displaystyle\int_{-1}^{1} (x^3 + x)dx$　(2) $\displaystyle\int_{-2}^{2} (x^3 + 3x^2)dx$

(解) (1) x^3, x ともに奇関数より,

$$\int_{-1}^{1} (x^3 + x)dx = 0$$

(2) x^3 は奇関数, x^2 は偶関数より,

$$\begin{aligned}\int_{-2}^{2} (x^3 + 3x^2)dx &= 2\int_0^2 3x^2\,dx \\ &= 2\Big[x^3\Big]_0^2 \\ &= 16\end{aligned}$$

問 2　次の定積分を求めよ.

(1) $\displaystyle\int_{-1}^{1} (x^3 + x^2 + x - 2)dx$　(2) $\displaystyle\int_{-\pi}^{\pi} (\sin 2x + \cos x)dx$

例 3　シリンダー内の気体 (理想気体) の体積が V_1 から V_2 $(V_1 \leqq V_2)$ に膨張したとき, 外に取り出せる仕事はいくらか. ただし, シリンダーの温度 T_0 は一定 (等温変化) とし, 理想気体の状態方程式 $PV = nRT_0$ である. ここで, n はシリンダー内の気体の物質の量 (モル数), R は気体定数で, ともに一定である.

(解) この場合の仕事は $W = \displaystyle\int_{V_1}^{V_2} P\,dV$ で求められる. シリンダー内の圧力 P は理想気体の状態方程式から $P = \dfrac{nRT_0}{V}$ である. よって, 仕事 W は

$$W = \int_{V_1}^{V_2} P\,dV = \int_{V_1}^{V_2} \frac{nRT_0}{V}dV = nRT_0 \int_{V_1}^{V_2} \frac{dV}{V} = nRT_0\,(\ln V_2 - \ln V_1) = nRT_0 \ln\left(\frac{V_2}{V_1}\right)$$

となる. この仕事がエンジンの 1 回の爆発でえられるエネルギーで, 熱機関はこのエネルギーで駆動力をえている.

例 4　空気中にある高温の物体の温度は, 周囲への熱放射や空気の対流などによって, やがて空気と同温になる. 物体が時刻 t に T の温度をもち, 周囲の温度は一定で T_0 とすると, 次の瞬間 dt の間に周囲に逃れる熱量は, 実験的に

$$\delta Q = k(T - T_0)dt$$

であることが知られている. 物体の熱容量を W とおけば, 冷却の場合には $\delta Q = -W\,dT$ (dT は δQ による温度上昇とする) であるから, この 2 つの式から下記の式が得られる.

$$-W\,dT = k(T - T_0)dt$$

時刻 $t = 0$ での物体の温度を T_1 とし, この式を積分して

$$T - T_0 = (T_1 - T_0)e^{-kt/W}$$

となることを示せ.

(解) えられた式を変形して,

$$\frac{dT}{T - T_0} = -\frac{k}{W}dt,$$

その両辺を積分すると,

$$\int_{T_1}^{T} \frac{dT}{T - T_0} = -\frac{k}{W}\int_0^t dt.$$

である. ここで,

$$(\text{左辺}) = [\ln(T - T_0)]_{T_1}^{T} = \ln(T - T_0) - \ln(T_1 - T_0) = \ln\frac{T - T_0}{T_1 - T_0}$$

$$(\text{右辺}) = \left[-\frac{k}{W}t\right]_0^t = -\frac{k}{W}t.$$

したがって, $\dfrac{T - T_0}{T_1 - T_0} = e^{-kt/W}$.

問 3　質量 m の雨滴は風のない大気中では, 速さに比例する抵抗力 $-kmv$ (k: 単位質量あたりの抵抗係数) を受けて鉛直落下をする. 時刻 t での落下速度は $v = \dfrac{g}{k}\left(1 - e^{-kt}\right)$ であらわされる. 時刻 t での落下距離を $x = \displaystyle\int_0^t v\,dt$ より求めよ. ここで, g は重力加速度であり, 時刻 $t = 0$ での位置を $x = 0$ としている.

例 5　導体の断面 S を, 短い時間 Δt の間に ΔQ の電荷が通過したとき, 電流が流れたといい, その電流は $I = \Delta Q/\Delta t$ であらわされる. 電流が $I = I_0 \sin\omega t$ であらわされるとき, t 時間に断面 S を通過する電荷の総和を求めよ. ただし, ω は定数とする.

(解)
$$\int_0^t I\,dt = \int_0^t I_0 \sin\omega t\,dt = \left[-\frac{I_0}{\omega}\cos\omega t\right]_0^t = \frac{I_0}{\omega}(1 - \cos\omega t).$$

問 4　巻き線コイル中を通過する磁束 Φ が時間的に変化すると, コイルに起電力が発生する. この起電力は $V = -\Delta\Phi/\Delta t$ であらわされる. コイルの起電力が $V = V_0 \sin 2\pi f t$ であらわされるとき, 時間 t の間にコイルを貫通する磁束の総和を $\Phi = -\displaystyle\int_0^t V\,dt$ より求めよ. ただし, $2\pi f = \omega$ は定数とする.

10.2　置換積分 (発展)

例 6　定積分 $\displaystyle\int_1^2 (2x+3)(x^2+3x-1)dx$ を求めよ.

(解)　$t = x^2+3x-1$ とおくと, $\dfrac{dt}{dx} = 2x+3$. したがって, $(2x+3)dx = dt$. 一方, x が 1 から 2 まで動くとき, t は 3 から 9 まで動くので,

$$\int_1^2 (2x+3)(x^2+3x-1)dx = \int_3^9 t\,dt = \left[\frac{1}{2}t^2\right]_3^9 = \frac{1}{2}(9^2-3^2) = 36$$

問 5　次の定積分を求めよ.

(1)　$\displaystyle\int_1^3 x(x^2+1)^2 dx$　　(2)　$\displaystyle\int_0^3 \frac{x}{\sqrt{x^2+16}}\,dx$

(3)　$\displaystyle\int_1^e \frac{(\ln x)^2}{x}\,dx$　　(4)　$\displaystyle\int_0^1 2xe^x dx$

10.3　練習問題

練習問題 1　次の定積分を求めよ. (ヒント: (6) は置換積分)

(1)　$\displaystyle\int_1^3 (x^2-x+1)dx$　　(2)　$\displaystyle\int_0^1 \sqrt{3x+1}\,dx$

(3)　$\displaystyle\int_1^5 \frac{dx}{\sqrt{2x-1}}$　　(4)　$\displaystyle\int_{\frac{\pi}{12}}^{\frac{\pi}{9}} \sin 3x\,dx$

(5)　$\displaystyle\int_3^4 \left(\frac{1}{x-2} - \frac{1}{x-1}\right)dx$　　(6)　$\displaystyle\int_{-1}^2 (2x-1)e^{x^2-x-2}dx$

練習問題 2　次の定積分を求めよ. (ヒント: (1) は置換積分, (2), (3) は部分積分)

(1)　$\displaystyle\int_0^{\frac{\pi}{3}} \tan x\,dx$　　(2)　$\displaystyle\int_0^{\frac{\pi}{2}} x\sin x\,dx$　　(3)　$\displaystyle\int_1^e \ln x\,dx$

第 11 章

積分の応用

11.1　面積

例題 1　図 のような水面の高さが一定に保たれた水槽がある．壁面の一部に孔を開けると，この孔 (オリフィスという) より流出する体積流量は，

(体積流量) ＝ (孔の断面積) × (流速)

で求められる．

流速 v はベルヌーイの定理から，

$$v = \sqrt{2gz}$$

z は水面から孔までの深さである．したがって，孔の断面積を a，体積流量を Q とすると，

$$Q = ca\sqrt{2gz}$$

となる．c は流量係数 ($c \leqq 1$) で，縮流などにより孔の断面積いっぱいに水が流れないことによる係数である．

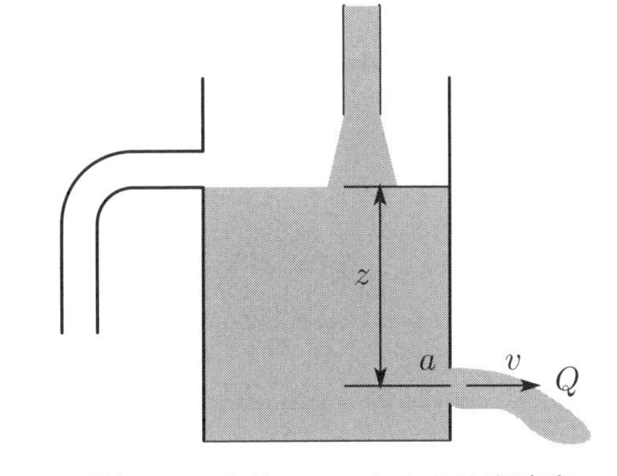

図 11.1 オリフィスからの流出速度

図 11.2 にせきを示す．

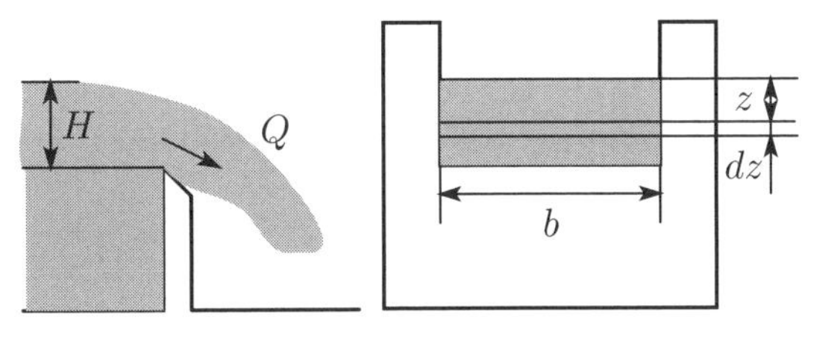

図 11.2 せき (四角せき)

せきは流量計の一種で，水路の途中に堰板 (せきいた) を設けて，その上をこえて流れるようにした場合，堰板の縁から水面までの高さ H を測定することによって，水路の流量を求めることができる．図 11.2 において水面から任意の深さ z のところに微小幅 dz の部分を考える．その点の水路の幅を b とすると，微小面積 $b \times dz$ を 1 つのオリフィスのように考えることによってこの部分の流量は，

$$dQ = cbdz\sqrt{2gz}$$

であらわされる．上式を積分すると，せきをこえて流れる全流量がえられる．

$$Q = cb\sqrt{2g}\int_0^H \sqrt{z}\,dz \tag{11.1}$$

せきは構造が簡単で，あまり精度を必要としない大流量の測定用として用いられる．

問題 1.　(11.1) を積分して流量 Q を求めてみよ．

問題 2.　流路を流れる流量が，あまり大きくない場合には，図 11.3 に示す三角せきが用いら

れる．三角せきにより流量が求められる式を導いてみよう．(記号の違うところがあるので注意しましょう.) 流量係数は c です．

ここで $b = 2(H-h)\tan\dfrac{\alpha}{2}$ なることを利用しよう．

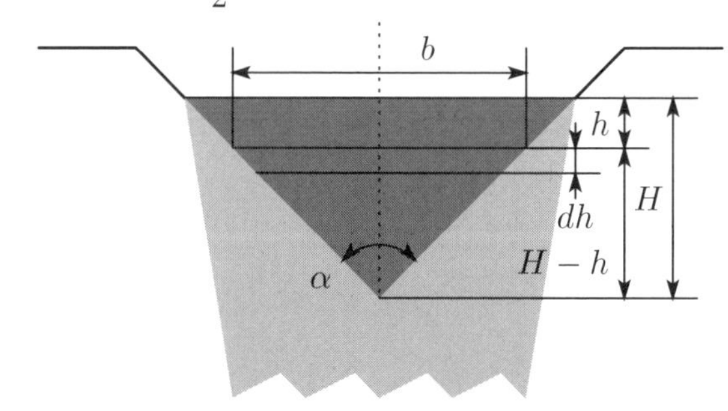

図 11.3 三角せき

例 1　底辺の長さ 15 cm, 高さ 10 cm の直角三角形の面積を求めてみよう.三角形の面積は (底辺) × (高さ) ÷2 だから, $15 \times 10 \div 2 = 75\,\mathrm{cm}^2$ である．

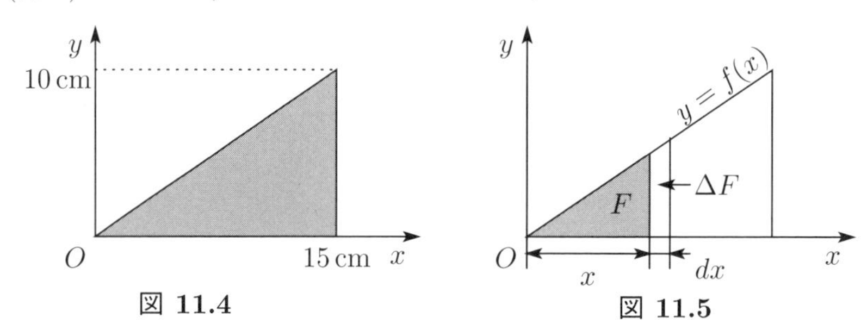

図 11.4　　**図 11.5**

いま, この直角三角形の底辺を x 軸, 高さを y 軸にとり, 斜辺の直線の方程式を求めると,

$$y = \frac{10}{15}x$$

これを $\displaystyle\int_0^{15} \frac{10}{15}x\,dx = F$ とおいて積分値を求めると, $F = 75$ (単位 cm^2) となる．これは次のように説明できる．

いま, $x = 0$ から x までの曲線 $y = f(x)$ と x 軸に囲まれた斜線であらわした面積 F は, x の値が変われば変わるのだから, 関数 $F(x)$ と考えられる．x の増分 Δx と面積の増分 ΔF の比 $\dfrac{\Delta F}{\Delta x}$ について $\Delta x \to 0$ のとき, $\displaystyle\lim_{\Delta x \to 0}\frac{\Delta F}{\Delta x} = F'(x)$ となり, $F(x)$ の導関数である．ΔF は長方形 $\displaystyle\lim_{\Delta x \to 0}\frac{\Delta F}{\Delta x} = f(x)$ と考えられるから, $F'(x) = f(x)$ である．よって, $\displaystyle\int f(x)\,dx = F(x)$ となり, 積分は面積をあらわす関数を意味している．

区間 $a \leqq x \leqq b$ で, $f(x) \geqq g(x)$ が成り立つとき, $y = f(x)$, $y = g(x)$, $x = a$, $x = b$ で囲まれた図形の面積は次の定積分で与えられる．

$$\int_a^b \{f(x) - g(x)\}dx$$

例 2　次の曲線で囲まれた図形の面積を求めよ．

(1)　$y = x^2 + 2x + 3$, x 軸, $x = 0$, $x = 2$

(2)　$y = -x^2 + 4x - 3$, x 軸

(3)　$y = x^2 + x + 1$, $y = 2x + 3$

(解)　(1)　$0 \leqq x \leqq 2$ では, $x^2+2x+3 \geqq 0$ より, 面積 S は

$$S = \int_0^2 (x^2+2x+3)dx = \left[\frac{1}{3}x^3 + x^2 + 3x\right]_0^2$$
$$= \frac{8}{3} + 4 + 6 = \frac{38}{3}$$

(2)　$y = -x^2+4x-3$ と x 軸との交点は $(1,0)$, $(3,0)$ で, $1 \leqq x \leqq 3$ では, $-x^2+4x-3 \geqq 0$ より, 面積 S は

$$S = \int_1^3 (-x^2+4x-3)dx = \left[-\frac{1}{3}x^3 + 2x^2 - 3x\right]_1^3 = \frac{4}{3}$$

(3)　$y = x^2+x+1$ と $y = 2x+3$ 軸との交点は $(-1,1)$, $(2,7)$ で, $-1 \leqq x \leqq 2$ では, $x^2+x+1 \leqq 2x+3$ より, 面積 S は

$$S = \int_{-1}^2 \{(2x+3)-(x^2+x+1)\}dx = \int_{-1}^2 (-x^2+x+2)dx$$
$$= \left[-\frac{1}{3}x^3 + \frac{1}{2}x^2 + 2x\right]_{-1}^2 = \frac{9}{2}$$

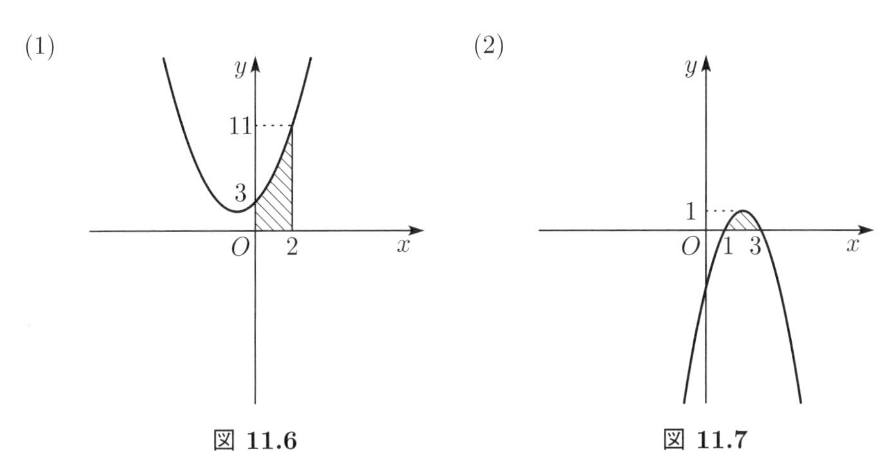

図 11.6　　図 11.7

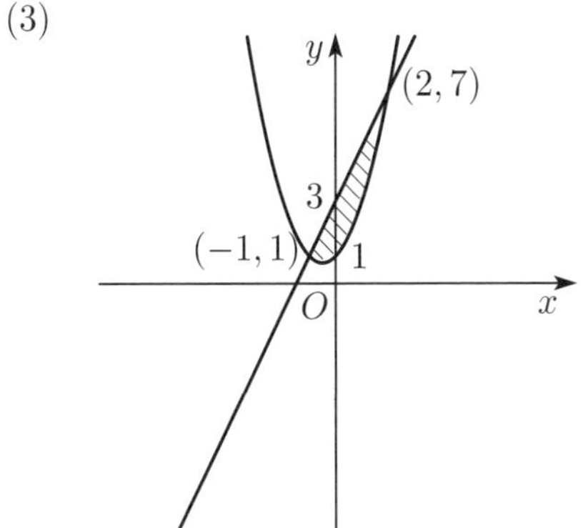

図 11.8

問 1　次の曲線で囲まれた図形の面積を求めよ.

(1)*　$y = x^2-1$, x 軸, $x=2$, $x=3$

(2)　$y = \sin 2x$, x 軸, $x = \dfrac{\pi}{6}$, $x = \dfrac{\pi}{3}$

(3)*　$y = -3x^2+2x+1$, x 軸

(4)　$y=(x+1)(x-2)^2$, x 軸

(5)*　$y=3x^2-5x+4$, $y=7x-5$

(6)　$y=x^2+2x+1$, $y=-2x^2-4x+10$

11.2　練習問題

練習問題 1　次の曲線で囲まれた図形の面積を求めよ.

(1)　$y=3x^2+2x+1$, x 軸, $x=-1$, $x=3$

(2)*　$y=\dfrac{1}{x-2}$, x 軸, $x=3$, $x=4$

(3)　$y=x(e^{x-1}-1)$, x 軸

(4)*　$y=\ln x$, $y=\dfrac{x-1}{e-1}$

(5)　$y=\dfrac{1}{x}$, $y=\dfrac{5}{2}-x$

(6)*　$y=\sin x$, $y=\cos x$, $x=0$, $x=\dfrac{\pi}{4}$

練習問題 2　次の曲線で囲まれた図形の面積を求めよ.

(1)　$y=x^2-x-2$, x 軸, $x=1$, $x=3$

(2)　$y=x(x-1)(x-2)$, x 軸

(3)　$y=\cos 2x$, x 軸, $x=0$, $x=\pi$

(4)　$y=x^3$, $y=4x$

第12章

微分方程式をたてる

例 1 地上で物体は, 空気や物体の大きさを無視すれば, 一定加速度 $g = 9.8\,\mathrm{m/s^2}$ で落下する. 地上から鉛直上方に y 軸をとり, 地上を原点とし, 高さ h の位置から物体を静かに放した. 放した瞬間を $t = 0$ とし, 地上に達する前の時刻 t における物体の位置を y とすると,

$$\frac{d^2y}{dt^2} = -9.8 \tag{12.1}$$

が成り立つ. このように変数と導関数であらわされた式を**微分方程式**という. また, この式をみたすような関数をその**解**といい, 解を求めることを微分方程式を**解く**という.

微分方程式 (12.1) を解け.

(解) (12.1) 式を積分すると

$$\frac{dy}{dt} = -9.8t + c_1 \tag{12.2}$$

ここで c_1 は積分定数. (12.2) 式を積分して,

$$y = -4.9t^2 + c_1t + c_2 \tag{12.3}$$

ここで c_2 は積分定数. この積分定数は, $t = 0$ のとき, $\frac{dy}{dt} = 0$, $y = h$ であったという初期条件によって定まる. 初期条件 $t = 0$ のとき, $\frac{dy}{dt} = 0$, $y = h$ を (12.2), (12.3) 式に適用して, 積分定数 c_1, c_2 は

$$c_1 = 0, \quad c_2 = h$$

と定まる. よって, 物体の位置 y は

$$y = -4.9t^2 + h$$

と求められる.

別な微分方程式の例をあげよう.

曲線 $y = f(x)$ 上の任意の点 (x, y) における接線の傾き $\dfrac{dy}{dx}$ が接点の x 座標の 2 倍に等しいような曲線, すなわち,

$$\frac{dy}{dx} = 2x \tag{12.4}$$

であるような曲線を考える.

(12.4) の両辺を x について積分すると,

$$y = x^2 + C$$

となり, C の値を定めるごとに 1 つずつ放物線が定まる. 逆に, このようにしてできる放物線はすべて共通の性質をもっている. その性質とは, 接線の傾きがその接点の x 座標の 2 倍になっていること, すなわち微分方程式 (12.4) をみたすことである.

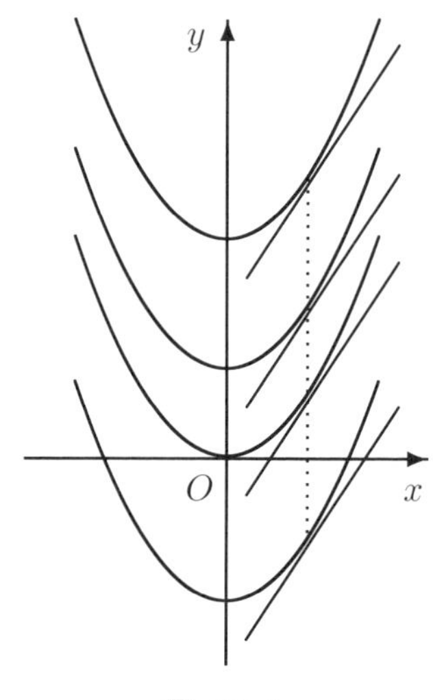

図 **12.1**

例 2　曲線 $y = Cx^2$ に共通な性質をあらわす微分方程式を求めよ.

(解)　$y = Cx^2$ の両辺を x で微分すると, $\dfrac{dy}{dx} = 2Cx$.

これと $y = Cx^2$ から定数 C を消去すると,

$$2y = x\frac{dy}{dx} \quad すなわち \quad \frac{dy}{dx} = \frac{2y}{x} である.$$

ゆえに, 曲線 $y = Cx^2$ はすべて, その上の任意の点 P (x, y) における接線の傾きが, 原点と P を通る直線の傾きの 2 倍に等しい.

問 1　次の曲線に共通な性質をあらわす微分方程式を求めよ.

(1)　$y = \dfrac{C}{x}$　　　(2)　$y = Ce^{-x}$

例 3　k が定数, A, B が任意の定数であるとき, 関数 $y = A\sin(kx + B)$ は $\dfrac{d^2y}{dx^2} = -k^2y$ をみたすことを示せ.

(解)　$y = A\sin(kx + B)$ を x で微分すると,

$$\frac{dy}{dx} = kA\cos(kx + B).$$

さらに, これを x で微分すると,

$$\frac{d^2y}{dx^2} = -k^2A\sin(kx + B).$$

この式ともとの式をくらべることによって,

$$\frac{d^2y}{dx^2} = -k^2y.$$

問 2　ω, A, B が定数のとき, 関数 $y = e^{-x}(A\sin\omega x + B\cos\omega x)$ は微分方程式 $\dfrac{d^2y}{dx^2} + 2\dfrac{dy}{dx} + (1 + \omega^2)y = 0$ をみたすことを示せ.

12.1 微分方程式

もう一度, 微分方程式についての用語を整理しよう. 変数 x, y と y の第 n 次導関数 $y', y'', \ldots$ を用いてあらわされる式を**微分方程式**という. 微分方程式をみたす関数 $y = f(x)$ を求めることを微分方程式を**解く**といい, その関数を微分方程式の**解**という. 微分方程式の解には大きくわけて 2 種類ある. 1 つはいくつかの定数を含むもので, **一般解**とよばれる. もう 1 つは, さらに何らかの条件 (これを**初期条件**という) をみたすもので, **特殊解**とよばれる.

微分方程式 $y' = \dfrac{dy}{dx} = f(x)$ の場合には, 単に積分することによって解くことができる.

例 4 微分方程式

$$y' = 2x - 3$$

を考える. これをみたす $y = f(x)$ を求めるには, 両辺を積分すればよい. そこで, 積分すると,

$$y = x^2 - 3x + c \qquad (c \text{ は定数})$$

をえる. これが, 上の微分方程式の一般解である.

さらに, 初期条件「$x = 1$ のとき $y = 0$」が与えられているとき, この条件を上式に代入して, $c = 2$ をえる. すなわち,

$$y = x^2 - 3x + 2$$

が, この場合の特殊解である.

問 3 次の微分方程式の一般解を求めよ.

(1)* $y' = 3x^2 + 1$ (2) $y' = \dfrac{1}{x-1}$

(3)* $y'' = 6x$ (4) $y'' = \dfrac{1}{(1-x)^2}$

問 4 上の問の各問題の微分方程式において, 下の初期条件のもとでの特殊解を求めよ.

(1)* 「$x = 1$ のとき $y = -1$」

(2) 「$x = 2$ のとき $y = 1$」

(3)* 「$x = 1$ のとき $y = 2,\ y' = 0$」

(4) 「$x = 0$ のとき $y = 1,\ y' = 0$」

例 5 微分方程式 $\dfrac{dy}{dx} = ky$ を解け.

(解) $y \neq 0$ のときは, $\dfrac{dy}{dx} = ky$ から $\dfrac{1}{y}\dfrac{dy}{dx} = k$.

両辺を x について積分すると

$$\int \frac{1}{y}\frac{dy}{dx}dx = \int k\,dx \qquad \text{すなわち} \qquad \int \frac{dy}{y} = k\int dx.$$

ゆえに, C_1 を任意定数として

$$\ln|y| = kx + C_1.$$

これから

$$|y| = e^{kx+C_1} \qquad \text{すなわち} \qquad y = \pm e^{C_1}e^{kx}.$$

$\pm e^{C_1}$ をあらためて C とおくと, C は 0 でない任意の値をとることができて,

$$y = Ce^{kx} \tag{12.5}$$

微分方程式からわかるように, $y=0$ もその解となるが, これは, (12.5) において, $C=0$ とおいたものである.

ゆえに, 求める解は, C を任意定数として

$$y = Ce^{kx}.$$

問 5　例 5 の微分方程式で, $x=0$ のとき $y=e$ となる解を求めよ.

12.2　練習問題

練習問題 1　次の微分方程式の一般解を求めよ.

(1)　$y' = x^2 - x + 1$　　　　(2)　$y' = \cos 2x$

練習問題 2　広い壁の厚み方向に熱が伝わるときに, 温度 θ と厚み方向の距離 x の関係は $\theta'' = 0$ (すなわち $\dfrac{d^2\theta}{dx^2} = 0$) の関係がある.

(1) この微分方程式の一般解を求めよ.

(2) 壁の表面を $x = 0\,\mathrm{mm}$ とし, 裏面を $x = 100\,\mathrm{mm}$ とする. 表面の温度が 20℃ で裏面の温度が 8℃ のとき, 壁内の表面からの距離 $x\,[\mathrm{mm}]$ における温度 θ℃ を式であらわせ.

第 13 章

微分方程式を解く

13.1 変数分離形

微分方程式

$$y' \left(= \frac{dy}{dx}\right) = \frac{f(x)}{g(y)}$$

を**変数分離形微分方程式**という．この微分方程式は (形式的に)

$$g(y)dy = f(x)dx$$

と変形し, 両辺を積分する．

$$\int g(y)dy = \int f(x)dx + c$$

これによって, 一般解をえる．

(注意) 上の変形は左辺を置換積分したと考えればよい．

例 1 次の微分方程式の一般解を求めよ．

(1) $\dfrac{y'}{y} = \dfrac{1}{x}$ (2) $y\,y' = x$

(解) (1)

$$\frac{dy}{dx} = \frac{y}{x}$$

より,

$$\frac{dy}{y} = \frac{dx}{x}$$

両辺を積分して,

$$\int \frac{dy}{y} = \int \frac{dx}{x} + c$$

$$\therefore \qquad \ln y = \ln x + c \qquad (c \text{ は定数})$$

これより, $y = e^c x$ をえる．そこで, e^c を c とおきなおすことにより, 一般解 $y = cx$ (c は定数) をえる．

(2) (1) と同様に,

$$y\,dy = x\,dx$$

より,

$$\frac{1}{2}y^2 = \frac{1}{2}x^2 + c \qquad (c \text{ は定数})$$

をえる. そこで, 両辺を 2 倍し, $2c$ を c とおきなおすことにより, 一般解 $y^2 = x^2 + c$ をえる.

問 1*　次の微分方程式の一般解を求めよ.

(1)　$\dfrac{y'}{y} = \dfrac{2}{x}$　　(2)　$\dfrac{y'}{y} = \dfrac{1}{x-1}$

(3)　$\dfrac{y'}{y} = \dfrac{2x}{x^2+1}$　　(4)　$\dfrac{y'}{y} = \tan x$

13.2　定数係数線形同次微分方程式

一般に,

$$y^{(n)} + a_{n-1}y^{(n-1)} + \cdots + a_1 y' + a_0 y = 0$$

$(a_0, a_1, \ldots, a_{n-1}$ は定数) という形の微分方程式を**定数係数線形同次微分方程式**という. ここでは, $n = 1, 2$ の場合について一般解を与える.

$n = 1$ のとき, 定数係数線形同次微分方程式

$$y' + ay = 0$$

の一般解は $y = ce^{-ax}$ (c は定数) である. この微分方程式は変数分離形なので, 前の章の方法で一般解が求められる.

例 2　微分方程式

$$y' + y = 0$$

の一般解は $y = ce^{-x}$ (c は定数) である.

問 2　次の微分方程式の一般解を求めよ.

(1)　$y' - y = 0$　　(2)　$y' + 3y = 0$

(3)　$y' - 2y = 0$　　(4)　$y' + 5y = 0$

$n = 2$ のとき, 微分方程式

$$y'' + ay' + by = 0$$

について, 方程式 $t^2 + at + b = 0$ をその**補助方程式** (**特性方程式**) という. 補助方程式の解によって, もとの微分方程式の一般解が記述される.

I. 補助方程式が異なる実数解 α, β をもつとき,

$$y = c_1 e^{\alpha x} + c_2 e^{\beta x} \qquad (c_1, c_2 \text{ は定数})$$

が一般解.

II. 補助方程式が重解 α をもつとき,

$$y = (c_1 x + c_2)e^{\alpha x} \qquad (c_1, c_2 \text{ は定数})$$

が一般解.

III. 補助方程式が虚数解 $\lambda \pm \mu i$ をもつとき,

$$y = (c_1 \sin \mu x + c_2 \cos \mu x)e^{\lambda x} \qquad (c_1, c_2 \text{ は定数})$$

が一般解.

例 3　次の微分方程式の一般解を求めよ.

(1)　$y'' - 5y' + 6y = 0$　　　(2)　$y'' + 4y' + 4y = 0$

(3)　$y'' - 2y' + 5y = 0$

(解)　(1)　補助方程式は, $t^2 - 5t + 6 = 0$ で, その解は $t = 2, 3$ より, 一般解は

$$y = c_1 e^{2x} + c_2 e^{3x}$$

(2)　補助方程式は, $t^2 + 4t + 4 = 0$ で, その解は $t = -2$ (重解) より, 一般解は

$$y = (c_1 x + c_2)e^{-2x}$$

(3)　補助方程式は, $t^2 - 2t + 5 = 0$ で, その解は $t = 1 \pm 2i$ (虚数解) より, 一般解は

$$y = (c_1 \sin 2x + c_2 \cos 2x)e^x$$

問 3*　次の微分方程式の一般解を求めよ.

(1)　$y'' - 3y' - 4y = 0$　　　(2)　$y'' - 6y' + 8y = 0$

(3)　$y'' - 6y' + 9y = 0$　　　(4)　$y'' - 4y' + 13y = 0$

13.3　定数係数線形微分方程式 (発展)

$$y^{(n)} + a_{n-1}y^{(n-1)} + \cdots + a_1 y' + a_0 y = R(x)$$

($a_0, a_1, \ldots, a_{n-1}$ は定数) という形の微分方程式を**定数係数線形微分方程式**という. この形の微分方程式の一般解について次の定理が成り立つ.

定理　上の微分方程式の一般解は

$$Q(x) + Y(x)$$

という形であらわされる. ただし, $Q(x)$ は微分方程式

$$y^{(n)} + a_{n-1}y^{(n-1)} + \cdots + a_1 y' + a_0 y = 0$$

の一般解, $Y(x)$ はもとの微分方程式の特殊解の 1 つ.

そこで, $n = 2$ のとき, 特殊解を求めてみよう. 次の命題は特殊解を求めるのに便利である.

微分方程式

$$y'' + a_1 y' + a_0 y = 0$$

の補助方程式を $f(t) = 0$ とする. 微分方程式

$$y'' + a_1 y' + a_0 y = R(x)$$

(i) $R(x)$ が r 次の多項式で, $a_0 \neq 0$ のとき, r 次の多項式が特殊解.

(ii) $R(x) = ke^{bx}$ (k は定数) かつ $f(b) \neq 0$ のとき, Ae^{bx} という形の特殊解をもつ.

(iii) $R(x) = h \sin bx + k \cos bx$ (h, k は定数) かつ $f(bi) \neq 0$ のとき, $A \sin bx + B \cos bx$ という形の特殊解をもつ.

例 4　次の微分方程式の特殊解を求めよ.

(1)　$y'' - 3y' - 4y = x^2 + 1$　　　(2)　$y'' - 3y' - 4y = e^{2x}$

(3)　$y'' - 3y' - 4y = \sin x$

(解)　補助方程式は $f(t) = t^2 - 3t - 4$ である．

(1)　特殊解を $y = Ax^2 + Bx + C$ とおくと, $y' = 2Ax + B$, $y'' = 2A$ より,

$$y'' - 3y' - 4y = -4Ax^2 + (-6A - 4B)x + (2A - 3B - 4C) = x^2 + 1$$

したがって, $-4A = 1$, $-6A - 4B = 0$, $2A - 3B - 4C = 1$, すなわち $A = -\frac{1}{4}$, $B = \frac{3}{8}$, $C = -\frac{21}{32}$. よって, 特殊解は $-\frac{1}{4}x^2 + \frac{3}{8}x - \frac{21}{32}$.

(2)　$f(2) = -6 \neq 0$ より, 特殊解は $y = Ae^{2x}$ とあらわせる．このとき,

$$y'' - 3y' - 4y = (4 - 6 - 4)Ae^{2t} = e^{2t}$$

したがって, $A = -\frac{1}{6}$, すなわち $y = -\frac{1}{6}e^{2x}$ が特殊解.

(3)　$f(i) = -5 - 3i \neq 0$ より, 特殊解は $y = A\sin x + B\cos x$ とあらわせる．このとき,

$$\begin{aligned} y'' - 3y' - 4y &= (-A\sin x - B\cos x) - 3(A\cos x - B\sin x) - 4(A\sin x + B\cos x) \\ &= (-5A + 3B)\sin x + (-3A - 5B)\cos x \end{aligned}$$

したがって, $-5A + 3B = 1$, $-3A - 5B = 0$. これを解いて, $A = -\frac{5}{34}$, $B = \frac{3}{34}$ をえる．したがって, $y = -\frac{5}{34}\sin x + \frac{3}{34}\cos x$ が特殊解.

問 4　次の微分方程式の特殊解を求めよ．

(1)　$y'' - 3y' + 2y = x^2 - x + 1$　　(2)　$y'' - 3y' + 2y = e^{5x}$

(3)　$y'' - 3y' + 2y = \cos 3x$

問 5　次の微分方程式の一般解を求めよ．

(1)　$y'' - 6y' + 9y = 2x^2 - 1$　　(2)　$y'' - 6y' + 9y = e^x$

(3)　$y'' - 6y' + 9y = 2\sin 2x$

例 5　微分方程式 $\frac{dy}{dt} + g(t)y = 0$ を考える．つまり, 速さが, 位置 y と時間 t の関数 $g(t)$ との積に比例するような, 位置 y は時間 t のどんな関数であるかという問題である．その関数形を求めよ．

(解)　与えられた式から, $\frac{dy}{dt} = -g(t)y$,

$$\frac{dy}{y} = -g(t)dt \tag{13.1}$$

(13.1) 式の両辺を積分すると

$$\int \frac{dy}{y} = -\int g(t)dt.$$

$y > 0$ として,

$$y = C\exp\left(-\int g(t)dt\right), \quad C \text{ は積分定数.}$$

このように 1 階の微分方程式の一般解では, その解は 1 個の積分定数を含む.

13.4　練習問題

練習問題 1　次の微分方程式の一般解を求めよ.

(1)　$y' = \dfrac{x-1}{y}$　　(2)　$y' = \dfrac{\cos x \cos y}{\sin x \sin y}$

練習問題 2　次の微分方程式を括弧内の初期条件のもとでの特殊解を求めよ.

(1)　$y' = \dfrac{y+1}{x-2}$　　$(x = 0,\ y = 0)$

(2)　$y' = (2x+1)y$　　$(x = 0,\ y = 2)$

練習問題 3　次の微分方程式を $v = \dfrac{y}{x}$ と変数変換することにより, 一般解を求めよ. (この微分方程式を**同次形微分方程式**という)

(1)　$y' = \dfrac{y}{x} + 1$　　(2)　$y' = \dfrac{y}{x} + \dfrac{x}{y}$

練習問題 4*　次の微分方程式の一般解を求めよ.

(1)　$y' - 4y = 0$　　(2)　$2y' + 3y = 0$

(3)　$y'' - 5y' + 4y = 0$　　(4)　$2y'' - 5y' + 2y = 0$

(5)　$y'' + 8y' + 16y = 0$　　(6)　$y'' - 6y' + 25y = 0$

第 14 章

ベクトルの微分・積分, 曲線の長さ (発展)

14.1 ベクトルの微分

ここでは, 変数 t の値が変化するにつれ変化するベクトル, すなわち変数 t についてのベクトル値関数 $\mathbf{A}(t)$ を考える. 明らかに,

$$\mathbf{A}(t) = x(t)\boldsymbol{i} + y(t)\boldsymbol{j} + z(t)\boldsymbol{k}$$

とあらわされる. ここで, $\boldsymbol{i}, \boldsymbol{j}, \boldsymbol{k}$ は空間の基本ベクトルである.

普通の関数の導関数と同様に, ベクトル値関数の導関数

$$\begin{aligned}\mathbf{A}'(t) &= \frac{d\mathbf{A}}{dt} = \lim_{h\to 0}\frac{\mathbf{A}(t+h)-\mathbf{A}(t)}{h}\\ &= \lim_{h\to 0}\frac{x(t+h)-x(t)}{h}\boldsymbol{i} + \lim_{h\to 0}\frac{y(t+h)-y(t)}{h}\boldsymbol{j} + \lim_{h\to 0}\frac{z(t+h)-z(t)}{h}\boldsymbol{k}\\ &= x'(t)\boldsymbol{i} + y'(t)\boldsymbol{j} + z'(t)\boldsymbol{k}\end{aligned}$$

を考えることができる. また, ベクトル値関数の導関数を求めることもベクトル値関数を微分するという.

例 1 ベクトル値関数 $\mathbf{A}(t) = t^3\boldsymbol{i} + (t^2+1)\boldsymbol{j} + (t+1)^2\boldsymbol{k}$ の導関数 $\mathbf{A}'(t)$ を求めよ.

$$\begin{aligned}\mathbf{A}'(t) &= (t^3)'\boldsymbol{i} + (t^2+1)'\boldsymbol{j} + \{(t+1)^2\}'\boldsymbol{k}\\ &= 3t^2\boldsymbol{i} + 2t\boldsymbol{j} + 2(t+1)\boldsymbol{k}\end{aligned}$$

問 1* 次のベクトル値関数を微分せよ.

(1) $\mathbf{A}(t) = (t^3+t)\boldsymbol{i} + (2t+1)^2\boldsymbol{j} + (1-t^2)\boldsymbol{k}$

(2) $\mathbf{A}(t) = \cos t\boldsymbol{i} + \sin t\boldsymbol{j} + t\boldsymbol{k}$

(3) $\mathbf{A}(t) = (\ln t)\boldsymbol{i} + \dfrac{1}{t}\boldsymbol{j} + \dfrac{1}{(t+1)^2}\boldsymbol{k}$

(4) $\mathbf{A}(t) = e^t\boldsymbol{i} + e^{2t}\boldsymbol{j} + e^{t^2}\boldsymbol{k}$

ベクトルの演算と微分について次が成り立つ.

$$\frac{d}{dt}(f\mathbf{A}) = \frac{df}{dt}\mathbf{A} + f\frac{d\mathbf{A}}{dt} \qquad (f \text{ はスカラー関数})$$

$$\frac{d}{dt}(\mathbf{A}\cdot\mathbf{B}) = \left(\frac{d\mathbf{A}}{dt}\cdot\mathbf{B}\right) + \left(\mathbf{A}\cdot\frac{d\mathbf{B}}{dt}\right)$$

$$\frac{d}{dt}|\mathbf{A}|^2 = 2\left(\frac{d\mathbf{A}}{dt}\cdot\mathbf{A}\right)$$
$$\frac{d}{dt}(\mathbf{A}\times\mathbf{B}) = \left(\frac{d\mathbf{A}}{dt}\times\mathbf{B}\right) + \left(\mathbf{A}\times\frac{d\mathbf{B}}{dt}\right)$$

問 2 $\mathbf{A} = (t^3 - t)\boldsymbol{i} + \sin 2t\boldsymbol{j} + e^{-t^2}\boldsymbol{k}$, $\mathbf{B} = (2t+1)^2\boldsymbol{i} + \dfrac{1}{(1+t)^2}\boldsymbol{j} + \ln(1-3t)\boldsymbol{k}$ のとき, $\mathbf{A}'$, $\mathbf{B}'$ を求め, $\mathbf{A}'(0) \perp \mathbf{B}'(0)$ を示せ.

例 2 $\mathbf{A}(t)$ をベクトルとする. その大きさの 2 乗 $|\mathbf{A}(t)|^2$ を微分せよ. また, $|\mathbf{A}(t)| =$(一定) のとき, $\mathbf{A}(t)$ と $\dfrac{d\mathbf{A}(t)}{dt}$ は直交することを示せ.

(解)
$$\frac{d}{dt}|\mathbf{A}(t)|^2 = \frac{d}{dt}\left(\mathbf{A}(t)\cdot\mathbf{A}(t)\right) = \frac{d\mathbf{A}(t)}{dt}\cdot\mathbf{A}(t) + \mathbf{A}(t)\cdot\frac{d\mathbf{A}(t)}{dt} = 2\mathbf{A}(t)\cdot\frac{d\mathbf{A}(t)}{dt}$$

$|\mathbf{A}(t)|$ が一定のとき, $|\mathbf{A}(t)|^2$ も一定なので, $\dfrac{d}{dt}|\mathbf{A}(t)|^2 = 0$. 上式から,

$$2\mathbf{A}(t)\cdot\frac{d\mathbf{A}(t)}{dt} = 0 \quad \therefore\ \mathbf{A}(t)\cdot\frac{d\mathbf{A}(t)}{dt} = 0.$$

したがって, $\mathbf{A}(t)$ と $\dfrac{d\mathbf{A}(t)}{dt}$ は直交する.

例 3 ベクトル $\boldsymbol{q}$ の微係数 $\dfrac{d\boldsymbol{q}}{dt}$ を $\boldsymbol{q}$ の方向に平行な成分とこれに垂直な成分に分解せよ.

(解) ベクトル $\boldsymbol{q}$ の大きさを q, ベクトル $\boldsymbol{q}$ と同じ向きの単位ベクトルをベクトル $\boldsymbol{e}_q$ とすると,

$$\boldsymbol{q} = q\boldsymbol{e}_q.$$

これを微分すると,

$$\frac{d\boldsymbol{q}}{dt} = \frac{dq}{dt}\boldsymbol{e}_q + q\frac{d\boldsymbol{e}_q}{dt}.$$

ここで, $|\boldsymbol{e}_q| = 1$ (一定) より, 前の例題から, $\dfrac{d\boldsymbol{e}_q}{dt}$ は $\boldsymbol{e}_q$ に垂直なベクトルである. したがって, 上式が求める分解である.

問 3 ベクトル値関数 $\mathbf{A}(t) = \cos\omega t\boldsymbol{i} + \sin\omega t\boldsymbol{j}$ について次の問いに答えよ.

(1) $\mathbf{A}(t)$ の大きさは一定であることを示せ.
(2) $\dfrac{d\mathbf{A}(t)}{dt}$ を求め, $\mathbf{A}(t)$ と $\dfrac{d\mathbf{A}(t)}{dt}$ が直交することを確かめよ.
(3) $\mathbf{A}(t)$ はどのような運動をあらわすか.

14.2 ベクトルの積分

ベクトルであらわされた位置 $\boldsymbol{r}(t)$ や速度 $\boldsymbol{v}(t)$ を時間 t で微分すると速度ベクトルや加速度ベクトル $\boldsymbol{a}(t)$ が求められたのに対応して, 積分

$$\boldsymbol{r}(t) = \int \boldsymbol{v}(t)dt, \qquad \boldsymbol{v}(t) = \int \boldsymbol{a}(t)dt$$

により, それぞれ位置ベクトル, 速度ベクトルが求められる. 積分の章では, スカラー量である位置, 速度, 加速度について考えた. これらは直線運動であるのに対して, ここで扱うベクトル量の例は曲線運動をあらわしたものと考えればよい.

もしベクトル量を座標成分を使ってあらわすならば, その積分は各成分の積分となって, スカラー量の積分をおこなえばよいことになる. すなわち, 一般に次が成り立つ.

$$\int (A_x\boldsymbol{i} + A_y\boldsymbol{j} + A_z\boldsymbol{k})dt = \left(\int A_x dt\right)\boldsymbol{i} + \left(\int A_y dt\right)\boldsymbol{j} + \left(\int A_z dt\right)\boldsymbol{k}$$

例 4　$\mathbf{A} = t^2\boldsymbol{i} + \dfrac{1}{t}\boldsymbol{j} + e^{t-1}\boldsymbol{k}$ のとき,

$$\int \mathbf{A}\,dt = \left(\int t^2\,dt\right)\boldsymbol{i} + \left(\int \frac{1}{t}dt\right)\boldsymbol{j} + \left(\int e^{t-1}dt\right)\boldsymbol{k}$$

$$= \frac{1}{3}t^3\boldsymbol{i} + \ln t\boldsymbol{j} + e^{t-1}\boldsymbol{k} + \boldsymbol{C} \qquad (\boldsymbol{C} \text{ は定ベクトル})$$

$$\int_1^2 \mathbf{A}\,dt = \left(\int_1^2 t^2\,dt\right)\boldsymbol{i} + \left(\int_1^2 \frac{1}{t}dt\right)\boldsymbol{j} + \left(\int_1^2 e^{t-1}dt\right)\boldsymbol{k}$$

$$= \left[\frac{1}{3}t^3\right]_1^2\boldsymbol{i} + \Big[\ln t\Big]_1^2\boldsymbol{j} + \Big[e^{t-1}\Big]_1^2\boldsymbol{k}$$

$$= \frac{7}{3}\boldsymbol{i} + (\ln 2)\boldsymbol{j} + (e-1)\boldsymbol{k}$$

問 4*　次の不定積分, 定積分を求めよ.

(1)　$\displaystyle\int \left(t^3\boldsymbol{i} + \frac{1}{t^2}\boldsymbol{j} + \frac{1}{1-t}\boldsymbol{k}\right)dt$

(2)　$\displaystyle\int \left(e^{2t}\boldsymbol{i} + (2t+1)^2\boldsymbol{j} + \frac{2t}{1+t^2}\boldsymbol{k}\right)dt$

(3)　$\displaystyle\int_0^2 \left((2t-t^2)\boldsymbol{i} + \frac{1}{t+1}\boldsymbol{j} + t^3\boldsymbol{k}\right)dt$

(4)　$\displaystyle\int_0^\pi (\sin t\boldsymbol{i} + \cos t\boldsymbol{j} + \boldsymbol{k})\,dt$

(5)　$\displaystyle\int_0^1 \left(\frac{2t}{1+t^2}\boldsymbol{i} + \frac{2t}{(1+t^2)^2}\boldsymbol{j} - 2t(1+t^2)\boldsymbol{k}\right)dt$

(6)　$\displaystyle\int_0^2 \left(e^{3t}\boldsymbol{i} + e^{4-2t}\boldsymbol{j} + te^{t^2}\boldsymbol{k}\right)dt$

問 5　速度ベクトルが $\boldsymbol{v}(t) = 2\boldsymbol{i} + (-2t+3)\boldsymbol{j}$ であらわされる運動がある. ただし t は時間である.

(1)　位置ベクトル $\boldsymbol{r}(t)$ を求めよ. ただし, $t=0$ のとき, $\boldsymbol{r}(0) = 0$ とする.

(2)　この運動はどのような軌跡を描くか.

補足

被積分量も, 積分量もベクトルの場合, 応用的に重要な例はベクトル $\boldsymbol{f}$ と微少量 $d\boldsymbol{r}$ との内積が積分の中に入ってくる例で, $\displaystyle\int_a^b \boldsymbol{f}\cdot d\boldsymbol{r}$ のタイプの積分である.

物理では「仕事」をあらわすのに使われる. 実際の計算は

$$\int_a^b \boldsymbol{f}\cdot d\boldsymbol{r} = \int_{a_x}^{b_x} f_x\,dx + \int_{a_y}^{b_y} f_y\,dy + \int_{a_z}^{b_z} f_z\,dz$$

とするか, あるいは変数変換を使っておこなわれる. ただし, $\boldsymbol{f} = f_x\boldsymbol{i} + f_y\boldsymbol{j} + f_z\boldsymbol{k}$, $a = (a_x, a_y, a_z)$, $b = (b_x, b_y, b_z)$. 次の章の線積分も参照せよ.

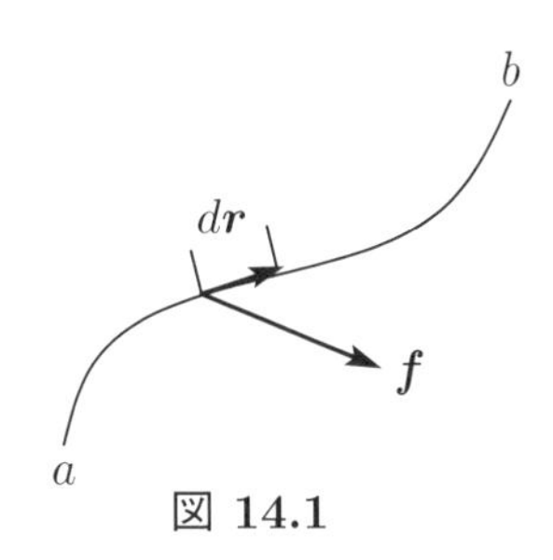

図 14.1

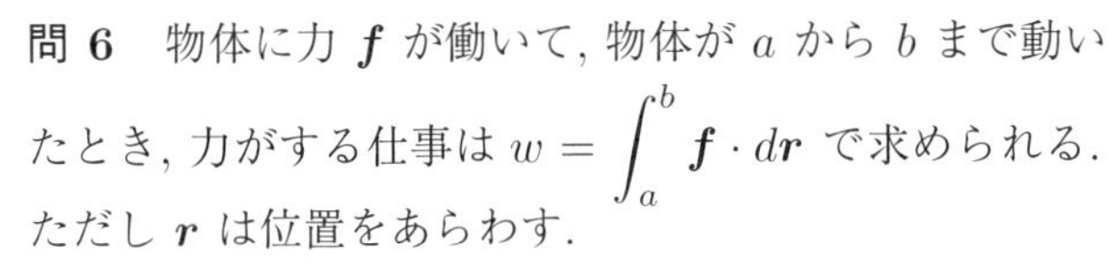

問 6　物体に力 $\boldsymbol{f}$ が働いて, 物体が a から b まで動いたとき, 力がする仕事は $w = \displaystyle\int_a^b \boldsymbol{f}\cdot d\boldsymbol{r}$ で求められる. ただし $\boldsymbol{r}$ は位置をあらわす.

長さ l の糸の先に質量 m の錘をつけ, 角度 θ だけ振らせて離したとき, 錘が真下に達するまでに重力がする仕事を求めよ. また重力の大きさは mg である.

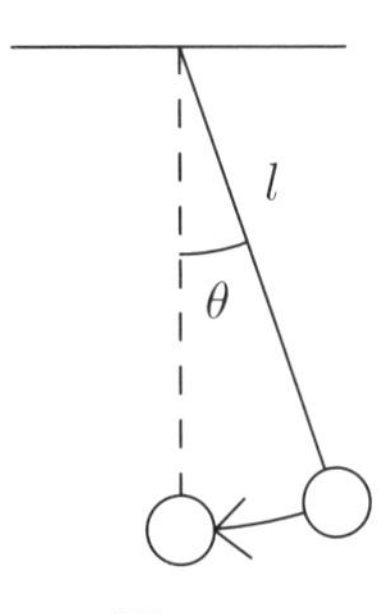

図 14.2

14.3　曲線の長さ

ベクトル値関数

$$\boldsymbol{r}(t) = x(t)\boldsymbol{i} + y(t)\boldsymbol{j} + z(t)\boldsymbol{k}$$

を考える. t の値が変化させると, それにともない空間内に曲線が描かれる. $t=a$ から $t=b$ までの曲線の長さは

$$\begin{aligned} s &= \int_a^b |\boldsymbol{r}'(t)|\,dt \\ &= \int_a^b \sqrt{\left(\frac{dx(t)}{dt}\right)^2 + \left(\frac{dy(t)}{dt}\right)^2 + \left(\frac{dz(t)}{dt}\right)^2}\,dt \end{aligned}$$

で求められる.

例 5　$\boldsymbol{r} = 2t^3\boldsymbol{i} + t^2\boldsymbol{j} + 2\sqrt{2}t^2\boldsymbol{k}$ について, $t=0$ から $t=2$ までの曲線の長さを求めよ.

(解)　$\boldsymbol{r}' = 6t^2\boldsymbol{i} + 2t\boldsymbol{j} + 4\sqrt{2}t\boldsymbol{k}$ より,

$$|\boldsymbol{r}'| = \sqrt{(6t^2)^2 + (2t)^2 + (4\sqrt{2}t)^2} = 6t\sqrt{t^2+1}$$

したがって,

$$\begin{aligned} s &= \int_0^2 |\boldsymbol{r}(t)|\,dt \\ &= \int_0^2 6t\sqrt{t^2+1}\,dt \\ &= 3\left[\frac{2}{3}(t^2+1)^{\frac{3}{2}}\right]_0^2 \\ &= 2(5\sqrt{5}-1) \end{aligned}$$

問 7* 次の曲線の長さを求めよ.

(1)　$C : \boldsymbol{r}(t) = \cos t\,\boldsymbol{i} + \sin t\,\boldsymbol{j} + t\,\boldsymbol{k} \quad (0 \leqq t \leqq 2\pi)$

(2)　$C : \boldsymbol{r}(t) = 2t^2\,\boldsymbol{i} - 3t^2\,\boldsymbol{j} + 6t^2\,\boldsymbol{k} \quad (0 \leqq t \leqq 1)$

曲線 $\boldsymbol{r} = \boldsymbol{r}(t)$ $(t \geqq 0)$ を考える. このとき, $t = 0$ から $t = t$ までの曲線の長さ

$$s(t) = \int_0^t |\boldsymbol{r}'|\,dt$$

は t の関数になる. さらにこの関数は定義から増加関数である. そこで, この関数の逆関数 $t(s)$ が考えられる. このように s を変数とみるとき, この s を曲線の**弧長**という. 弧長 s の定義より,

$$\frac{ds}{dt} = \left|\frac{d\boldsymbol{r}}{dt}\right|$$

したがって,

$$\frac{d\boldsymbol{r}}{ds} = \frac{d}{ds}\boldsymbol{r}(t(s)) = \frac{dt}{ds}\frac{d\boldsymbol{r}}{dt} = \frac{d\boldsymbol{r}}{dt}\Bigg/\left|\frac{d\boldsymbol{r}}{dt}\right|$$

特に, その大きさについて

$$\left|\frac{d\boldsymbol{r}}{ds}\right| = \left|\frac{d\boldsymbol{r}}{dt}\right|\Bigg/\left|\frac{d\boldsymbol{r}}{dt}\right| = 1$$

すなわち, $\dfrac{d\boldsymbol{r}}{ds}$ は単位ベクトルである. これを**接単位ベクトル**という.

例 6　$\boldsymbol{r} = 2t^3\boldsymbol{i} + t^2\boldsymbol{j} + 2\sqrt{2}t^2\boldsymbol{k}$ の接単位ベクトルを求める.

$$\frac{d\boldsymbol{r}}{dt} = 6t^2\boldsymbol{i} + 2t\boldsymbol{j} + 4\sqrt{2}t\boldsymbol{k},$$

$$\left|\frac{d\boldsymbol{r}}{dt}\right| = 6t\sqrt{t^2+1}$$

より,

$$\frac{d\boldsymbol{r}}{ds} = \frac{d\boldsymbol{r}}{dt}\Bigg/\left|\frac{d\boldsymbol{r}}{dt}\right| = \frac{t}{\sqrt{t^2+1}}\boldsymbol{i} + \frac{1}{3\sqrt{t^2+1}}\boldsymbol{j} + \frac{2\sqrt{2}}{3\sqrt{t^2+1}}\boldsymbol{k}$$

問 8　問 1 の各 $\boldsymbol{r}(t)$ について, 接単位ベクトルを求めよ.

14.4　線積分

空間内の各点 (x, y, z) に対し, スカラー $\varphi(x, y, z)$ を対応させる関数 φ を**スカラー場**, ベクトル $\mathbf{A}(x, y, z)$ を対応させるベクトル値関数 $\mathbf{A}$ を**ベクトル場**という.

空間曲線 $C : \boldsymbol{r}(t) = x(t)\boldsymbol{i} + y(t)\boldsymbol{j} + z(t)\boldsymbol{k}$ $(0 \leqq t \leqq a)$ を考える．スカラー場 φ に対し，積分

$$\int_0^a \varphi(x(t), y(t), z(t))dt$$

を φ の C に沿っての**線積分**といい，

$$\int_C \varphi\, dt$$

とあらわす．同様に，$\boldsymbol{r}$ を弧長 s の関数とみての線積分

$$\int_C \varphi\, ds = \int_0^{s(a)} \varphi(x(t(s)), y(t(s)), z(t(s)))ds$$

も定義される．

例 7　$\varphi = x + y + z$, $C : \boldsymbol{r}(t) = t\boldsymbol{i} + 2t\boldsymbol{j} + 3t\boldsymbol{k}$ $(0 \leqq t \leqq 2)$ とする．このとき，

$$\begin{aligned}\int_C \varphi\, dt &= \int_0^2 (t + 2t + 3t)dt \\ &= \left[3t^2\right]_0^2 \\ &= 12\end{aligned}$$

$$\begin{aligned}\int_C \varphi\, ds &= \int_0^2 \varphi(t)\frac{ds}{dt}dt = \int_0^2 \varphi(t)\left|\frac{d\boldsymbol{r}}{dt}\right|dt \\ &= \int_0^2 6t \cdot \sqrt{14}\, dt \\ &= 12\sqrt{14}\end{aligned}$$

問 9　スカラー場 $\varphi = xy - z^2$ について，次の曲線 C に沿っての線積分を求めよ．

(1)　$\displaystyle\int_C \varphi\, dt$　　$C : \boldsymbol{r}(t) = (t+1)\boldsymbol{i} + (t-1)\boldsymbol{j} + t\boldsymbol{k}$　$(0 \leqq t \leqq 2)$

(2)　$\displaystyle\int_C \varphi\, ds$　　$C : \boldsymbol{r}(t) = (t+1)\boldsymbol{i} + (t-1)\boldsymbol{j} + t\boldsymbol{k}$　$(0 \leqq t \leqq 2)$

(3)　$\displaystyle\int_C \varphi\, dt$　　$C : \boldsymbol{r}(t) = \cos t\boldsymbol{i} + \sin t\boldsymbol{j} + t\boldsymbol{k}$　$(0 \leqq t \leqq 2\pi)$

(4)　$\displaystyle\int_C \varphi\, ds$　　$C : \boldsymbol{r}(t) = \cos t\boldsymbol{i} + \sin t\boldsymbol{j} + t\boldsymbol{k}$　$(0 \leqq t \leqq 2\pi)$

ベクトル場 $\mathbf{A}$ についても次のように線積分が定義される．

$$\int_C \mathbf{A}\, ds = \int_0^a \mathbf{A}(x(t), y(t), z(t)) \cdot \frac{d\boldsymbol{r}}{dt}dt$$

例 8　$\mathbf{A} = x\boldsymbol{i} + y\boldsymbol{j} + z\boldsymbol{k}$, $C : \boldsymbol{r}(t) = t\boldsymbol{i} + 2t\boldsymbol{j} + 3t\boldsymbol{k}$ $(0 \leqq t \leqq 2)$ とする．このとき，

$$\frac{d\boldsymbol{r}}{dt} = \boldsymbol{i} + 2\boldsymbol{j} + 3\boldsymbol{k}$$

$$\mathbf{A} \cdot \frac{d\boldsymbol{r}}{dt} = t + 4t + 9t = 14t$$

より，

$$\int_C \mathbf{A}\, ds = \int_0^2 14t\, dt = 28$$

問 10　ベクトル場 $\mathbf{A} = yz\,\boldsymbol{i} + xz\,\boldsymbol{j} + xy\,\boldsymbol{k}$ について, 次の曲線 C に沿っての線積分を求めよ.

(1)　$C : \boldsymbol{r}(t) = t\boldsymbol{i} + t^2\boldsymbol{j} + t^3\boldsymbol{k} \quad (0 \leqq t \leqq 1)$

(2)　$C : \boldsymbol{r}(t) = t^4\boldsymbol{i} + t^5\boldsymbol{j} + t^8\boldsymbol{k} \quad (0 \leqq t \leqq 1)$

14.5　練習問題

練習問題 1　次のベクトル値関数を微分せよ.

(1)　$t^2\boldsymbol{i} + \dfrac{1}{1+t^2}\boldsymbol{j} + 4t(1+t^2)^2\boldsymbol{k}$

(2)　$\cos^2 t\,\boldsymbol{i} + \sin^2 t\,\boldsymbol{j} + \tan t\,\boldsymbol{k}$

(3)　$\ln(2+t)\boldsymbol{i} + \ln(4+t^2)\boldsymbol{j} + \ln(t+1)^2\boldsymbol{k}$

(4)　$e^{2t}\boldsymbol{i} + e^{6-3t}\boldsymbol{j} + e^{(t+1)^2}\boldsymbol{k}$

練習問題 2　次の曲線の長さ, 接単位ベクトルを求めよ.

(1)　$C : \boldsymbol{r}(t) = e^t\,\boldsymbol{i} + \sqrt{2}t\,\boldsymbol{j} - e^{-t}\,\boldsymbol{k} \quad (0 \leqq t \leqq 1)$

(2)　$C : \boldsymbol{r}(t) = t^2\,\boldsymbol{i} - 2\sqrt{2}t\,\boldsymbol{j} + 2\ln t\,\boldsymbol{k} \quad (0 \leqq t \leqq 1)$

練習問題 3　スカラー場 $\varphi = xy - 4z$ について, 次の曲線 C に沿っての線積分を求めよ.

(1)　$\displaystyle\int_C \varphi\,dt \qquad C : \boldsymbol{r}(t) = (t+1)\boldsymbol{i} + (t+1)\boldsymbol{j} + t\boldsymbol{k} \quad (0 \leqq t \leqq 1)$

(2)　$\displaystyle\int_C \varphi\,ds \qquad C : \boldsymbol{r}(t) = (t+1)\boldsymbol{i} + (t+1)\boldsymbol{j} + t\boldsymbol{k} \quad (0 \leqq t \leqq 1)$

(3)　$\displaystyle\int_C \varphi\,dt \qquad C : \boldsymbol{r}(t) = 3t\,\boldsymbol{i} + \frac{3}{2}\sqrt{2}t^2\,\boldsymbol{j} + t^3\,\boldsymbol{k} \quad (0 \leqq t \leqq 1)$

(4)　$\displaystyle\int_C \varphi\,ds \qquad C : \boldsymbol{r}(t) = 3t\,\boldsymbol{i} + \frac{3}{2}\sqrt{2}t^2\,\boldsymbol{j} + t^3\,\boldsymbol{k} \quad (0 \leqq t \leqq 1)$

練習問題 4　ベクトル場 $\mathbf{A} = (y^2+z^2)\boldsymbol{i} + (x^2+z^2)\boldsymbol{j} + (x^2+y^2)\boldsymbol{k}$ について, 次の曲線 C に沿っての線積分を求めよ.

(1)　$C : \boldsymbol{r}(t) = 3t\boldsymbol{i} + t\,\boldsymbol{j} - 2t\boldsymbol{k} \quad (0 \leqq t \leqq 1)$

(2)　$C : \boldsymbol{r}(t) = \dfrac{1}{t}\boldsymbol{i} - \dfrac{1}{t}\boldsymbol{j} + \dfrac{1}{t}\boldsymbol{k} \quad (1 \leqq t \leqq 2)$

第 15 章

総合演習 IV

(第 8 章)

練習問題 1 高さ 30 m のマンションの 8 階で工事を行っている．今, 誤ってスパナをはじいて落下させてしまった場合に, 警報装置のリモコンスイッチを押すことによって, 地上で働く人に注意を促すことができるか検討することになった．そこで, 下向きに初速度 1.2 m/s で垂直に物体を落下させるとき, 放した瞬間を $t = 0$ s とし, 物体が地上に達する時間を求める．次の問に答えよ．

(1) 物体には下向きに重力加速度

$$g = 9.8\,\mathrm{m/s^2}$$

がかかる．t 秒後の速さを求めよ．

(2) t 秒後に物体は何 m 落ちるか．ただし, $t = 0$ のときは 0 m とする．

(3) 地上に達するまでの時間を小数第 1 位まで求めよ．

(第 9 章)

練習問題 2 $\tan x$ の微分の公式を用いて, 次の不定積分を求めよ．

(1) $\displaystyle\int \frac{dx}{\cos^2 x}$ (2) $\displaystyle\int \frac{dx}{\cos^2 2x}$

(3) $\displaystyle\int \tan^2 x\,dx$ (4) $\displaystyle\int \tan^2 3x\,dx$

練習問題 3 次の不定積分を求めよ．

(1) $\displaystyle\int (2x-2)(x^2-2x+3)^3 dx$ (2) $\displaystyle\int (2x+3)\sqrt{x^2+3x-1}\,dx$

(3) $\displaystyle\int x\sin(x^2-2)dx$ (4) $\displaystyle\int \frac{(\ln x)^2}{x}dx$

(5) $\displaystyle\int \frac{dx}{x\ln x}$ (6) $\displaystyle\int \sin^3 x\cos x\,dx$

練習問題 4 次の不定積分を求めよ．

(1) $\displaystyle\int (x-2)(x+1)^2 dx$ (2) $\displaystyle\int x^2\sqrt{x+1}\,dx$

(3) $\displaystyle\int \frac{x}{\sqrt{x+2}}dx$ (4) $\displaystyle\int \frac{(x+1)^2}{x^2+1}dx$

練習問題 5 次の不定積分を求めよ．

(1) $\displaystyle\int x\sin(x-2)dx$ (2) $\displaystyle\int x^2\cos x\,dx$

(3)　$\displaystyle\int x\ln x\,dx$　　(4)　$\displaystyle\int x^2e^{-x}dx$

練習問題 6　次の不定積分を求めよ.

(1)　$\displaystyle\int e^x\sin x\,dx$　　(2)　$\displaystyle\int e^x\cos x\,dx$

(第 10 章)

練習問題 7*　体積 V, 圧力 P, 絶対温度 T の気体は $PV=nRT$ という状態方程式にしたがう. ただし, $n=$ 質量 / 分子量はモル数とよばれ, 気体分子の数に比例する量, R は気体定数とよばれる定数である. 気体の状態が (V_1,P_1,T_1) から (V_2,P_2,T_2) に変化するとき,

$$W=\int_{V_1}^{V_2}P\,dV$$

によって計算される量を「気体がした仕事」という. 次の問に答えよ.

(1) 圧力が $P_1=$ 一定で, 体積が V_1 から V_2 まで変化するとき, W を P_1,V_1,V_2 であらわせ.

(2) (1) の W を T_1,V_1,V_2,n,R であらわせ.

(3) 絶対温度が一定で, 体積が V_1 から V_2 まで変化するとき, W を T_1,V_1,V_2,n,R であらわせ.

(4) 圧力 500 kPa, 体積 0.80 m^3 の状態にあった気体が, 等圧のもとで体積が半分になるまで変化したとする. この気体のした仕事を求めよ.

(第 11 章)

練習問題 8

(1) ダイオードを用いた全波整流回路による整流波形は図 15.1 のようになる. 最大値が I_m で波形は $\sin\theta$ でなので, $i=I_m|\sin\theta|$ となる. 平均電流 I_a を求めよ.

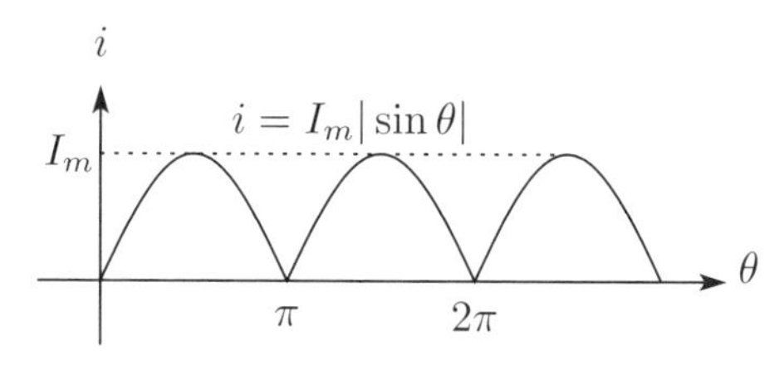

図 15.1

(2) 実効値 100 V の正弦波電圧の最大値 $E_m=141.4\,\mathrm{V}$ のとき, 直流にした場合の電圧を求めよ. (ヒント. 平均電圧 E_a を求める. $E_aI_a=E_mI_m$ を用いる)

(第 12 章)

練習問題 9　次の微分方程式を解け. また, $\theta=0$ のとき, $y=1$ となる解を求めよ.

$$\frac{dy}{d\theta}=\sin 2\theta$$

練習問題 10　運動が微分方程式 $\dfrac{d^2x}{dt^2}=-36x$ であらわされるとき, 次の問に答えよ.

(1) $x=a\sin(6t+\delta)$ はこの微分方程式をみたすことを証明せよ. ただし, a,δ は定数である.

(2) この運動の周期を求めよ. 円周率 π を用いてよい.

(第 13 章)

練習問題 11　次の微分方程式の特殊解を求めよ.

(1)　$y''-5y'+4y=3x+1$　　(2)　$y''-5y'+6y=x^2-3$

(3)　$y''-4y'+2y=e^{-4x}$　　(4)　$y''-6y'+8y=2\cos 2x$

練習問題 12　微分方程式 $y'' - ay' = F(x)$, a は定数, $F(x)$ は r 次の多項式のとき, その特殊解は $xG(x)$, $G(x)$ は r 次の多項式, とあらわせる. これを用いて次の微分方程式の特殊解を求めよ.

(1)　$y'' - 2y' = 3x + 1$　　(2)　$y'' + 3y' = x^2$

練習問題 13　微分方程式 $y'' + a_1 y' + a_2 y = k\,e^{bx}$, a_1, a_2, b は定数, b は補助方程式 $t^2 + a_1 t + a_2 = 0$ の 1 重の解のとき, その特殊解は Axe^{bx}, A は定数, とあらわせる. これを用いて次の微分方程式の特殊解を求めよ.

(1)　$y'' - 2y' - 3y = e^{-x}$　　(2)　$y'' + 3y' - 4y = e^{-4x}$

練習問題 14　微分方程式 $y'' + a_1 y' + a_2 y = h \sin bx + k \cos bx$ (h, k は定数), bi は補助方程式 $t^2 + a_1 t + a_2 = 0$ の 1 重の解のとき, その特殊解は $Ax \sin bx + Bx \cos bx$, A, B は定数, とあらわせる. これを用いて次の微分方程式の特殊解を求めよ.

(1)　$y'' + y = \sin x$　　(2)　$y'' + 4y = \cos 2x$

(第 14 章)

練習問題 15　$\mathbf{A} = \cos t\,\boldsymbol{i} + \sin t\,\boldsymbol{j} + t\,\boldsymbol{k}$, $\mathbf{B} = \sin t\,\boldsymbol{i} - \cos t\,\boldsymbol{j} - t\,\boldsymbol{k}$ のとき, $|\mathbf{A}|$, $\mathbf{A} \cdot \mathbf{B}$, $\mathbf{A} \times \mathbf{B}$, $\left|\dfrac{d\mathbf{A}}{dt}\right|$, $\dfrac{d\mathbf{A}}{dt} \cdot \mathbf{B}$, $\dfrac{d\mathbf{A}}{dt} \times \mathbf{B}$ を求めよ.

練習問題 16　次の不定積分, 定積分を求めよ.

(1)　$\displaystyle\int \left((t+1)^2 \boldsymbol{i} + (2t-1)^3 \boldsymbol{j} + (1-2t)^2 \boldsymbol{k}\right) dt$

(2)　$\displaystyle\int \left(\frac{1}{1-2t}\boldsymbol{i} + \frac{1}{(1-2t)^2}\boldsymbol{j} + \frac{1}{\sqrt{1-2t}}\boldsymbol{k}\right) dt$

(3)　$\displaystyle\int_0^1 \left(2t(t^2+1)^2 \boldsymbol{i} + (2t+1)(t^2+t-1)\boldsymbol{j} + t^2(t^3+1)^2 \boldsymbol{k}\right) dt$

(4)　$\displaystyle\int_1^5 \left(\sqrt{t-1}\,\boldsymbol{i} + \frac{1}{\sqrt{t-1}}\boldsymbol{j} + \sqrt{3t+1}\,\boldsymbol{k}\right) dt$

(5)　$\displaystyle\int_0^\pi \left(\sin\frac{t}{3}\boldsymbol{i} + \cos\frac{t}{6}\boldsymbol{j} + \frac{1}{\cos^2\dfrac{t}{3}}\boldsymbol{k}\right) dt$

(6)　$\displaystyle\int_0^1 \left(\ln(t+1)\boldsymbol{i} + \left(\tan\frac{\pi}{4}t\right)\boldsymbol{j} + \frac{t}{3+t^2}\boldsymbol{k}\right) dt$

練習問題 17　時刻 t における位置が $\boldsymbol{r} = 6t\boldsymbol{i} + (-4t^2 + 12t)\boldsymbol{j}$ であらわされる運動がある. 次の問に答えよ.

(1) 速度ベクトルを求めよ.

(2) 加速度ベクトルを求めよ.

(3) t を消去して, 位置座標 x と y の関係 (これを軌跡または経路の方程式という) を求めよ.

解答

例題 1 (p.1) (1) $0 = -mg + cv_f^2 \Rightarrow v_f^2 = \dfrac{mg}{c} \therefore v_f = \sqrt{\dfrac{mg}{c}}$ (2) $\dfrac{dv}{dt} = -g + \dfrac{cv^2}{m} = -g + \dfrac{v^2}{v_f^2}g = -\dfrac{g}{v_f^2}(v_f^2 - v^2)$ (3) $\displaystyle\int_0^v \frac{dv}{v_f^2 - v^2} = \frac{1}{2v_f}\int_0^v \left(\frac{1}{v_f - v} + \frac{1}{v_f + v}\right) dv$
$\displaystyle = \frac{1}{2v_f}\Big[-\ln(v_f - v) + \ln(v_f + v)\Big]_0^v = \frac{1}{2v_f}\ln\left(\frac{v_f + v}{v_f - v}\right), -\frac{g}{v_f^2}\int_0^t dt = -\frac{gt}{v_f^2}$ (4) $\dfrac{v_f + v}{v_f - v} = \exp(-2gt/v_f)$, $v_f + v = \exp(-2gt/v_f)(v_f - v)$, したがって, $(1 + \exp(-2gt/v_f))v = -(1 - \exp(-2gt/v_f))v_f$, $\therefore v = -v_f\left(\dfrac{1 - \exp(-2gt/v_f)}{1 + \exp(-2gt/v_f)}\right)$ (5), (6) (略)

例題 2 (p.3) 順に $2x + \pi D$, $\dfrac{L - \pi D}{2}$, $4 - 0.2\pi \fallingdotseq 3.37\mathrm{m}$, $\dfrac{a + b}{2}$, $\dfrac{a - b}{2}$, 放物線, $\dfrac{5}{6}\sqrt{6} \fallingdotseq 2.04\mathrm{m/s}$, $-\dfrac{m}{\mu N}(v - v_0)$

例題 3 (p.8) (1), (2), (3) (略) (4) $\dfrac{df(t)}{dt} = B$ (定数) より, $f(t) = \displaystyle\int B\,dt = A + Bt$, A, B は定数 (5) (17) において, $c = 0$ とすれば, 周期 $2\pi\sqrt{\dfrac{m}{k}}$ をえる. 減衰振動の周期は単振動の周期となる. (6) (15) を (14) に代入 $x = e^{-\frac{c}{2m}t}\left(\dfrac{a}{2}e^{-i\delta}e^{-i\omega t} + \dfrac{a}{2}e^{i\delta}e^{i\omega t}\right) = ae^{-\frac{c}{2m}t}\dfrac{e^{-i(\omega t+\delta)} + e^{i(\omega t+\delta)}}{2} = ae^{-\frac{c}{2m}t}\cos(\omega t + \delta)$

例題 4 (p.11) (1) $\displaystyle\int_0^T V^2 dt = \int_0^T V_0^2 \sin^2 2\pi ft\,dt = V_0^2\int_0^T \frac{1 - \cos 4\pi ft}{2}dt$
$\displaystyle = V_0^2\left[\frac{t}{2} - \frac{\sin 4\pi ft}{8\pi f}\right]_0^T = \frac{V_0^2}{2}T$ (2) $\int_0^T V\,dt = \left[-\dfrac{V}{2\pi f}\cos 2\pi ft\right]_0^T = 0$

例題 5 (p.11) (1) 条件より, 連立方程式 $\displaystyle\left(\sum_{i=1}^n m_i\right)a + nl_0 = \sum_{i=1}^n l_i$,
$\displaystyle\left(\sum_{i=1}^n m_i^2\right)a + \left(\sum_{i=1}^n m_i\right)l_0 = \sum_{i=1}^n m_i l_i$ をえるので (2) (略)

例題 6 (p.12) (1) $V = 1.0\,\ell$ (2) $P_1V_1 = P_2V_2 = P_3V_3 = 1$ (3) $PV = 1$ (4) $P_1V_1^2 = P_2V_2^2 = P_3V_3^2 = 1$ (5) $PV^2 = 1$ (6) (1) は e, (2) は d

例題 7 (p.13) $\dfrac{\sqrt{2} + \ln(1 + \sqrt{2})}{2} \fallingdotseq 1.15$ 倍

例題 8 (p.14) (1) $Q \fallingdotseq 0.3334$ kg/s

例題 9 (p.15) (1) $S = \dfrac{1}{2}\pi D(D - \sqrt{D^2 - d^2})$ (2) $S = \dfrac{d^2}{2\sin(\theta/2)}$ を求める

第 I 部

第 1 章 問 1 (p.21) (1) $-x + 3y$ (2) $-2a + 5b$ (3) $3x^3 - 6x^2y - xy^2$

問 2 (p.21) (1) $x^4y + 3x^2 + xy^3 - 2y^5$ (2) $-xy^3z + 3xy^2 + 4y - z^2$

問 3 (p.22) (1) x^5y^4 (2) $12a^5b^4$ (3) $-\frac{1}{2}x^3y^2$ (4) $a^6b^5c^3$

問 4 (p.22) (1) $-3x-6y$ (2) $2x-4y$ (3) $a^2-ab+ac$ (4) a^2+ab+b^2

問 5 (p.22) (1) $x-9y$ (2) $3a^2b^2+ab^3$ (3) $-5x+2$ (4) $-5b+17$

問 6 (p.22) $P+Q=3x^2+3x+2$, $3P-2Q=-x^2-11x+11$

問 7 (p.22) (1) x^2+4x+4 (2) y^2-6y+9 (3) $a^2+10a+25$ (4) x^2-16

問 8 (p.22) (1) x^2+x-6 (2) $x^2+2x-24$ (3) $t^2-2t-15$ (4) $t^2-18t+32$ (5) $2x^2-5x+2$ (6) $6x^2-5x-6$

問 9 (p.23) (1) x^3+3x^2+3x+1 (2) $x^3-9x^2+27x-27$ (3) x^3+8 (4) $x^2+y^2+2xy+4x+4y+4$

問 10 (p.23) (1) $x^2+2x-48$ (2) $2x^2-x-1$ (3) $t^2-4t-21$ (4) $t^2-10t+24$ (5) $-x^3+3x^2-3x+1$ (6) $x^4+2x^3+3x^2+2x+1$ (7) x^3-x^2-x+1 (8) x^3-3x-2 (9) $2x^3-x^2+x+1$ (10) x^4+x^2+1

問 11 (p.23) (1) $(x+2)^2$ (2) $(a-3)^2$ (3) $(y+5)(y-5)$ (4) $(b+9)(b-9)$ (5) $(x+1)(x+3)$ (6) $(m-9)(m+3)$ (7) $(x+2)(x-4)$ (8) $(p+3)(p+4)$ (9) $(2x+1)(x-1)$ (10) $(3t-2)(2t+1)$

問 12 (p.24) (1) $(x+y)^2$ (2) $(a-4b)(a+3b)$ (3) $(x-3y)(x-6y)$ (4) $(p+7q)(p-2q)$ (5) $(3m+5n)(3m-5n)$ (6) $(2x-3y)(2x+5y)$

問 13 (p.24) (1) $(x-1)(x^2+x+1)$ (2) $(t+3)(t^2-3t+9)$ (3) $(x+4y)(x^2-4xy+16y^2)$ (4) $(2x-3y)(4x^2+6xy+9y^2)$

問 14 (p.24) (1) $(x+4)^2$ (2) $(3x-2y)^2$ (3) $(t-5)(t+2)$ (4) $(a+12b)(a-2b)$ (5) $(w-3)(w+2)$ (6) $(u+2v)(u+10v)$ (7) $(5x+6y)(x-1)$ (8) $(2x-3y)(3x+2y)$ (9) $(m-5)(m^2+5m+25)$ (10) $(3a+4b)(9a^2-12ab+16b^2)$

問 15 (p.24) (1) $(x-1)(x+1)(x^2+1)$ (2) $(x-1)(x+1)(x-2)(x+2)$ (3) $(x-1)^3$ (4) $(x^2+x+1)(x^2-x+1)$ (5) $(a+b+c)^2$ (6) $-(a-b)(b-c)(c-a)$

問 16 (p.25) (1) $(x+3)^2+3$ (2) $\left(t-\frac{3}{2}\right)^2-\frac{5}{4}$ (3) $4(x-2)^2-11$ (4) $3\left(m+\frac{5}{6}\right)^2-\frac{1}{12}$

問 17 (p.25) (1) $3(x+2)^2-17$ (2) $5\left(t-\frac{1}{2}\right)^2+\frac{3}{4}$ (3) $4\left(t+\frac{5}{8}\right)^2-\frac{25}{16}$ (4) $2\left(x+\frac{5}{4}\right)^2-\frac{9}{8}$

問 18 (p.26) (1) 商 $2x^2-3x+6$, 余り -4 (2) 商 $2x^2+6x+13$, 余り 40 (3) 商 $4x^2-4x+5$, 余り -2 (4) 商 x^2+2x-1, 余り $-2x+4$

問 19 (p.26) (1) 商 $x^3-3x^2+8x-21$, 余り 65 (2) 商 $4x^3+4x^2+6x+9$, 余り 28 (3) 商 $x^2+6x+12$, 余り $29x-22$ (4) 商 $2x^2+4x-\frac{3}{2}$, 余り $-\frac{9}{2}x+\frac{3}{2}$

問 20 (p.26) (1) $\frac{ac^2}{b^3}$ (2) $\frac{2bc^2}{a}$ (3) $\frac{y}{x^4}$ (4) $\frac{x^2}{81y^7z^3}$

問 21 (p.26) (1) $\frac{x-3}{x+1}$ (2) $\frac{x}{x-4}$ (3) $\frac{x-4}{x^2-x+1}$ (4) $\frac{2x+3}{x-2}$

問 22 (p.27) (1) 1 (2) $\frac{x-2}{(x^2+x+1)(x+2)}$ (3) $-\frac{1}{(x-2)(x-3)}$ (4) $\frac{2(x^2+2x+2)}{x(x-2)(x+2)}$

問 23 (p.27) (1) $\frac{a^3b^4}{c}$ (2) $\frac{a^7}{48}$ (3) $-\frac{32b^6c^3}{a}$ (4) $\frac{a^8b^{12}}{c^5}$

問 24 (p.27) (1) $x-5$ (2) $\frac{x-1}{x-6}$ (3) $-\frac{1}{(x+1)(x-3)(x-4)}$

(4) $-\dfrac{2x+1}{(x-1)(x^2+x+1)}$

問 25 (p.28) (1) $9\sqrt{2}$ (2) $5\sqrt{6}$ (3) $\dfrac{\sqrt{3}}{2}$ (4) $\dfrac{3}{2}$

問 26 (p.28) (1) $2\sqrt{2}$ (2) $\sqrt{15}$ (3) $3+2\sqrt{2}$ (4) 5

問 27 (p.28) (1) $\dfrac{\sqrt{3}}{2}$ (2) $\dfrac{\sqrt{3}}{9}$ (3) $\sqrt{7}+\sqrt{5}$ (4) $\sqrt{5}+2$ (5) $3+2\sqrt{2}$ (6) $\dfrac{2-\sqrt{3}}{2}=1-\dfrac{\sqrt{3}}{2}$

問 28 (p.28) (1) $8\sqrt{2}$ (2) $8+4\sqrt{3}$ (3) $2\sqrt{10}$ (4) $-\dfrac{5\sqrt{2}+2\sqrt{6}}{2(\sqrt{3}+1)}$
$=-\dfrac{\sqrt{2}+3\sqrt{6}}{4}$

問 29 (p.28) (1) $\dfrac{\sqrt{x-1}}{x-1}$ (2) $\dfrac{\sqrt{x^2-4}}{x+2}$ (3) $\sqrt{x+1}+\sqrt{x}$
(4) $\dfrac{\sqrt{3x+2}+\sqrt{2x-1}}{x+3}$

問 30 (p.28) (1) $\dfrac{2+\sqrt{2}-\sqrt{6}}{4}$ (2) $-7-5\sqrt{2}$

問 31 (p.29) (1) $x=\dfrac{5}{3}$ (2) $t=\dfrac{5}{2}$ (3) $a=13$ (4) $m=\dfrac{3}{4}$

問 32 (p.30) (1) $x=2,4$ (2) $a=3,-5$ (3) $x=-1,4$ (4) $t=1,-\dfrac{1}{2}$

問 33 (p.30) (1) $x=3\pm\sqrt{7}$ (2) $t=\dfrac{-3\pm\sqrt{29}}{2}$ (3) $x=\dfrac{3\pm\sqrt{13}}{2}$ (4) $m=\dfrac{1\pm\sqrt{5}}{4}$

問 34 (p.31) (1) $x=-2\pm 2i$ (2) $x=\dfrac{-1\pm\sqrt{3}i}{2}$ (3) $x=\pm\dfrac{2}{3}\sqrt{3}i$ (4) $x=\dfrac{2\pm 4i}{5}$

問 35 (p.31) (1) $x=-2$ (2) $m=-16$ (3) $x=9,-2$ (4) $a=3$ (5) $x=1\pm\sqrt{3}$ (6) $t=3\pm\sqrt{13}$ (7) $x=0,5$ (8) $y=\dfrac{-2\pm 2\sqrt{31}}{5}$

問 36 (p.31) (1) $x=\dfrac{-3\pm 4i}{5}$ (2) $x=2\pm i$ (3) $x=\dfrac{3\pm i}{2}$ (4) $x=\dfrac{54\pm 6\sqrt{23}i}{13}$

問 37 (p.32) (1) $\alpha+\beta=-\dfrac{2}{3}$, $\alpha\beta=-\dfrac{5}{3}$ (2) $\alpha+\beta=3$, $\alpha\beta=\dfrac{3}{2}$

問 38 (p.32) (1) $(x-2-2\sqrt{2})(x-2+2\sqrt{2})$ (2) $\left(x-\dfrac{-5+\sqrt{17}}{2}\right)\left(x-\dfrac{-5-\sqrt{17}}{2}\right)$ (3) $(2x-1)(x-2)$ (4) $(3x-5)(x+1)$

問 39 (p.32) $\alpha+\beta=-1$, $\alpha\beta=-1$, $\alpha^2+\beta^2=3$

問 40 (p.33) (1) $(x-3+\sqrt{14})(x-3-\sqrt{14})$ (2) $3\left(x-\dfrac{-3+2\sqrt{3}}{3}\right)\left(x-\dfrac{-3-2\sqrt{3}}{3}\right)$
(3) $(6x+1)(x-1)$ (4) $(2x-1)(2x-5)$

問 41 (p.33) (1) $x=\dfrac{8}{3},-5$ (2) $t=-\dfrac{5}{4}$ (3) $x=-1$ (4) $x=-\dfrac{5}{2}$

問 42 (p.33) (1) $m=0,5$ (2) $t=3$ (3) $x=6$ (4) $x=2,4$

問 43 (p.34) (1) $x=1$ (2) $t=3,4$ (3) $x=4$ (4) $m=3$

問 44 (p.34) (1) $x=1$ (2) $a=-1$ (3) $x=3$ (4) $x=4$

問 45 (p.34) (1) $a=2$, $b=3$ (2) $x=3$, $y=7$ または $x=-2$, $y=2$ (3) $x=1$, $y=-3$ または $x=4$, $y=-15$ (4) $x=2$, $y=-4$ または $x=-\dfrac{38}{13}$, $y=\dfrac{44}{13}$

問 46 (p.34) (1) $x=1$, $y=-2$, $z=3$ (2) $x=2$, $y=-1$, $z=1$ (3) $x=1$, $y=1$, $z=1$

問 47 (p.35) (1) $a=3, b=-1$ (2) $x=\frac{5}{7}, y=-\frac{2}{7}$ (3) $x=3, y=11$ または $x=\frac{1}{3}, y=\frac{1}{3}$ (4) $x=\pm 3, y=\mp 4$ または $x=\pm 4, y=\mp 3$ (複号同順) (5) $x=3, y=2, z=2$ (6) $x=\frac{1}{6}$, $y=\frac{1}{2}, z=-\frac{1}{3}$

問 48 (p.35) (1) $x \geqq 3$ (2) $a \geqq -\frac{3}{2}$ (3) $x>3$ (4) $y>-\frac{5}{3}$ (5) $x>4$ (6) $m>-\frac{9}{2}$ (7) $x \geqq \frac{3}{2}$ (8) $t \geqq 9$

問 49 (p.35) (1) $x>2$ (2) $x>-4$

問 50 (p.36) (1) $t \geqq -1$ (2) $x \geqq -\frac{15}{2}$ (3) $x>-\frac{1}{5}$ (4) $a>4$

問 51 (p.36) (1) $-1<x<4$ (2) $m \leqq -3$ または $m \geqq -2$ (3) $x<1$ または $x>6$ (4) $-2 \leqq x \leqq 4$

問 52 (p.36) (1) $1<x<4$ (2) $t \leqq \frac{3}{2}$ または $t \geqq \frac{5}{2}$ (3) $\frac{1-\sqrt{5}}{2} \leqq x \leqq \frac{1+\sqrt{5}}{2}$ (4) $x<-4$ または $x>3$

問 53 (p.37) (1) $\frac{1}{2} \leqq x < \frac{2}{3}$ (2) $x>1$ (3) $-2<x \leqq -1$ または $2 \leqq x < 4$ (4) $3 \leqq x \leqq 4$

問 54 (p.37) (1) $-1 \leqq x \leqq 1$ (2) $-1 \leqq x < 2$ (3) $-\frac{1}{3} \leqq x < 1, 1 < x \leqq 3$ (4) $-3<x<5$

問 55 (p.37) (1) 傾き -1, 切片 3 (2) 傾き 5, 切片 0

問 56 (p.38) (1) $y=3x-4$ (2) $y=-x+2$ (3) $y=2x+5$

問 57 (p.38) (1) 傾き 3, 切片 -2 (2) 傾き $-\frac{3}{2}$, 切片 $\frac{5}{2}$ (3) 傾き -1, 切片 -2 (4) 傾き $\frac{3}{4}$, 切片 -3

問 58 (p.39) (1) $y=3x+1$ (2) $y=-x+2$ (3) $y=2x-4$ (4) $x=-1$

問 59 (p.39) (1) $y=3x-2$ (2) $y=2x+1$ (3) $y=-3x-1$ (4) $y=x+2$ (5) $y=3$ (6) $x=1$

問 60 (p.40) (1) $y=-2x-2$ (2) $y=-x-5$ (3) $y=-\frac{3}{2}$ (4) $x=\frac{2}{5}$

問 61 (p.40) (1) $\left(\frac{3}{2}, \frac{11}{2}\right)$ (2) $(-1,1)$ (3) $(2,3)$ (4) $(2,1)$ (5) $\left(\frac{6}{23},-\frac{9}{23}\right)$ (6) $\left(\frac{3}{2}, \frac{7}{2}\right)$

問 62 (p.40) (1) $(1,2)$ (2) $\left(\frac{3\sqrt{2}+\sqrt{6}}{2}, 6+\sqrt{3}\right)$ (3) $\left(\frac{1}{4}, \frac{3}{2}\right)$ (4) $\left(\frac{14}{9},-\frac{17}{9}\right)$

第 2 章 問 1 (p.41) (1) 5 (2) 5 (3) $2\sqrt{6}$

問 2 (p.41) (1) 4 (2) $\frac{16}{5}$ (3) 3

問 3 (p.42) $\sin 30^\circ = \frac{1}{2}$, $\cos 30^\circ = \frac{\sqrt{3}}{2}$, $\tan 30^\circ = \frac{\sqrt{3}}{3}$, $\sin 45^\circ = \frac{\sqrt{2}}{2}$, $\cos 45^\circ = \frac{\sqrt{2}}{2}$, $\tan 45^\circ = 1$, $\sin 60^\circ = \frac{\sqrt{3}}{2}$, $\cos 60^\circ = \frac{1}{2}$, $\tan 60^\circ = \sqrt{3}$

問 4 (p.42) $\sin 15^\circ = \frac{\sqrt{6}-\sqrt{2}}{4}$, $\cos 15^\circ = \frac{\sqrt{6}+\sqrt{2}}{4}$, $\tan 15^\circ = 2-\sqrt{3}$, $\sin 75^\circ = \frac{\sqrt{6}+\sqrt{2}}{4}$, $\cos 75^\circ = \frac{\sqrt{6}-\sqrt{2}}{4}$, $\tan 75^\circ = 2+\sqrt{3}$

問 5 (p.42) $\sin\theta = \frac{3\sqrt{5}}{7}$, $\tan\theta = \frac{3\sqrt{5}}{2}$

問 6 (p.43) (1) $3\sqrt{3}$ (2) $2\sqrt{7}$ (3) $\frac{3}{2}$

問 7 (p.43) (1) $30°$ (2) $45°$ (3) $120°$ (4) $225°$ (5) $270°$ (6) $330°$

問 8 (p.44) (1) $\frac{\sqrt{3}}{2}$ (2) $-\frac{\sqrt{2}}{2}$ (3) $\frac{\sqrt{3}}{3}$ (4) $-\frac{1}{2}$ (5) $\frac{\sqrt{3}}{2}$ (6) -1 (7) 2 (8) 1 (9) $-\frac{\sqrt{3}}{3}$

問 9 (p.46) (1) $x = \frac{4}{3}\pi, \frac{5}{3}\pi$ (2) $x = \frac{\pi}{3}, \frac{5}{3}\pi$ (3) $x = \frac{\pi}{4}, \frac{5}{4}\pi$

問 10 (p.46) (1) $\frac{4}{3}\pi < x < \frac{5}{3}\pi$ (2) $\frac{\pi}{3} < x < \frac{5}{3}\pi$ (3) $\frac{\pi}{4} < x < \frac{\pi}{2}, \frac{5}{4}\pi < x < \frac{3}{2}\pi$

問 11 (p.47) $\cos 75° = \frac{\sqrt{6}-\sqrt{2}}{4}$, $\sin 15° = \frac{\sqrt{6}-\sqrt{2}}{4}$

問 12 (p.47) $\tan 2\alpha = \frac{4\sqrt{2}}{7}$, $\cos\frac{\alpha}{2} = \frac{2\sqrt{3}+\sqrt{6}}{6}$, $\tan\frac{\alpha}{2} = 3 - 2\sqrt{2}$

第 II 部

第 1 章 問 1 (p.51) (1) $6x+2y$ (2) $\frac{30x+70y}{100}$ (3) $\frac{3}{x}+\frac{5}{y}$ (4) $1000-1.7a$ (5) $\frac{ax+by}{100}$ (6) $xy + \frac{\pi}{8}x^2$

問 2 (p.52) (1) $a = d + bc$ (2) $p = \frac{d}{4} - 3$ (3) $y = \frac{x}{5} + 6$

問 3 (p.52) (1) 講義 3 時間, 実験・演習 4 時間 (2) 講義 4 時間, 実験・演習 0 時間 (3) $2x$ 時間 (4) 32 時間

問 4 (p.52) (1) $G = \frac{4z+3a+2b+c}{23}$ (2), (3) (ヒント. $z+a+b+c+d=23$ を用いよ)

第 2 章 問 1 (p.53) 133.3 kg

問 2 (p.54) (1) $30x + 70y = 429$, 2.7g/cm^3 (2) 120 円 (3) x は必ず求められる, $x = \frac{-4b+2\sqrt{4b^2+2\pi S}}{\pi} = \frac{-4b+\sqrt{16b^2+8\pi S}}{\pi}$, (4) 16cm

問 3 (p.54) 6cm

第 3 章 問 1 (p.55) (1) 4 秒 (2) 2 秒 (3) 達することはできない

問 2 (p.56) (1) $\frac{8}{100+x} = \frac{y}{100}$ (2) 60g

問 3 (p.56) 8cm

問 4 (p.56) (1) $ax+bx-x^2$ (2) $ab = 5(ax+bx-x^2)$ (3) 0.7 cm

問 5 (p.57) 船の速さ 16km/h, 川の流れの速さ 4km/h

第 4 章 問 1 (p.58) 100 W= 0.1 kW

問 2 (p.59) 82 点以上 100 点以下

第 5 章 例題 1 (p.60) (1) $l = l_0\beta t + l_0$ (2) 1.2[mm]

(3)

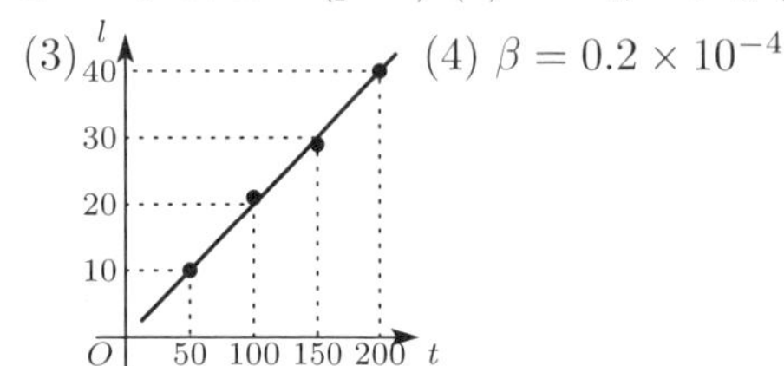

(4) $\beta = 0.2 \times 10^{-4}$

問 1 (p.62)

(1) 頂点 $(-3, -5)$, 軸 $x = -3$　(2) 頂点 $\left(\frac{3}{2},\ \frac{5}{4}\right)$, 軸 $x = \frac{3}{2}$

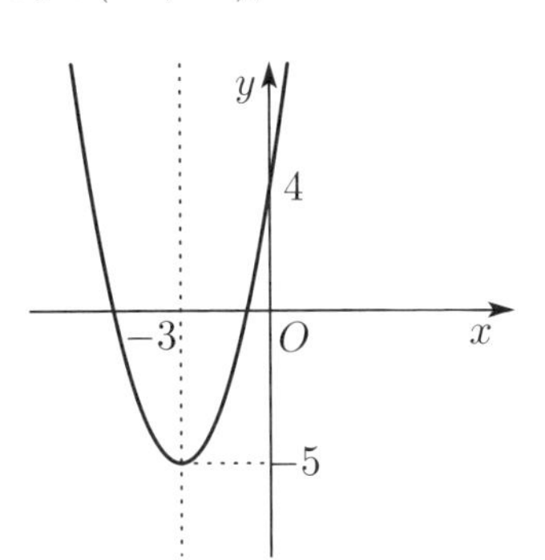

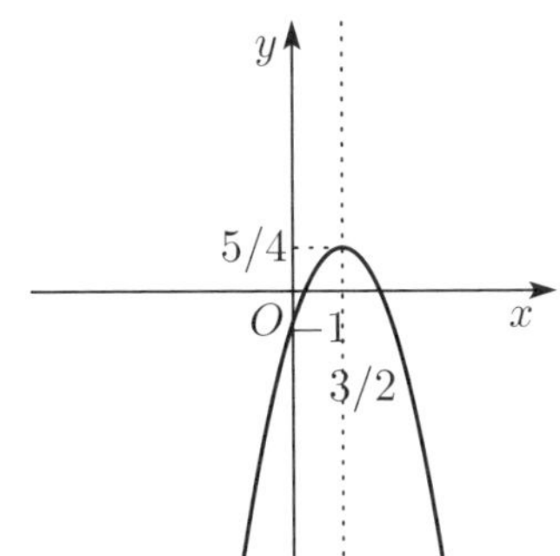

(3) 頂点 $(2, 0)$, 軸 $x = 2$　(4) 頂点 $(0, 3)$, 軸 $x = 0$

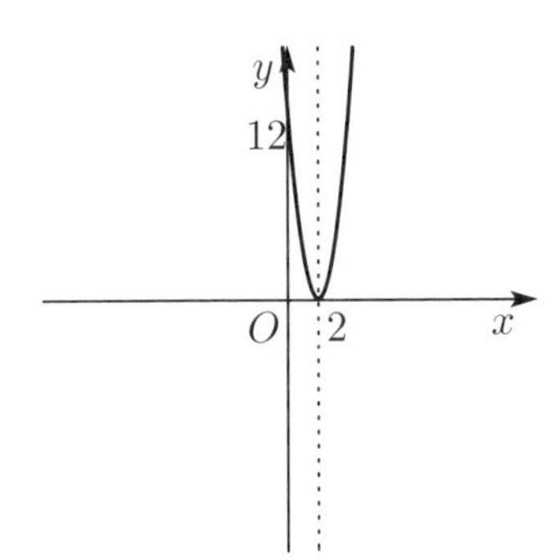

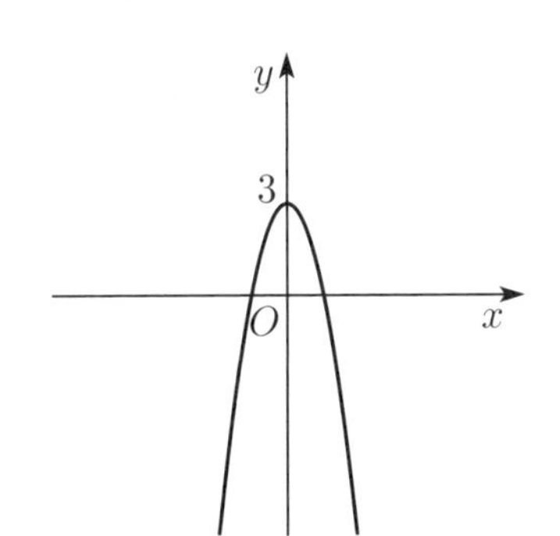

練習問題 1 (p.62) (1) 略 (2) $y = \frac{4}{5}x + 100$ (3) 約 102cm, 約 19g

練習問題 2 (p.62)

(1)

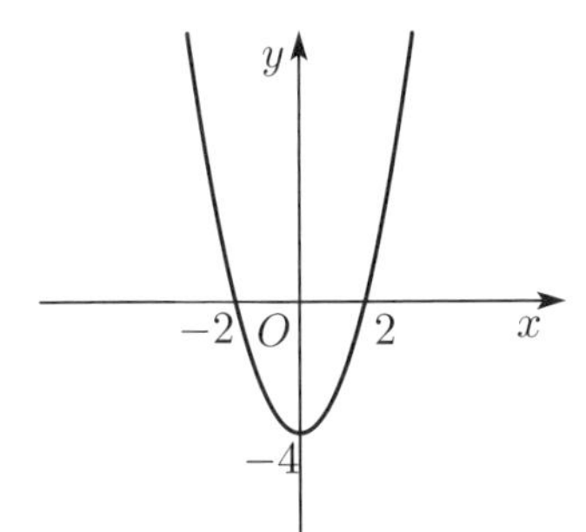

(2)

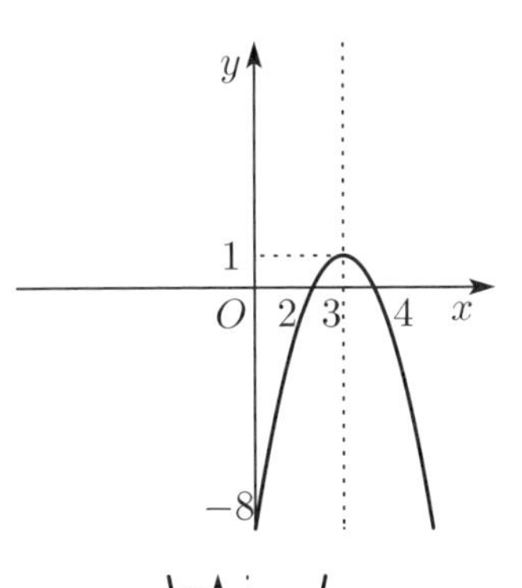

(3)

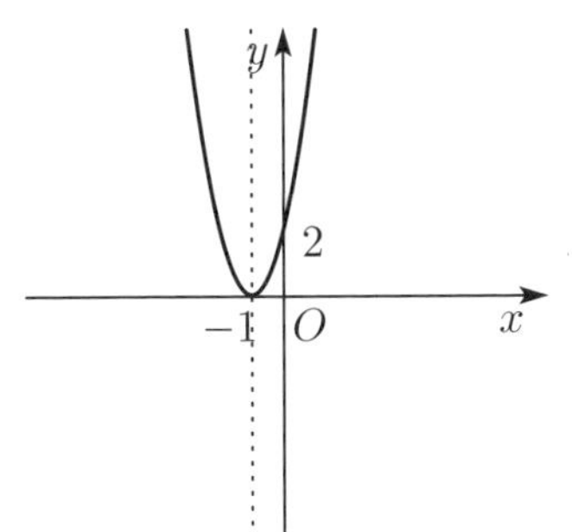

(4)

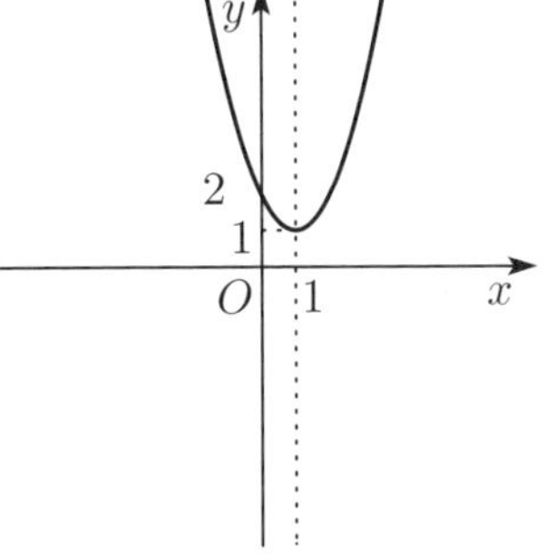

練習問題 3 (p.62) (1) $y = \frac{3}{2}(x-2)^2 - 1$ (2) $y = -2x^2 + 4x + 5$ (3) $y = \frac{1}{3}(x-3)^2 - 2$ (4) $y = -\frac{2}{3}x^2 - \frac{4}{3}x + 2$

第 6 章 問 1 (p.63) $y = (x+3)^2$

問 2 (p.63) 約 3.1 秒, 約 46m

問 3 (p.64) (1) $x=2$ のとき最小値 2 (2) $x=2$ のとき最大値 6 (3) $x=-\frac{5}{4}$ のとき最小値 $-\frac{9}{8}$ (4) $x=-\frac{1}{2}$ のとき最大値 $-\frac{3}{4}$

問 4 (p.64) (1) $x=0$ のとき最大値 2, $x=\frac{3}{2}$ のとき最小値 $-\frac{1}{4}$ (2) $x=-2$ のとき最大値 7, $x=3$ のとき最小値 -68

問 5 (p.64) (1) y 軸との交点 $(0,-3)$, x 軸との交点 $(3,0)$, $(-1,0)$ (2) y 軸との交点 $(0,3)$, x 軸との交点 $(1,0)$ (3) y 軸との交点 $(0,2)$, x 軸との交点 $(2,0)$, $\left(\frac{1}{2},0\right)$ (4) y 軸との交点 $(0,-1)$, x 軸との交点 なし

問 6 (p.65) (1) $(-1,-1)$, $(-5,3)$ (2) $(1,2)$ (3) $(2,0)$, $(-1,3)$ (4) $(0,-3)$, $\left(\frac{5}{2},-\frac{1}{2}\right)$

練習問題 1 (p.65) (1) $x=2$ のとき最大値 4, $x=\frac{1}{2}$ のとき最小値 $\frac{7}{4}$ (2) $x=-2$ のとき最大値 11, $x=3$ のとき最小値 -39 (3) $x=3$ のとき最大値 16, $x=0$ のとき最小値 -5

練習問題 2 (p.65) (1) $(2,2)$, $(4,6)$ (2) $(-1,0)$ (3) 交点なし (4) $(2,10)$, $\left(\frac{1}{2},4\right)$

第 7 章 練習問題 1 (p.66) (1) $S=3bx+(4a+2b)y=3bx+4ay+2by$ (2) 50800 (円)

練習問題 2 (p.66) $v=\frac{(t+2)a}{2}$

練習問題 3 (p.66) $60\,\mathrm{cm}^3$, $8.0\,\mathrm{g/cm}^3$

練習問題 4 (p.66) (1) $85\,\mathrm{cm}^3$ (2) $653\,\mathrm{g}$ (3) $2.57\,\mathrm{cm}$

練習問題 5 (p.66) (1) $n=1/T=\frac{1}{2\pi}\sqrt{\frac{g}{l}}$ (2) $2.7\,\mathrm{s}$

練習問題 6 (p.66) (1) 順に, 小さく, 大きい (2) $2.0\,\mathrm{m/s}$ (3) $7.0\,\mathrm{m/s}$

練習問題 7 (p.67) 20km/h

練習問題 8 (p.67) (1) 前 61250 J, 後 $50v^2$ [J] (2) 8000 J (3) $v^2=1065$ より, $v=32.6\,\mathrm{m/s}$

練習問題 9 (p.67) 定価 172.4 万円以下

練習問題 10 (p.67) 46.7 km/h 以上 60 km/h 以下

練習問題 11 (p.68) (1) $\frac{a-x}{2}\geqq d_0$ (2) $a^2-x^2\leqq S_0$ (3) $\sqrt{a^2-S_0}\leqq x\leqq a-2d_0$ (4) $8\leqq x\leqq 10\,\mathrm{cm}$

練習問題 12 (p.68) (1) $0.5\leqq U\leqq 1.0$ (2) 2 の管のみ

練習問題 13 (p.68) (1) $y=\frac{4}{5}x+80$ (2) 6.5g (3) $y=\frac{4}{5}x+84$

練習問題 14 (p.68) $3.2\,\mathrm{kg/cm}^2$

練習問題 15 (p.69) $k>1$ のとき交点 2 つ, $k=1$ のとき交点 1 つ, $k<1$ のとき交点なし

練習問題 16 (p.69) (1) $y=-\frac{g}{2v_0^2}x^2+h$ (2) $x=v_0\sqrt{\frac{2h}{g}}$

練習問題 17 (p.69) (1) $\frac{45}{4}$m (2) 1, 2 秒後 (3) 20m/s 以上

練習問題 18 (p.69) (1) $2.6\times10^5\,\mathrm{J}$ (2) 約 $13\,^\circ\mathrm{C}$

第 8 章 例題 1 (p.70) (1) 「人の重さ」と「人と支点間の距離」は反比例, 「象と支点間の距離」と「象の重さ」は反比例 (2) 略 (3) $bt=A$, 図は略 (4) 略

問 1 (p.72)

(1) 漸近線 $x=1,\ y=1$

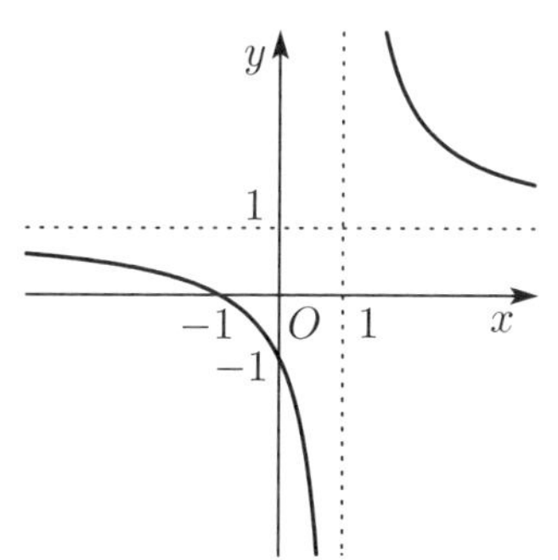

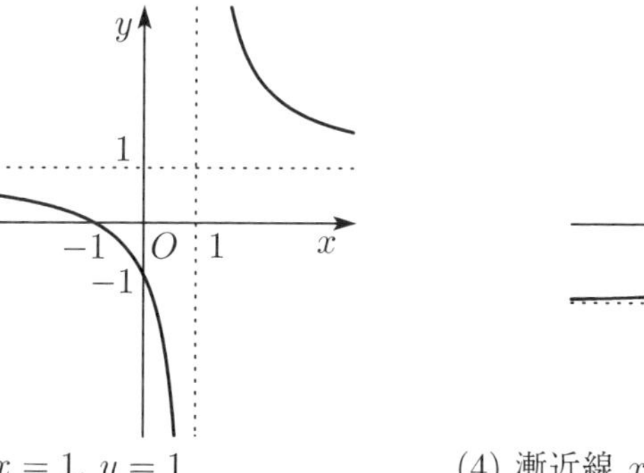

(2) 漸近線 $x=-1,\ y=-3$

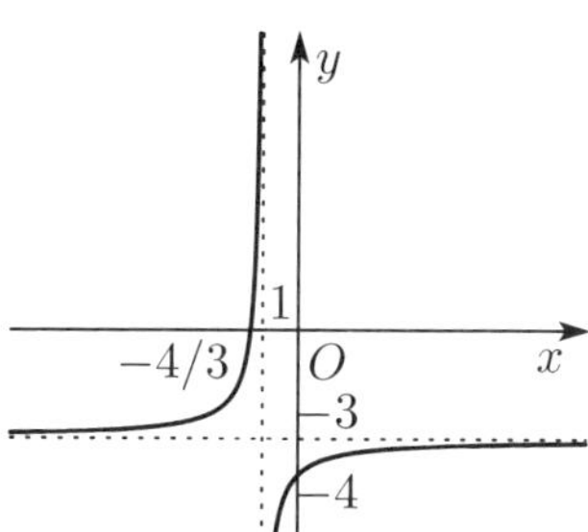

(3) 漸近線 $x=1,\ y=1$

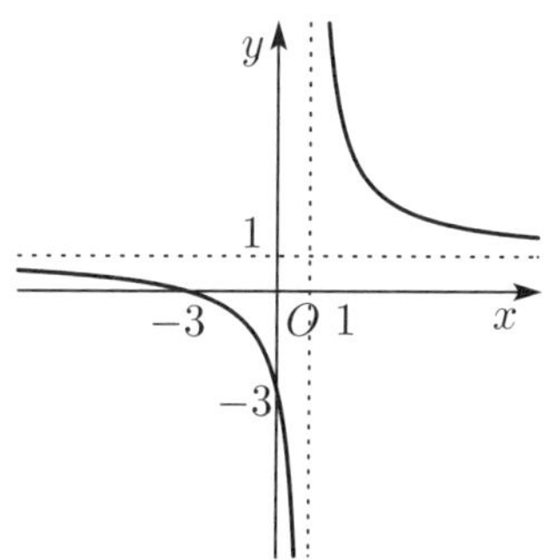

(4) 漸近線 $x=-4,\ y=1$

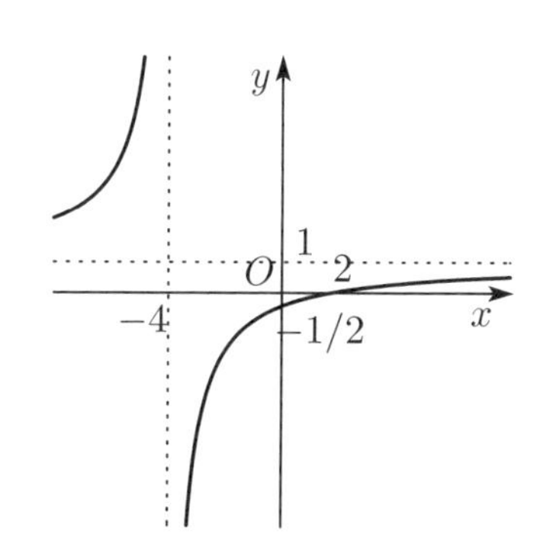

問 2 (p.73)

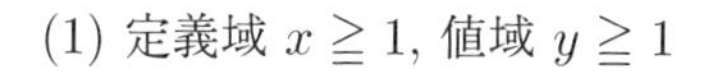

(1) 定義域 $x \geqq 1$, 値域 $y \geqq 1$

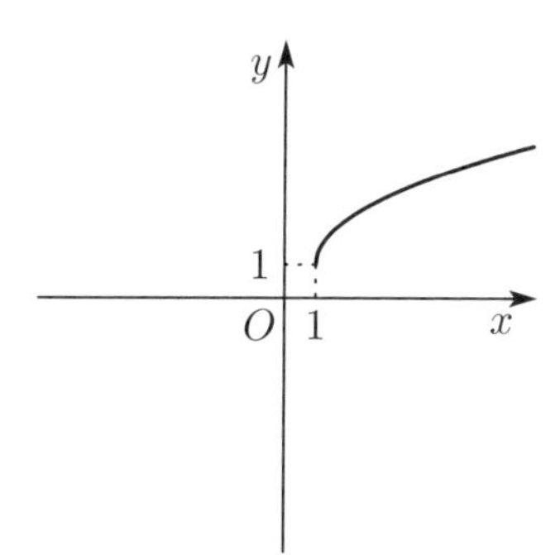

(2) 定義域 $x \geqq -1$, 値域 $y \leqq -3$

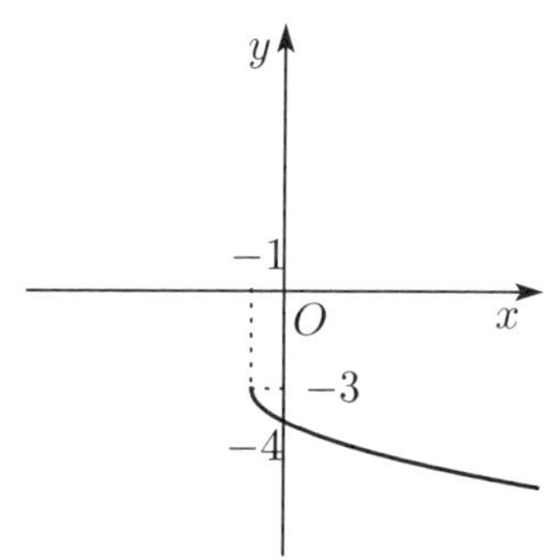

(3) 定義域 $x \leqq \dfrac{5}{2}$, 値域 $y \geqq 0$

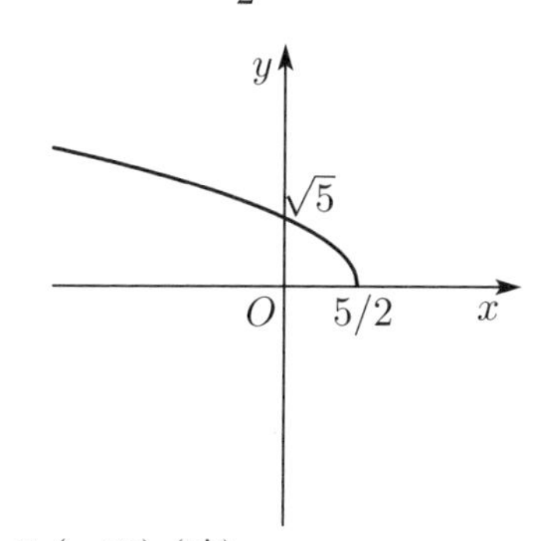

(4) 定義域 $x \geqq \dfrac{7}{2}$, 値域 $y \leqq 2$

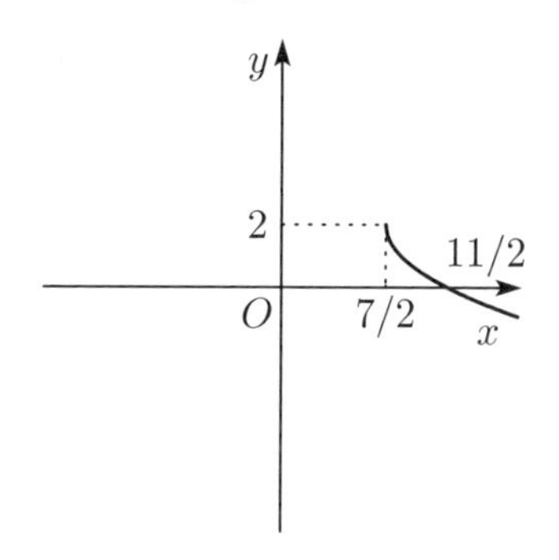

問 3 (p.73) (略)

問 4 (p.74) (1) $y=x-2$ (2) $y=-x^2+4x-3$ (3) $y=\dfrac{2}{x-4}+1$ (4) $y=-\sqrt{4-x}$

問 5 (p.75) 原点 $y=2x-1$, x 軸 $y=-2x-1$, y 軸 $y=-2x+1$

練習問題 1 (p.75)

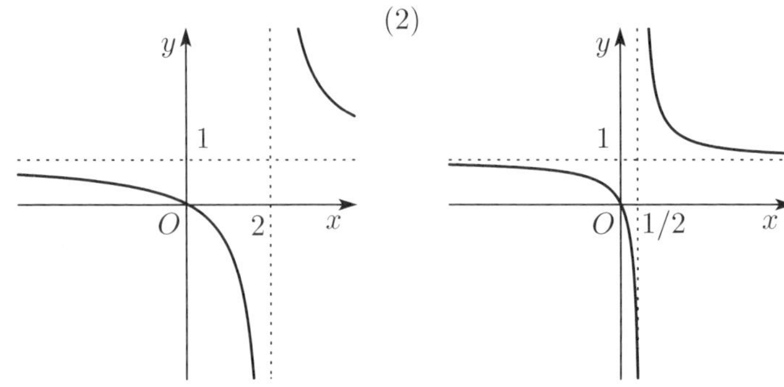

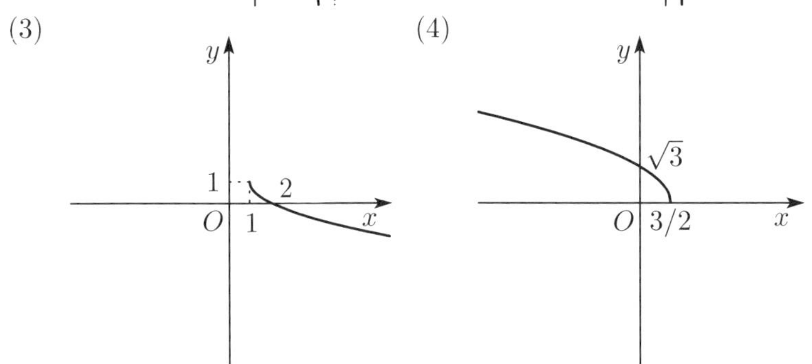

練習問題 2 (p.75) (1) $y = \dfrac{2}{x-1} + 2$ (2) $y = \dfrac{-2}{x-2} + 2$ (3) $y = \sqrt{x+1} + 1$ (4) $y = -\sqrt{-\dfrac{1}{2}(x-2)} + 2$

練習問題 3 (p.75) (1) $(0, 1)$, $(2, 5)$ (2) $(4, 3)$

練習問題 4 (p.75) $k < 1$ または $k > 5$ のとき 2 個, $k = 1, 5$ のとき 1 個 $1 < k < 5$ のとき交点なし

練習問題 5 (p.75) (1) $y = -3x-2$ (2) $y = 2x^2+7x+9$ (3) $y = \dfrac{1}{x+4}+4$ (4) $y = \sqrt{2x+1}+3$

第 9 章 問 1 (p.77) (1) $x = \dfrac{\pi}{4},\ \dfrac{3}{4}\pi$ (2) $x = \dfrac{2}{9}\pi,\ \dfrac{5}{9}\pi,\ \dfrac{8}{9}\pi,\ \dfrac{11}{9}\pi,\ \dfrac{14}{9}\pi,\ \dfrac{17}{9}\pi$ (3) $x = \dfrac{\pi}{3},\ \dfrac{\pi}{2},\ \dfrac{4}{3}\pi,\ \dfrac{3}{2}\pi$ (4) $x = \dfrac{\pi}{36},\ \dfrac{11}{36}\pi,\ \dfrac{13}{36}\pi,\ \dfrac{23}{36}\pi,\ \dfrac{25}{36}\pi,\ \dfrac{35}{36}\pi,\ \dfrac{37}{36}\pi,\ \dfrac{47}{36}\pi,\ \dfrac{49}{36}\pi,\ \dfrac{59}{36}\pi,\ \dfrac{61}{36}\pi,\ \dfrac{71}{36}\pi$

問 2 (p.77) (1) $x = 0,\ \dfrac{2}{3}\pi,\ \dfrac{4}{3}\pi$ (2) $x = 0,\ \dfrac{\pi}{3},\ \pi,\ \dfrac{5}{3}\pi$

第 10 章 問 1 (p.79)

(1) 周期 2π

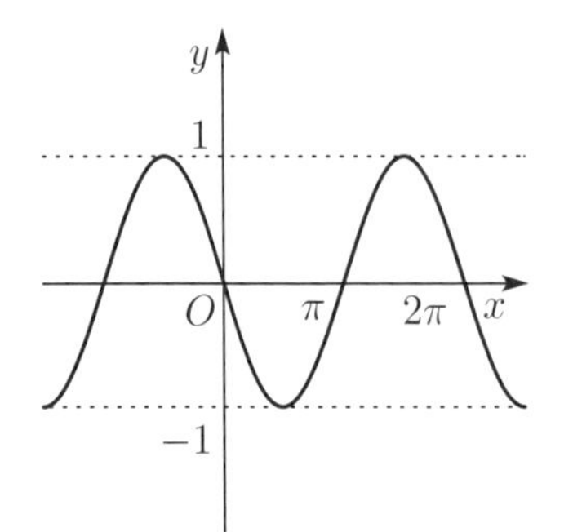

(2) 周期 π

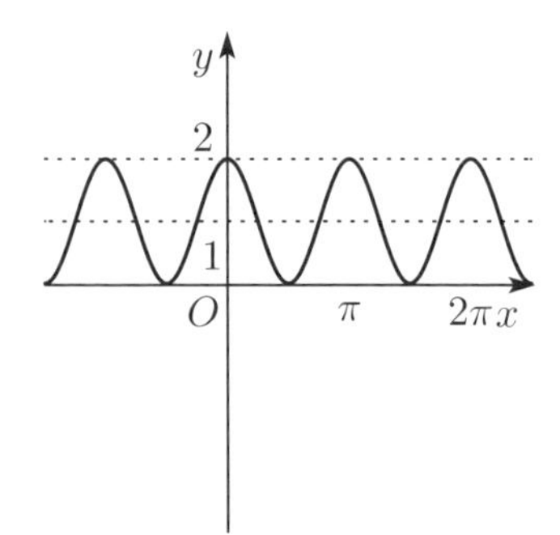

(3) 周期 π

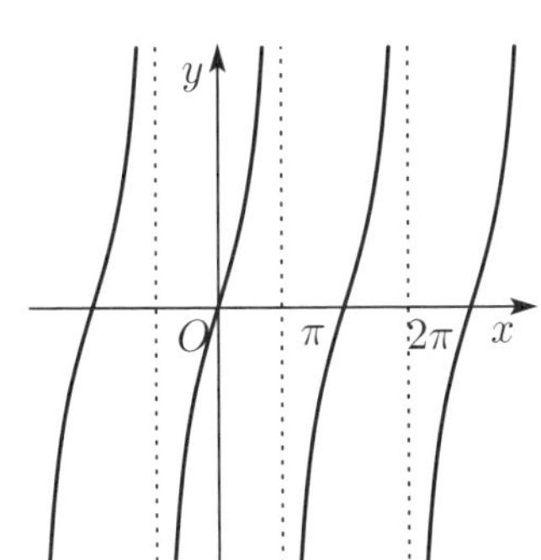

(4) 周期 π

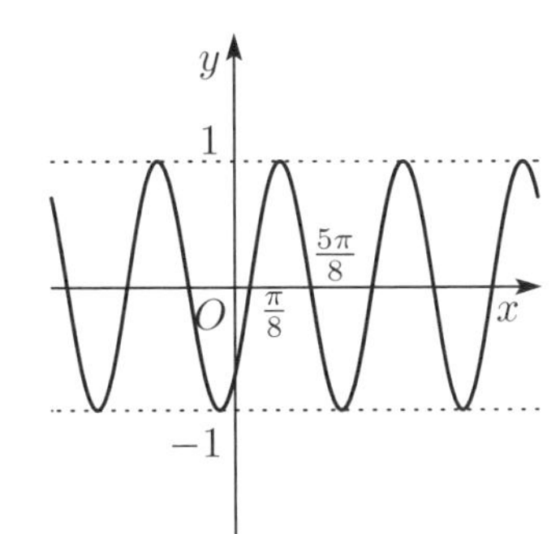

問 2 (p.79) (1) x 軸方向に $\dfrac{\pi}{2}$, y 軸方向に 2 平行移動 (2) x 軸方向に $\dfrac{2}{3}\pi$, y 軸方向に 3 平行移動

問 3 (p.79) (1) $y = -\sin x - 1$ (2) $y = -\cos 2x$

問 4 (p.79) $1 + 17\sqrt{3} \fallingdotseq 30\,\mathrm{m}$

第 11 章 例 1 (p.80) (1) ともに $e^{-1} = 1/e \fallingdotseq 0.368$ 倍 (2) e^{-5a} 倍 (3) 1 (4) $-5x = \ln 0.5$, $\therefore\ x = (1/5)\ln 2 \fallingdotseq 0.139$

問 1 (p.81) (1) 2 (2) 3 (3) 5

問 2 (p.81) (1) 1 (2) 4 (3) $\dfrac{1}{27}$ (4) 12 (5) 2 (6) $72\sqrt{2}$

問 3 (p.82) (1) $a^{\frac{1}{6}}$ (2) $a^{-\frac{13}{12}}$ (3) $a^{\frac{5}{4}}$ (4) $a^{-\frac{5}{2}}$ (5) $a^{\frac{7}{12}}$ (6) $a^1 = a$

問 4 (p.82) (1) $x = \dfrac{5}{2}$ (2) $x = 1, 2$

問 5 (p.82) (1) $x \leqq 4$ (2) $x < -1$

問 6 (p.83)

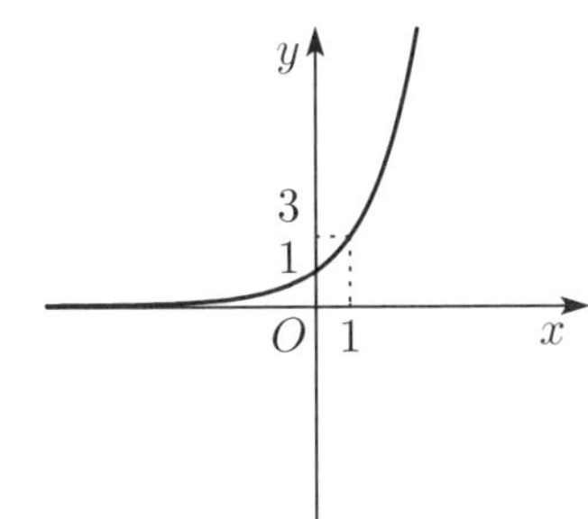

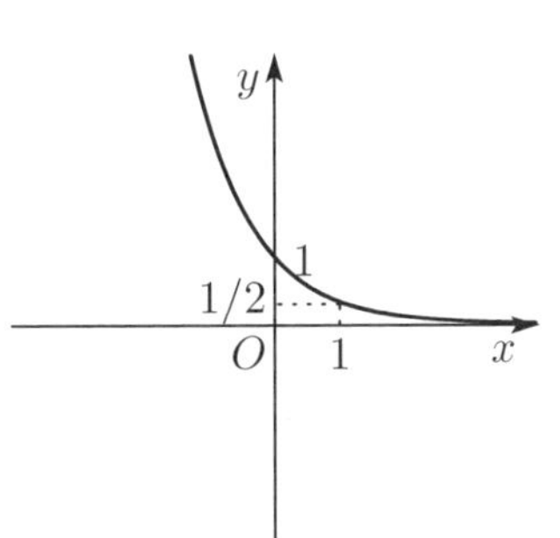

(3)

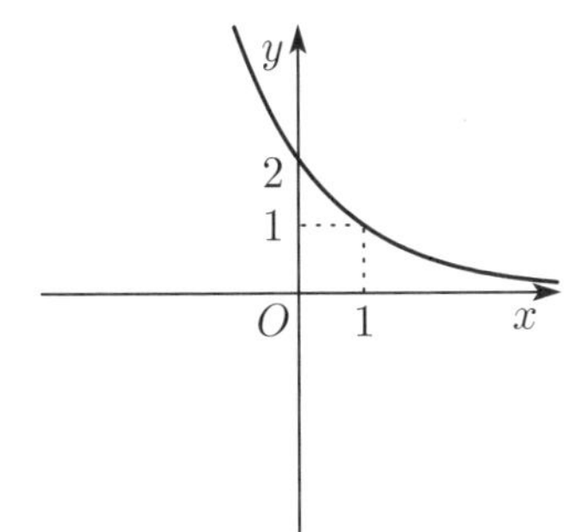

問 7 (p.83) (1) x 軸方向に 2, y 軸方向に 3 平行移動 (2) x 軸方向に -2, y 軸方向に -1 平行移動

第 12 章 問 1 (p.84) (1) $\log_2 8 = 3$ (2) $\log_3 \dfrac{1}{9} = -2$ (3) $\log_8 2 = \dfrac{1}{3}$ (4) $3^2 = 9$ (5) $2^{-3} = \dfrac{1}{8}$

(6) $9^{\frac{1}{2}} = 3$

問 2 (p.85) (1) 4 (2) 6 (3) 3

問 3 (p.85) (1) 0 (2) $\dfrac{1}{2}$ (3) -2 (4) -1 (5) $-\dfrac{1}{2}$ (6) $-\dfrac{1}{3}$

問 4 (p.85) (1) $2 + \log_3 2$ (2) 3

問 5 (p.86) (1) 2 (2) $1 + \log_2 5$

問 6 (p.86) (1) $x = 3$ (2) $x = 4, \sqrt{2}$

問 7 (p.86)

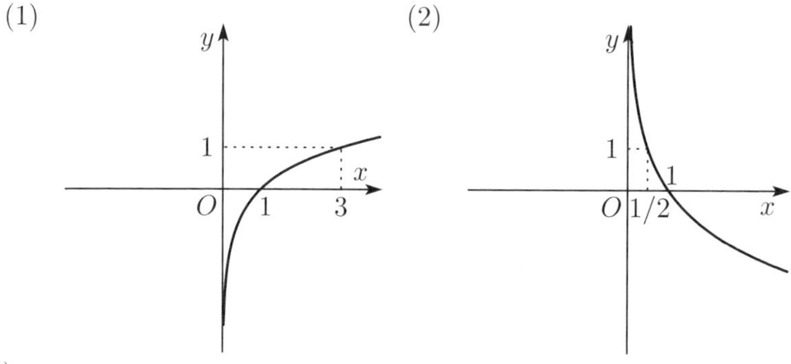

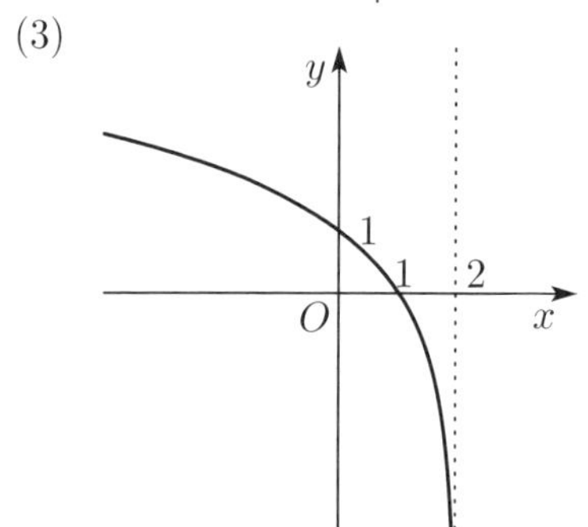

問 8 (p.87) (1) 1.3801 (2) 1.3980 (3) -0.7781

問 9 (p.87) 48 桁

問 10 (p.87) (略)

第 13 章 問 1 (p.90) (略)

問 2 (p.90) 傾きは実測より約 0.44

問 3 (p.91) (略)

第 14 章 練習問題 1 (p.92) $a = -\dfrac{5}{2},\ b = -9$

練習問題 2 (p.92) $y = -2(x-2)^2$ または $y = -2x^2 + 8x - 8$

練習問題 3 (p.92) (1) 順に, 小さく, 大きい (2) $vS \fallingdotseq 0.38$, グラフは略

練習問題 4 (p.92) (1) $V = \sqrt{v_0^2 - 2gy}$ (2) グラフ略, y の範囲 $y \leqq \dfrac{1000}{49} \fallingdotseq 20.4$ m (3) $t = \sqrt{\dfrac{2}{g}(h-x)}$, $x = 0$ のとき, $t = \dfrac{10}{7} \fallingdotseq 1.4$ s (4) 略

練習問題 5 (p.93) $v_1 = \sqrt{100 - 2gy}$, $v_2 = \sqrt{400 - 2gy}$, v_2 は v_1 を y 軸の正の方向に $\dfrac{150}{g}$ 平行移動

練習問題 6 (p.93) (1) $\dfrac{\pi}{6} \leqq x \leqq \dfrac{5}{6}\pi$ (2) $\dfrac{\pi}{4} < x < \dfrac{7}{4}\pi$ (3) $\dfrac{\pi}{2} < x \leqq \dfrac{5}{6}\pi,\ \dfrac{3}{2}\pi < x \leqq \dfrac{11}{6}\pi$ (4) $0 \leqq x < \dfrac{\pi}{6},\ \dfrac{11}{6}\pi < x < 2\pi$ (5) $\dfrac{\pi}{4} < x < \dfrac{5}{4}\pi$ (6) $0 \leqq x < \dfrac{\pi}{6},\ \dfrac{5}{6}\pi < x < \dfrac{3}{2}\pi,\ \dfrac{3}{2}\pi < x < 2\pi$

練習問題 7 (p.93) (1) $r+\ell$ (2) $2r$ (3) $s=\ell+\left(1-\frac{\sqrt{2}}{2}\right)r-\sqrt{\ell^2-\frac{r^2}{2}}$ (4) $s=\ell+\left(1+\frac{\sqrt{2}}{2}\right)r-\sqrt{\ell^2-\frac{r^2}{2}}$ (5) $s=177.5\,\mathrm{mm}$

練習問題 8 (p.93) $13.8\,\mathrm{m}$

練習問題 9 (p.94) OA$=7\sqrt{3}$, 正弦定理より, OB$=7(2+\sqrt{3})$. したがって余弦定理より, AB$=7\sqrt{4+\sqrt{3}}\fallingdotseq 16.76\,\mathrm{m}$

練習問題 10 (p.94) (1) $y=-2^x+1$ (2) $y=3^{-2x}$

練習問題 11 (p.94) 0.56

練習問題 12 (p.94) 0.42

練習問題 13 (p.94) (1) $x\leqq -11$ (2) $x<\frac{1}{4}$

練習問題 14 (p.94) (1) x 軸方向に 2, y 軸方向に 3 平行移動 (2) x 軸方向に -2, y 軸方向に 3 平行移動

練習問題 15 (p.94) (1) $y=-\log_3 x=\log_{\frac{1}{3}} x$ (2) $y=\log_2(-x)$

練習問題 16 (p.95) (1) (略) (2) $\alpha=\frac{2}{3}$

練習問題 17 (p.95) (略)

練習問題 18 (p.95) (1) (略) (2) $a=21$, $b=-0.69$ (3) 約 4.4 h

第 III 部

第 1 章 問 1 (p.101) $|\mathbf{A}|=\sqrt{26}$, $\mathbf{A}+\mathbf{B}=3\boldsymbol{i}+2\boldsymbol{j}$, $2\mathbf{A}+3\mathbf{B}=4\boldsymbol{i}+7\boldsymbol{j}$, $|2\mathbf{A}+3\mathbf{B}|=\sqrt{65}$

問 2 (p.101) $|\mathbf{A}|=7$, $\mathbf{A}+\mathbf{B}=5\boldsymbol{i}-\boldsymbol{j}+5\boldsymbol{k}$, $2\mathbf{A}-\mathbf{B}=4\boldsymbol{i}-5\boldsymbol{j}+13\boldsymbol{k}$, $|2\mathbf{A}-\mathbf{B}|=\sqrt{210}$

問 3 (p.101) $\frac{6}{7},-\frac{3}{7},-\frac{2}{7}$

問 4 (p.101) (1) $\mathbf{C}=-10\boldsymbol{i}+\boldsymbol{j}$ (2) $|\mathbf{A}|=\sqrt{13}$, $|\mathbf{B}|=\sqrt{17}$ (3) $\cos\theta=-\frac{2}{13}\sqrt{13}$, $\sin\theta=\frac{3}{13}\sqrt{13}$ (4) $\tan\theta=-\frac{1}{10}$

問 5 (p.102) (1) ともに 3 倍 (2) $|\boldsymbol{v}|=5$ m/s (3) $\boldsymbol{v}+\boldsymbol{v}'=4\boldsymbol{i}-3\boldsymbol{j}$ (4) $\boldsymbol{v}'=\boldsymbol{i}-7\boldsymbol{j}$

練習問題 1 (p.102) $\mathbf{A}+2\mathbf{B}=5\boldsymbol{i}+9\boldsymbol{j}$, $2\mathbf{A}-3\mathbf{B}=-4\boldsymbol{i}-3\boldsymbol{j}$

練習問題 2 (p.102) (1) $\mathbf{X}=-2\boldsymbol{i}+5\boldsymbol{j}$ (2) $\mathbf{Y}=2\boldsymbol{i}$

第 2 章 問 1 (p.103) (1) 1 (2) -23 (3) 3 (4) 6

問 2 (p.103) (1) $\frac{\pi}{4}$ (2) $\frac{\pi}{2}$

問 3 (p.104) (1) $a=1,-2$ (2) $a=-1$

問 4 (p.105) (1) $3\boldsymbol{i}-\boldsymbol{j}-2\boldsymbol{k}$ (2) $-3\boldsymbol{j}+3\boldsymbol{k}$

練習問題 1 (p.106) $\mathbf{A}+2\mathbf{B}=5\boldsymbol{i}+3\boldsymbol{k}$, $|\mathbf{A}+\mathbf{B}|=\sqrt{14}$, $(2\mathbf{A}-3\mathbf{B})\cdot\mathbf{C}=11$

練習問題 2 (p.106) $\mathbf{C}=\pm\frac{2}{3}\boldsymbol{i}\mp\frac{1}{3}\boldsymbol{j}\pm\frac{2}{3}\boldsymbol{k}$

練習問題 3 (p.106) $\mathbf{A}\cdot\mathbf{B}=-3$, $\theta=\frac{5}{6}\pi$

練習問題 4 (p.106) (1) $7\boldsymbol{i}-\boldsymbol{j}-5\boldsymbol{k}$ (2) $10\boldsymbol{i}-\boldsymbol{j}-5\boldsymbol{k}$

練習問題 5 (p.106) ともに 11

第 3 章 問 1 (p.108) (1) 2 (2) -1 (3) 1 (4) 2

問 2 (p.110) (1) 0 (2) 1 (3) 1 (4) 25

問 3 (p.112) (1) $2x-3$ (2) $3x^2-4x+1$ (3) $6x$ (4) $3x^2+2x+1$

問 4 (p.112) (1) -6 (2) -5 (3) 21 (4) 6

問 5 (p.112) $y=-2x+5$

練習問題 1 (p.112) (1) 1 (2) $-\frac{1}{2}$ (3) $\frac{1}{7}$ (4) $-\frac{1}{4}$

練習問題 2 (p.112) (1) 0 (2) 1 (3) 0 (4) ∞

第 4 章 問 1 (p.113) (1) $\frac{5}{2}x^{\frac{3}{2}}$ (2) $\frac{3}{4}x^{-\frac{1}{4}}$ (3) $-\frac{2}{5}x^{-\frac{7}{5}}$ (4) $-\frac{4}{3}x^{-\frac{7}{3}}$ (5) $-2x^{-3}=-\frac{2}{x^3}$ (6) $\frac{1}{3}x^{-\frac{2}{3}}=\frac{1}{3\sqrt[3]{x^2}}$ (7) $-\frac{1}{2}x^{-\frac{3}{2}}=-\frac{1}{2x\sqrt{x}}$ (8) $\frac{3}{2}x^{\frac{1}{2}}=\frac{3}{2}\sqrt{x}$

問 2 (p.114) (1) $-a\sin(ax+b)$ (2) $\frac{a}{\cos^2(ax+b)}$ (3) ae^{ax+b} (4) $\frac{a}{ax+b}$

問 3 (p.114) (1) $9(3x+1)^2$ (2) $-4(2-x)^3$ (3) $-\frac{2}{(x+1)^3}$ (4) $\frac{2}{(3-2x)^2}$ (5) $4\cos(4x+3)$ (6) $-\sin(x-1)$ (7) $\frac{3}{\cos^2 3x}$ (8) $2e^{2x-1}$ (9) $\frac{2}{2x+3}$ (10) $\frac{\pi^2}{16}\cos\left(\frac{\pi}{4}t+\frac{\pi}{3}\right)$ (11) $-\omega^2\sin(\omega t+\delta)$

問 4 (p.115) (1) $\frac{x}{\sqrt{x^2+1}}$ (2) $-\frac{2x}{(x^2+1)^2}$ (3) $2x\cos(x^2+1)$ (4) $\frac{2x}{\cos^2(x^2+1)}$ (5) $2xe^{x^2+1}$ (6) $\frac{2x}{x^2+1}$

問 5 (p.115) (1) $3(2x+1)(x^2+x+1)^2$ (2) $\frac{x+2}{\sqrt{x^2+4x+5}}$ (3) $-\frac{x}{\sqrt{(x^2+4)^3}}$ (4) $-2xe^{1-x^2}$ (5) $\frac{2x+4}{x^2+4x+3}$ (6) $\frac{1}{\tan x}$

問 6 (p.115) (1) $-\frac{\cos x}{\sin^2 x}$ (2) $-3\sin x\cos^2 x$ (3) $\frac{2\tan x}{\cos^2 x}$ (4) $-\frac{1}{x(\ln x)^2}$ (5) $2\cos x(\sin x+1)$ (6) $3(e^x-e^{-x})(e^x+e^{-x})^2$

問 7 (p.115) (1) $4x^3-3x^2+4x-1$ (2) $\frac{7}{2}x^2\sqrt{x}+\frac{15}{2}x\sqrt{x}+2x+3$ (3) $2x\cos x-x^2\sin x$ (4) $\tan x+\frac{x}{\cos^2 x}$ (5) $\ln x+1-\frac{1}{x}$ (6) $(x+1)e^x$

問 8 (p.115) (1) $\frac{3x-2}{\sqrt{2x-1}}$ (2) $\cos^2 x-2x\sin x\cos x$ (3) $2x\tan 2x+\frac{2(x^2+1)}{\cos^2 2x}$ (4) $\cos x\cos 2x$ $-2\sin x\sin 2x$ (5) $-(x^2-3x+1)e^{-x}$ (6) $(2+\ln x)\ln x$

問 9 (p.116) (1) $\frac{9}{(x+2)^2}$ (2) $\frac{-2(x^2-1)}{(x^2+1)^2}$ (3) $-\frac{1}{2\sqrt{x}(\sqrt{x}-1)^2}$ (4) $\frac{x-1-\sin x\cos x}{(x-1)^2\cos^2 x}$ (5) $\frac{2x-2x\ln x+1}{x(2x+1)^2}$ (6) $\frac{4}{(e^x+e^{-x})^2}$

問 10 (p.116) (1) $\frac{-x+1}{(x+1)^3}$ (2) $\frac{-2x^2+2x+3}{(x^2+x+1)^2}$ (3) $\frac{2(x-3)}{(x-2)^3}$ (4) $\frac{\cos x\cos 2x+2\sin x\sin 2x}{\cos^2 2x}$ (5) $\frac{e^x-2}{e^{2x}}$ (6) $\frac{2\sqrt{x}-\sqrt{x}\ln x+2}{2x(\sqrt{x}+1)^2}$

練習問題 1 (p.116) (1) $\frac{1}{5}x^{-\frac{4}{5}}$ (2) $-\frac{2}{3}x^{-\frac{5}{3}}$ (3) $-\frac{3}{2x^2\sqrt{x}}$ (4) $-\frac{3}{x^4}$ (5) $6(2x+1)^2$ (6) $\cos(x-2)$ (7) $\frac{5}{\cos^2 5x}$ (8) $2e^{2x+1}$ (9) $-\frac{2\cos 2x}{\sin^2 2x}$ (10) $-\frac{1}{\sin^2 x}$ (11) $-\frac{x}{\sqrt{1-x^2}}$ (12) $\frac{1}{x\ln x}$ (13) $\cos xe^{\sin x}$ (14) $-\tan x$ (15) $-\frac{1}{2\sqrt{x}}\sin\sqrt{x}$

練習問題 2 (p.116) (1) $-\dfrac{2\cos x}{\sin^3 x}$ (2) $-6\sin 3x\cos 3x$ (3) $\dfrac{x}{x^2+1}$ (4) $\dfrac{1}{\sqrt{2x+1}}e^{\sqrt{2x+1}}$ (5) $\dfrac{1}{\cos^2 2x\sqrt{\tan 2x}}$ (6) $-2x\sin(x^2+1)e^{\cos(x^2+1)}$

第 5 章 問 1 (p.117) (1) $48(2x+1)^2$ (2) $-9\cos 3x$ (3) $-\dfrac{2}{x^2}$ (4) $6(x^2+1)(5x^2+1)$ (5) $\dfrac{1}{\sqrt{(x^2+1)^3}}$ (6) $2(1+2x^2)e^{x^2}$

問 2 (p.117) (1) 速度 $\dfrac{dy}{dt}=4\cos 2t$, 加速度 $\dfrac{d^2y}{dt^2}=-8\sin 2t$ (2) 速度 $\dfrac{dy}{dt}=-4\sin 2t$, 加速度 $\dfrac{d^2y}{dt^2}=-8\cos 2t$

練習問題 1 (p.118) (1) $-4\sin(2x+1)$ (2) $-18(\cos^2 3x-\sin^2 3x)$ (3) $-\dfrac{1}{\sqrt{(2x-1)^3}}$ (4) $(4x^2-4x+3)e^{x^2-x}$

練習問題 2 (p.118) $\dfrac{dK}{dt}=gmv=gm(gt+v_0)$

練習問題 3 (p.118) 速度 $-\dfrac{\pi}{6}$ m/s, 加速度 0 m/s^2

練習問題 4 (p.118) (1) $\dfrac{dx}{dt}=A(1-\omega t)e^{-\omega t+\delta}$ (2) $\dfrac{dx}{dt}=e^{-\lambda t}(-A\lambda t^2+(2A-B\lambda)t+(B-C\lambda))$ (3) $\dfrac{dx}{dt}=Ae^{-\gamma t}(\omega\cos(\omega t+\delta)-\gamma\sin(\omega t+\delta)$ (4) $\dfrac{dx}{dt}=A(\cos(\omega t+\delta)-\omega t\sin(\omega t+\delta)$ (5) $\dfrac{dx}{dt}=-Ae^{-\gamma t}(\gamma\cos at+a\sin at)$ (6) $\dfrac{dx}{dt}=A\sin(\omega t+\delta)(\sin(\omega t+\delta)+2\omega t\cos(\omega t+\delta))$

練習問題 5 (p.118) (1) $x=30\sin\dfrac{6}{5}\pi=-17.63\cdots\fallingdotseq-18\,\mathrm{mm}$ (2) $a=-r\omega^2\sin\omega t$

第 6 章 問 1 (p.120) (1) $x=-1$ のとき極大値 2, $x=1$ のとき極小値 -2 (2) $x=-3$ のとき極小値 -8, $x=1$ のとき極大値 $\dfrac{8}{3}$ (3) $x=1$ のとき極小値 e^{-1} (4) $x=-1$ のとき極大値 e^{-2}, $x=0$ のとき極小値 0

問 2 (p.120) (1) $x=\dfrac{\pi}{3}$ のとき最小値 $\dfrac{\pi}{3}-\sqrt{3}$, $x=\dfrac{5}{3}\pi$ のとき最大値 $\dfrac{5}{3}\pi+\sqrt{3}$ (2) $x=1$ のとき最小値 -1, $x=e$ のとき最大値 0

問 3 (p.121) (1) $\dfrac{\partial z}{\partial x}=2x$, $\dfrac{\partial z}{\partial y}=-2y$ (2) $\dfrac{\partial z}{\partial x}=ye^{xy}$, $\dfrac{\partial z}{\partial y}=xe^{xy}$ (3) $\dfrac{\partial y}{\partial t}=\sin(2x-t)$, $\dfrac{\partial y}{\partial x}=-2\sin(2x-t)$ (4) $\dfrac{\partial y}{\partial t}=\cos(x-t)$, $\dfrac{\partial y}{\partial x}=-\cos(x-t)$

練習問題 1 (p.121) (1) $x=-1$ のとき極大値 7, $x=3$ のとき極小値 -25 (2) $x=-1$ のとき極大値 -2, $x=1$ のとき極小値 2 (3) $x=e^{-1}$ のとき極小値 $-e^{-1}$ (4) $x=1$ のとき極小値 $\dfrac{1}{2}$

練習問題 2 (p.121) (1) $x=0$ のとき最小値 1, $x=3$ のとき最大値 10 (2) $x=2$ のとき最小値 4, $x=4$ のとき最大値 $\dfrac{16}{3}$ (3) $x=0$ のとき最小値 2, $x=2\pi$ のとき最大値 $2+2\sqrt{3}\pi$ (4) $x=0$ のとき最小値 -1, $x=2$ のとき最大値 e^2

練習問題 3 (p.121) (1) $\dfrac{\partial z}{\partial x}=4x(x^2+y)$, $\dfrac{\partial z}{\partial y}=2(x^2+y)$ (2) $\dfrac{\partial z}{\partial x}=y\cos(xy-1)$, $\dfrac{\partial z}{\partial y}=x\cos(xy-1)$ (3) $\dfrac{\partial y}{\partial t}=2\sin(\pi x-t)$, $\dfrac{\partial y}{\partial x}=-2\pi\sin(\pi x-t)$ (4) $\dfrac{\partial y}{\partial t}=-\dfrac{\pi}{2}\cos\left(\dfrac{\pi}{2}(x-t)\right)$, $\dfrac{\partial y}{\partial x}=\dfrac{\pi}{2}\cos\left(\dfrac{\pi}{2}(x-t)\right)$

第 7 章 練習問題 1 (p.122) $s=2$, $t=1$

練習問題 2 (p.122) $t=-\dfrac{1}{5}$

練習問題 3 (p.122) (1) $|\mathbf{V}| = 1000\,\mathrm{km/h} (\fallingdotseq 278\,\mathrm{m/s})$, $|\mathbf{V}'| = 750\,\mathrm{km/h} (\fallingdotseq 208\,\mathrm{m/s})$ (2) $V_x = 500\sqrt{3}$, $V_y = -500$, $V'_x = -375\sqrt{3}$, $V'_y = 375$ (単位はすべて km/h) (3) $\boldsymbol{v} = \mathbf{V} - \boldsymbol{w}$, $\boldsymbol{v}' = \mathbf{V}' + \boldsymbol{w}$ (4) $|\boldsymbol{v}|^2 = |\boldsymbol{v}'|^2$ より, $(500\sqrt{3} - w_x)^2 + 500^2 = (375\sqrt{3} + w_x)^2 + 375^2$, $\therefore\ 1750\sqrt{3}w_x = 437500$, $w_x = \frac{250}{3}\sqrt{3} \fallingdotseq 144\,\mathrm{km/h} (\fallingdotseq 40\,\mathrm{m/s})$

練習問題 4 (p.122) (1) $v = \sqrt{v_0^2 + \dfrac{2fs}{m}}$ (2) $v = v_0$ (3) $v = \sqrt{v_0^2 - \dfrac{2fs}{m}}$

練習問題 5 (p.123) (a) 10.0 Nm, こちら向き (b) 13.6 Nm, こちら向き (c) 4.8 Nm, 向こう向き, 合計 18.8 Nm, こちら向き

練習問題 6 (p.123) (1) $a = -4$, 極限値 -2 (2) $b = -6$, 極限値 -5

練習問題 7 (p.123) (1) 2 (2) $\dfrac{1}{4}$ (3) 2 (4) 2 (5) $-\dfrac{1}{4}$ (6) $\dfrac{5}{4}$

練習問題 8 (p.123) (1) 2 (2) 1 (3) $\dfrac{1}{3}$ (4) 2 (5) 2 (6) 1

練習問題 9 (p.123) (1) $4x - 5$ (2) $4t^3 + 2t$ (3) $3m^2 - 2$ (4) $3w^2 - 2w$

練習問題 10 (p.123) (1) 4 (2) 20 (3) -14 (4) 5

練習問題 11 (p.124) (1) $y = -4x + 5$ (2) $y = -5x$ (3) $y = 12x - 17$ (4) $y = x - 1$

練習問題 12 (p.124) $y = -2x + 5$, $y = 6x - 19$

練習問題 13 (p.124) (1) $y = \dfrac{1}{3}x + \dfrac{5}{3}$ (2) $y = 2x - 3$

練習問題 14 (p.124) (1) $2(x-1)(2x^2-x+1)$ (2) $3x^2 + \dfrac{5}{2}x\sqrt{x} - \dfrac{1}{2\sqrt{x}} - 1$ (3) $(x^2+x+1)(5x^2-x-1)$ (4) $\cos x \ln x + \dfrac{\sin x}{x}$ (5) $(x^2+2x+1)e^x$ (6) $(2x-3)e^{2x}$ (7) $-\dfrac{1}{(2x+3)^2}$ (8) $-\dfrac{1}{2x\sqrt{x}}$ (9) $\dfrac{-2(x-1)(x^2-2x-1)}{(x^2+1)^3}$ (10) $\dfrac{-2\ln x + 1}{x^3}$ (11) $\dfrac{2\sin x\cos^2 x + \sin^3 x}{\cos^2 x} = \dfrac{\sin x(1+\cos^2 x)}{\cos^2 x}$ (12) $\dfrac{-e^{3x} - 4e^x + e^{-x}}{(e^{2x}-1)^2}$

練習問題 15 (p.124) (1) $(10x+9)(2x-1)(x+3)^2$ (2) $\sin^2 x\cos x(3\cos^2 x - 2\sin^2 x) = \sin^2 x\cos x(3 - 5\sin^2 x)$ (3) $4(\cos^2 2x - \sin^2 2x)$ (4) $x^2\ln x(3\ln x + 2)$ (5) $\dfrac{4(x^2 - 2x^2\ln x + 1)(\ln x)^3}{x(x^2+1)^5}$ (6) $(x+1)e^x\cos(xe^x)$

練習問題 16 (p.124) (1) $\dfrac{6\ell^3}{Ebh^3}\left(\dfrac{2x}{\ell^2} - \dfrac{x^2}{\ell^3}\right)P$ (2) $\dfrac{6\ell^2 P}{Ebh^3}$

練習問題 17 (p.124) (1) 1.29

練習問題 18 (p.125) (1) $\dfrac{dx}{dt} = -\omega X\sin\omega t$, $\dfrac{d^2x}{dt^2} = -\omega^2 X\cos\omega t$ (2) $\omega = \sqrt{\dfrac{k}{m}}$

練習問題 19 (p.125) 投げ上げた場合: $10/9.8 \fallingdotseq 1.0\,\mathrm{s}$, $50/9.8 \fallingdotseq 5.1\,\mathrm{m}$, 仰角 30° の場合: $5/9.8 \fallingdotseq 0.5\,\mathrm{s}$, $25/19.6 \fallingdotseq 1.3\,\mathrm{m}$

練習問題 20 (p.125) (1) $V = l_0^3(1+\beta t)^3$ より, $\dfrac{dV}{dt} = 3\beta l_0^3(1+\beta t)^2$, $t \to 0$ とすれば $\alpha \fallingdotseq 3\beta$ (2) $t = \dfrac{B}{2A}$

第 8 章 問 1 (p.127) 速さ $v = -6t + 30$[m/s], 位置 $x = -3t^2 + 30t$[m]

問 2 (p.128) (1) $30t - 2.5t^2$ [m] (2) 67.5 m

練習問題 1 (p.128) 加速度: $-3\,\mathrm{m/s^2}$, 変位: 4.5 m

練習問題 2 (p.128) (1) $10 - 2t$ (2) $10t - t^2$ (3) 5 秒 (4) 25 m

練習問題 3 (p.128) (1) 17.5 m/s (2) 868.75 ≒ 870 m

第 9 章 問 1 (p.129) (1) $\frac{1}{2}x^2$ (2) $\frac{1}{4}x^4$ (3) $\frac{2}{3}\sqrt{x^3}$ (4) $\frac{3}{4}\sqrt[3]{x^4}$ (5) $-\frac{1}{x}$ (6) $-\frac{2}{\sqrt{x}}$

問 2 (p.130) (1) $\frac{1}{4a}(ax+b)^4$ (2) $-\frac{1}{a(ax+b)}$ (3) $\frac{2}{3a}\sqrt{(ax+b)^3}$ (4) $-\frac{1}{a}\cos(ax+b)$ (5) $\frac{1}{a}\sin(ax+b)$ (6) $\frac{1}{a}e^{ax+b}$

問 3 (p.130) (1) $\frac{1}{8}(2x-1)^4$ (2) $-\frac{1}{10}(3-2x)^5$ (3) $\frac{2}{3}\sqrt{(x+5)^3}$ (4) $-\frac{2}{3}\sqrt{(1-x)^3}$ (5) $\ln|x-2|$ (6) $\frac{1}{3}\ln|3x-2|$ (7) $-\frac{1}{2}\cos 2x$ (8) $\frac{1}{3}\sin(3x+1)$ (9) $\frac{1}{3}e^{3x}$

問 4 (p.131) (1) $\ln(x^2+1)$ (2) $\frac{2}{3}\sqrt{(x^2+1)^3}$ (3) $\sin(x^2+1)$ (4) e^{x^2+1}

問 5 (p.131) (1) $\frac{1}{8}(x^2+2x+3)^4$ (2) $\sqrt{x^2-2}$ (3) $\ln|e^x-e^{-x}|$ (4) $-\ln|\cos x|$

問 6 (p.131) (1) $x\sin x+\cos x$ (2) $\frac{1}{4}(-2x\cos 2x+\sin 2x)$ (3) $\frac{2x-1}{4}e^{2x}$ (4) $(4x^2-4x+5)e^x$

練習問題 1 (p.132) (1) $\frac{2}{5}x^2\sqrt{x}$ (2) $\frac{3}{5}\sqrt[3]{x^5}$ (3) $4\sqrt[4]{x}$ (4) $\frac{1}{9}(3x+1)^3$ (5) $\frac{1}{3}\sqrt{(2x-1)^3}$ (6) $-2\sqrt{1-x}$ (7) $\frac{1}{2}\ln|2x+1|$ (8) $-\frac{3}{8}\sqrt[3]{(1-2x)^4}$ (9) $\frac{1}{5}(2x+1)^2\sqrt{2x+1}$ (10) $\cos(2-x)$ (11) $\frac{1}{5}\sin 5x$ (12) $\frac{1}{2}e^{2x+1}$

練習問題 2 (p.132) (1) $\frac{1}{4}x^4-\frac{1}{3}x^3$ (2) $\frac{2}{15}(3x+2)(x-1)\sqrt{x-1}$ (3) $\frac{1}{2}x^2-\ln|x|$ (4) $\frac{2}{3}(x+3)\sqrt{x}$ (5) $\frac{1}{2}x^2+2x+\ln|x|$ (6) $\frac{1}{2}e^{2x}+2x-\frac{1}{2}e^{-2x}$

第 10 章 問 1 (p.133) (1) $\frac{4}{3}$ (2) $\frac{26}{3}$ (3) $\frac{1}{3}$ (4) 0 (5) 0 (6) 1

問 2 (p.134) (1) $-\frac{10}{3}$ (2) 0

問 3 (p.135) $x=\frac{g}{k^2}(kt+e^{-kt}-1)$

問 4 (p.135) $\Phi=\frac{V_0}{2\pi f}(\cos 2\pi ft-1)$

問 5 (p.136) (1) $\frac{496}{3}$ (2) 1 (3) $\frac{1}{3}$ (4) 2

練習問題 1 (p.136) (1) $\frac{20}{3}$ (2) $\frac{14}{9}$ (3) 2 (4) $-\frac{1}{6}+\frac{\sqrt{2}}{6}$ (5) $\ln\frac{4}{3}$ (6) 0

練習問題 2 (p.136) (1) $\ln 2$ (2) 1 (3) 1

第 11 章 例題 1 (p.137) (1) $\frac{2}{3}cb\sqrt{2g}H^{\frac{3}{2}}$ (2) $Q=\frac{8}{15}c\sqrt{2g}\tan\frac{\alpha}{2}H^{\frac{5}{2}}$

問 1 (p.139) (1) $\frac{16}{3}$ (2) $\frac{1}{2}$ (3) $\frac{32}{27}$ (4) $\frac{27}{4}$ (5) 4 (6) 32

練習問題 1 (p.140) (1) 40 (2) $\ln 2$ (3) $\frac{1}{2}-e^{-1}$ (4) $\frac{3}{2}-\frac{e}{2}$ (5) $\frac{15}{8}-2\ln 2$ (6) $\sqrt{2}-1$

練習問題 2 (p.140) (1) 3 (2) $\frac{1}{2}$ (3) 2 (4) 8

第 12 章 問 1 (p.142) (1) $\frac{dy}{dx}=-\frac{y}{x}$ (2) $\frac{dy}{dx}=-y$

問 2 (p.142) (省略)

問 3 (p.143) (1) $y=x^3+x+c$ (2) $y=\ln|x-1|+c$ (3) $y=x^3+c_1x+c_2$ (4) $y=-\ln|1-x|+c_1x+c_2$

問 4 (p.143) (1) $y = x^3 + x - 3$ (2) $y = \ln|x-1| + 1$ (3) $y = x^3 - 3x + 4$ (4) $y = -\ln|1-x| - x + 1$

問 5 (p.144) $y = e^{kx+1}$

練習問題 1 (p.144) (1) $y = \frac{1}{3}x^3 - \frac{1}{2}x^2 + x + c$ (2) $y = \frac{1}{2}\sin 2x + c$

練習問題 2 (p.144) (1) $\theta = c_1 x + c_2$ (c_1, c_2 は定数) (2) $\theta = 20 - 0.12x$

第 13 章 問 1 (p.146) (1) $y = cx^2$ (2) $y = c(x-1)$ (3) $y = c(x^2+1)$ (4) $y = \frac{c}{\cos x}$

問 2 (p.146) (1) $y = ce^x$ (2) $y = ce^{-3x}$ (3) $y = ce^{2x}$ (4) $y = ce^{-5x}$

問 3 (p.147) (1) $y = c_1 e^{4x} + c_2 e^{-x}$ (2) $y = c_1 e^{2x} + c_2 e^{4x}$ (3) $y = (c_1 x + c_2)e^{3x}$ (4) $y = (c_1 \sin 3x + c_2 \cos 3x)e^{2x}$

問 4 (p.148) (1) $\frac{x^2}{2} + x + \frac{3}{2}$ (2) $\frac{1}{12}e^{5x}$ (3) $-\frac{9}{130}\sin 3x - \frac{7}{130}\cos 3x$

問 5 (p.148) (1) $y = (c_1 x + c_2)e^{3x} + \frac{2}{9}x^2 + \frac{8}{27}x + \frac{1}{27}$ (2) $y = (c_1 x + c_2)e^{3x} + \frac{1}{4}e^x$ (3) $y = (c_1 x + c_2)e^{3x} + \frac{10}{169}\sin 2x + \frac{24}{169}\cos 2x$

練習問題 1 (p.149) (1) $y^2 = (x-1)^2 + c$ (2) $\sin x \cos y = c$

練習問題 2 (p.149) (1) $y = -\frac{1}{2}x$ (2) $y = 2e^{x^2+x}$

練習問題 3 (p.149) (1) $y = x(\ln x + c)$ (2) $y^2 = (2\ln x + c)x^2$

練習問題 4 (p.149) (1) $y = ce^{4x}$ (2) $y = ce^{-\frac{3x}{2}}$ (3) $y = c_1 e^x + c_2 e^{4x}$ (4) $y = c_1 e^{2x} + c_2 e^{\frac{x}{2}}$ (5) $y = (c_1 x + c_2)e^{-4x}$ (6) $y = (c_1 \sin 4x + c_2 \cos 4x)e^{3x}$

第 14 章 問 1 (p.150) (1) $\mathbf{A}'(t) = (3t^2+1)\boldsymbol{i} + 4(2t+1)\boldsymbol{j} - 2t\boldsymbol{k}$ (2) $\mathbf{A}'(t) = -\sin t\boldsymbol{i} + \cos t\boldsymbol{j} + \boldsymbol{k}$ (3) $\mathbf{A}'(t) = \frac{1}{t}\boldsymbol{i} - \frac{1}{t^2}\boldsymbol{j} - \frac{2}{(t+1)^3}\boldsymbol{k}$ (4) $\mathbf{A}'(t) = e^t\boldsymbol{i} + 2e^{2t}\boldsymbol{j} + 2te^{t^2}\boldsymbol{k}$

問 2 (p.151) $\mathbf{A}' = (3t^2-1)\boldsymbol{i} + 2\cos 2t\boldsymbol{j} - 2e^{-2t}\boldsymbol{k}$, $\mathbf{B}' = 2(2t+1)\boldsymbol{i} - \frac{2}{(1+t)^3}\boldsymbol{j} - \frac{3}{1-3t}\boldsymbol{k}$

問 3 (p.151) (1) $|\mathbf{A}(t)| = 1$ (2) $\frac{d\mathbf{A}(t)}{dt} = (-\sin \omega t\boldsymbol{i} + \cos \omega t\boldsymbol{j})\omega$ (3) 等速円運動

問 4 (p.152) (1) $\frac{1}{4}t^4\boldsymbol{i} - \frac{1}{t}\boldsymbol{j} - \ln|1-t|\boldsymbol{k} + \boldsymbol{C}$ (2) $\frac{1}{2}e^{2t}\boldsymbol{i} + \frac{1}{6}(2t+1)^3\boldsymbol{j} + \ln(1+t^2)\boldsymbol{k} + \boldsymbol{C}$ (3) $\frac{4}{3}\boldsymbol{i} + (\ln 3)\boldsymbol{j} + 4\boldsymbol{k}$ (4) $2\boldsymbol{i} + \pi\boldsymbol{k}$ (5) $(\ln 2)\boldsymbol{i} + \frac{1}{2}\boldsymbol{j} - \frac{3}{2}\boldsymbol{k}$ (6) $\frac{e^6-1}{3}\boldsymbol{i} + \frac{e^4-1}{2}\boldsymbol{j} + \frac{e^4-1}{2}\boldsymbol{k}$

問 5 (p.152) (1) $\boldsymbol{r}(t) = 2t\boldsymbol{i} + (-t^2+3t)\boldsymbol{j}$ (2) $y - -\frac{x^2}{4} + \frac{3}{2}x$

問 6 (p.153) $mgl(1-\cos\theta)$

問 7 (p.154) (1) $2\sqrt{2}\pi$ (2) 7

問 8 (p.154) (1) $-\frac{1}{\sqrt{2}}\sin t\boldsymbol{i} + \frac{1}{\sqrt{2}}\cos t\boldsymbol{j} + \frac{1}{\sqrt{2}}\boldsymbol{k}$ (2) $\frac{2}{7}\boldsymbol{i} - \frac{3}{7}\boldsymbol{j} + \frac{6}{7}\boldsymbol{k}$

問 9 (p.155) (1) -2 (2) $-2\sqrt{3}$ (3) $-2\pi^2$ (4) $-2\sqrt{2}\pi^2$

問 10 (p.156) (1) 1 (2) 1

練習問題 1 (p.156) (1) $2t\boldsymbol{i} - \frac{2t}{(1+t^2)^2}\boldsymbol{j} + 4t(1+t^2)\boldsymbol{k}$ (2) $-2\sin t\cos t\boldsymbol{i} + 2\sin t\cos t\boldsymbol{j} + \frac{1}{\cos^2 t}\boldsymbol{k}$ (3) $\frac{1}{2+t}\boldsymbol{i} + \frac{2t}{(4+t^2)^2}\boldsymbol{j} + \frac{2}{t+1}\boldsymbol{k}$ (4) $2e^{2t}\boldsymbol{i} - 3e^{6-3t}\boldsymbol{j} + 2(t+1)e^{(t+1)^2}\boldsymbol{k}$

練習問題 2 (p.156) (1) 長さ $e - e^{-1}$, 接単位ベクトル $\frac{e^t}{e^t+e^{-t}}\boldsymbol{i} + \frac{\sqrt{2}}{e^t+e^{-t}}\boldsymbol{j} + \frac{e^{-t}}{e^t+e^{-t}}\boldsymbol{k}$ (2)

長さ $3+\ln 2$, 接単位ベクトル $\dfrac{t^2}{t+1}\boldsymbol{i}+\dfrac{\sqrt{2}t}{t+1}\boldsymbol{j}+\dfrac{1}{t+1}\boldsymbol{k}$

練習問題 3 (p.156) (1) $\dfrac{1}{3}$ (2) $\dfrac{\sqrt{3}}{3}$ (3) $\dfrac{9}{8}\sqrt{2}-1$ (4) $\dfrac{45}{8}\sqrt{2}-5$

練習問題 4 (p.156) (1) $\dfrac{8}{3}$ (2) $\dfrac{7}{12}$

第 15 章 練習問題 1 (p.157) (1) $v=1.2+9.8t$ (2) $x=1.2t+4.9t^2$ (3) 2.4 s

練習問題 2 (p.157) (1) $\tan x$ (2) $\dfrac{1}{2}\tan 2x$ (3) $\tan x-x$ (4) $\dfrac{1}{3}\tan 3x-x$

練習問題 3 (p.157) (1) $\dfrac{1}{4}(x^2-2x+3)^4$ (2) $\dfrac{2}{3}\sqrt{(x^2+3x-1)^3}$ (3) $-\dfrac{1}{2}\cos(x^2-2)$ (4) $\dfrac{1}{3}(\ln x)^3$ (5) $\ln|\ln x|$ (6) $\dfrac{1}{4}\sin^4 x$

練習問題 4 (p.157) (1) $\dfrac{1}{4}(x-3)(x+1)^3$ (2) $\dfrac{2}{105}(15x^2-12x+8)\sqrt{(x+1)^3}$ (3) $\dfrac{2}{3}(x-4)\sqrt{x+2}$ (4) $x+\ln(x^2+1)$

練習問題 5 (p.157) (1) $-x\cos(x-2)+\sin(x-2)$ (2) $(x^2-2)\sin x+2x\cos x$ (3) $\dfrac{1}{2}x^2\ln x-\dfrac{1}{4}x^2$ (4) $-(x^2+2x+2)e^{-x}$

練習問題 6 (p.158) (1) $\dfrac{e^x}{2}(\sin x-\cos x)$ (2) $\dfrac{e^x}{2}(\sin x+\cos x)$

練習問題 7 (p.158) (1) $W=P_1(V_2-V_1)$ (2) $W=nRT_1\left(\dfrac{V_2}{V_1}-1\right)$ (3) $W=nRT_1\ln\dfrac{V_2}{V_1}$ (4) -200

練習問題 8 (p.158) (1) 0 から π までの波形の面積は $S=\displaystyle\int_0^\pi I_m\sin\theta\,d\theta$ より, $I_a=\dfrac{S}{\pi}=\dfrac{1}{\pi}\displaystyle\int_0^\pi I_m\sin\theta\,d\theta=\dfrac{2}{\pi}I_m$. (2) $E_a=\dfrac{\pi}{2}\times E_m$ より, $E_a\fallingdotseq 222\,\mathrm{V}$

練習問題 9 (p.158) $y=-\dfrac{1}{2}\cos 2\theta+C$, $y=-\dfrac{1}{2}\cos 2\theta+\dfrac{3}{2}$

練習問題 10 (p.158) (1) $x=a\sin(6t+\delta)$ のとき $\dfrac{dx}{dt}=6a\cos(6t+\delta)$ より, $\dfrac{d^2x}{dt^2}=-36a\sin(6t+\delta)=-36x$ をえる. (2) $\dfrac{\pi}{3}$

練習問題 11 (p.158) (1) $\dfrac{3}{4}x+\dfrac{19}{16}$ (2) $\dfrac{x^2}{6}+\dfrac{5}{18}x-\dfrac{35}{108}$ (3) $\dfrac{1}{34}e^{-4x}$ (4) $-\dfrac{3}{20}\sin 2x+\dfrac{1}{20}\cos 2x$

練習問題 12 (p.159) (1) $y=-\dfrac{x}{4}(3x+5)$ (2) $y=\dfrac{x}{27}(3x^2-3x+2)$

練習問題 13 (p.159) (1) $y=-\dfrac{x}{4}e^{-x}$ (2) $y=-\dfrac{x}{5}e^{-4x}$

練習問題 14 (p.159) (1) $y=-\dfrac{x}{2}\cos x$ (2) $y=\dfrac{x}{4}\sin 2x$

練習問題 15 (p.159) $|\mathbf{A}|=\sqrt{1+t^2}$, $\mathbf{A}\cdot\mathbf{B}=-t^2$, $\mathbf{A}\times\mathbf{B}=t(\cos t+\sin t)\boldsymbol{i}+t(\cos t+\sin t)\boldsymbol{j}-\boldsymbol{k}$, $\left|\dfrac{d\mathbf{A}}{dt}\right|=\sqrt{2}$, $\dfrac{d\mathbf{A}}{dt}\cdot\mathbf{B}=-t-1$, $\dfrac{d\mathbf{A}}{dt}\times\mathbf{B}=(1-t)\cos t\boldsymbol{i}+(1-t)\sin t\boldsymbol{j}$

練習問題 16 (p.159) (1) $\dfrac{(t+1)^3}{3}\boldsymbol{i}+\dfrac{(2t-1)^4}{8}\boldsymbol{j}-\dfrac{(1-2t)^3}{6}\boldsymbol{k}+\boldsymbol{C}$ (2) $-\dfrac{1}{2}\ln|1-2t|\boldsymbol{i}+\dfrac{1}{2(1-2t)}\boldsymbol{j}-\sqrt{1-2t}\boldsymbol{k}+\boldsymbol{C}$ (3) $\dfrac{7}{3}\boldsymbol{i}+\dfrac{7}{9}\boldsymbol{k}$ (4) $\dfrac{4}{3}\boldsymbol{i}+4\boldsymbol{j}+\dfrac{4}{9}\boldsymbol{k}$ (5) $\dfrac{3}{2}\boldsymbol{i}+3\boldsymbol{j}+\sqrt{3}\boldsymbol{k}$ (6) $(2\ln 2-1)\boldsymbol{i}+\dfrac{2}{\pi}\ln 2\boldsymbol{j}+\dfrac{1}{2}\ln\dfrac{4}{3}\boldsymbol{k}$

練習問題 17 (p.159) (1) $6\boldsymbol{i}+(-8t+12)\boldsymbol{j}$ (2) $-8\boldsymbol{j}$ (3) $y=-\dfrac{1}{9}x^2+2x$

機械基礎数理

2004年3月30日　第1版　第1刷　発行
2006年4月10日　第1版　第3刷　発行
2007年3月30日　第2版　第1刷　発行
2008年3月30日　第2版　第2刷　発行
2010年3月30日　第3版　第1刷　発行
2013年3月30日　第3版　第3刷　発行
2015年3月30日　第4版　第1刷　発行
2017年3月30日　第4版　第2刷　発行

編　者　日本工業大学
　　　　機械基礎数理担当者
発行者　発田寿々子
発行所　株式会社　学術図書出版社

〒113-0033　東京都文京区本郷5丁目4の6
TEL 03-3811-0889　振替 00110-4-28454
印刷　三松堂（株）

定価は表紙に表示してあります.

ISBN978-4-7806-0445-0　C3041

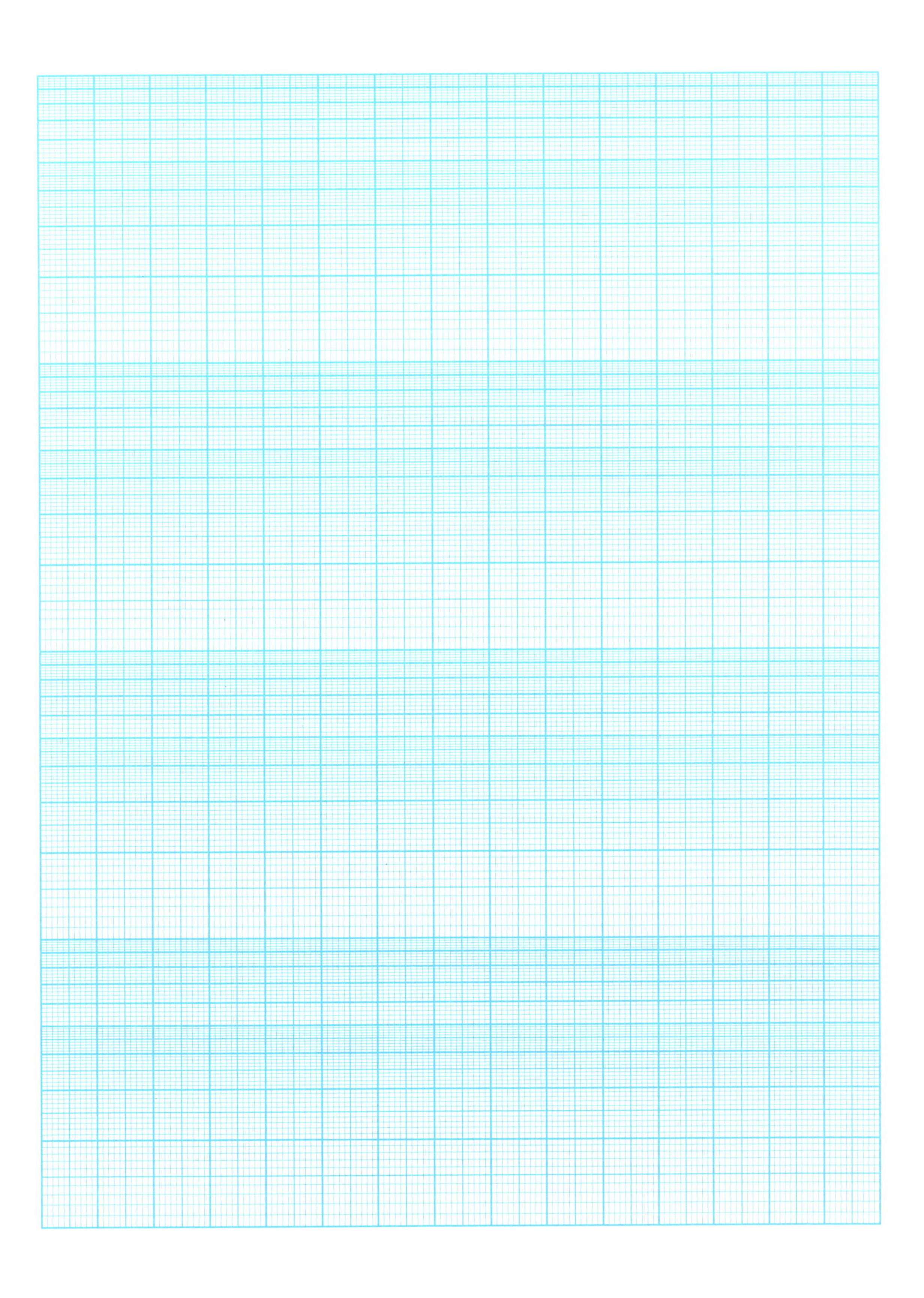

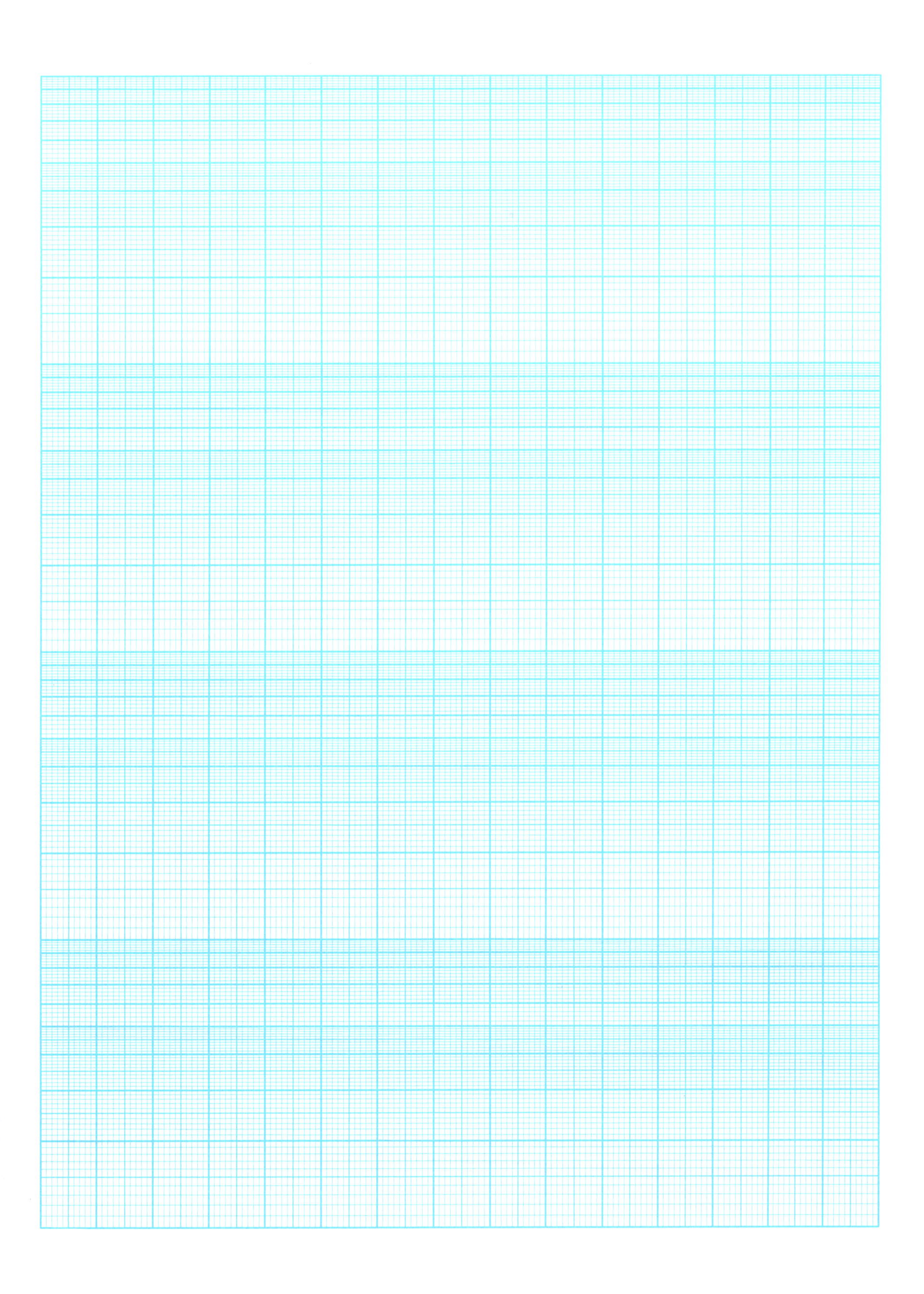